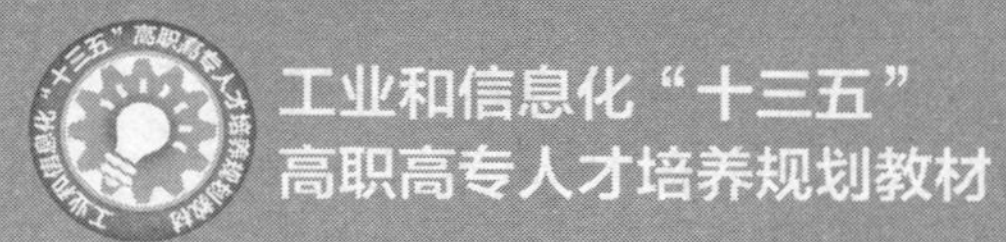

工业和信息化“十三五”
高职高专人才培养规划教材

PHP 网站开发 | 项目式教程 微课版

PHP Web Development

王爱华 刘锡冬 ◎ 编著

人民邮电出版社
北京

图书在版编目（CIP）数据

PHP网站开发项目式教程 ：微课版 / 王爱华，刘锡冬编著. -- 北京 ：人民邮电出版社，2019.2（2020.7重印）
工业和信息化“十三五”高职高专人才培养规划教材
ISBN 978-7-115-49491-7

Ⅰ. ①P… Ⅱ. ①王… ②刘… Ⅲ. ①PHP语言一程序设计一高等职业教育一教材 Ⅳ. ①TP312.8

中国版本图书馆CIP数据核字(2018)第224955号

内 容 提 要

本书分为基础篇、核心篇与提高篇三大部分，共 12 个任务。基础篇包含 4 个教学任务，分别是 PHP 基础知识简介，PHP 程序的运行环境搭建，PHP 7 的基本语法和表单数据提交；核心篇包含 5 个教学任务，分别是 163 邮箱注册功能实现，163 邮箱登录功能实现，163 邮箱写邮件功能实现，接收、阅读、删除邮件功能实现，以及在线投票与网站计数功能实现；提高篇包含 3 个教学任务，包含注册界面的密码强弱判断、复杂的附件添加与处理方法和 PHP 面向对象。

全书内容由浅入深，循序渐进，旨在培养学生开发实际网站的能力。本书可作为高等职业院校计算机类学生的专业课教材，也适合应用 PHP 开发动态网站的人员学习使用。

◆ 编　　著　王爱华　刘锡冬
　责任编辑　马小霞
　责任印制　马振武
◆ 人民邮电出版社出版发行　　北京市丰台区成寿寺路 11 号
　邮编　100164　　电子邮件　315@ptpress.com.cn
　网址　http://www.ptpress.com.cn
　山东百润本色印刷有限公司印刷
◆ 开本：787×1092　1/16
　印张：16.5　　　　2019 年 2 月第 1 版
　字数：410 千字　　2020 年 7 月山东第 4 次印刷

定价：49.80 元

读者服务热线：(010)81055256　印装质量热线：(010)81055316
反盗版热线：(010)81055315
广告经营许可证：京东市监广登字 20170147 号

前　言 FOREWORD

近年来，PHP 作为一种功能强大的 Web 编程语言，已经成为流行的 Web 开发工具之一。PHP 以其简单易学、安全可靠和跨平台等特性受到广大 Web 开发者的喜爱，很多网站建设中都使用了 PHP+MySQL 技术，各网站开发公司需要大量这方面的人才，很多学校也都将 PHP+MySQL 作为动态网站编程课程中讲授的核心技术。

传统的教材编写主要注重 PHP+MySQL 的基础知识的讲解，通常的做法是一个知识点配以一个小练习，整本教材看起来更像是一本使用手册，知识结构是松散的，针对知识点设计的实训内容也是松散的，缺乏完整的教学项目将这些知识点贯穿成一个整体；而且几乎所有这方面的教材在编写时都是只谈 PHP，与网站界面设计中的 HTML、CSS 和 JavaScript 没有关联，读者通过书本学习到的知识都是零碎的，因此在培养读者实践能力方面很难形成完整的知识体系。而在实际开发网站时，后台与前台、动态与静态往往是密不可分的。

鉴于这些情况，编写一本以项目贯穿知识，以实用带动学习，将 PHP 的知识与 HTML、CSS 和 JavaScript 有效融合的教材是非常有必要的。

编者近几年在 PHP 的教学过程中，在充分考虑 PHP 知识在网站中的应用需求之后，模拟开发了 163 邮箱网站的主要功能，在反复使用和修改之后，沉淀出更加适合初学者学习使用和开发的项目，该项目应用了 PHP 在 Web 开发中的主流技术，融合了静态网站中的 HTML、CSS 和 JavaScript 技术，适合在各大浏览器中运行。

本书在编写过程中，理论知识的介绍主要是根据项目开发的需要进行的，内容选取上不追求泛泛而谈，而是以实用为原则，突出了项目开发和案例教学，避免了空洞的描述，每学到一个新知识点，读者都会很清楚如下几个问题：这是什么？如何使用？用在哪里？真正做到学以致用。

本书分为基础篇、核心篇与提高篇三大部分，共 12 个任务。

基础篇共包含 4 个教学任务，分别是 PHP 基础知识简介、PHP 程序的运行环境搭建、PHP 7 的基本语法和表单数据提交，主要是为项目开发准备一些基础知识。

核心篇共包含 5 个教学任务，分别是 163 邮箱注册功能实现，163 邮箱登录功能实现，163 邮箱写邮件功能实现，接收、阅读和删除邮件功能实现，以及在线投票与网站计数功能实现，详细讲解了开发过程中需要使用的各种技术，包含数据提交、文件上传、图片验证码的创建及应用、session 机制的应用、数据库的连接、分页浏览、文件访问以及 cookie 的应用等动态网站开发中的核心技术，说明了在开发过程中需要注意的各种事项，并提供了全部完整的代码。

提高篇共包含 3 个教学任务，分别是注册界面的密码强弱判断、复杂的附件添加与处理方法和 PHP 面向对象，这一部分内容可作为广大网站设计爱好者的选学模块。

全书内容组织按照循序渐进的原则展开，内容详细实用，旨在培养读者开发实际网站的能力，适合作为高等职业院校计算机类学生的专业课教材，也适合使用 PHP 开发动态网站的人员学习使用。

本书由王爱华、刘锡冬编著，薛现伟、孟繁兴参与编写，此外，参与编写工作的还有中国电科集团第五十五所工程师张可雪、慧与-济宁国际软件人才及产业基地帅雪永经理，在此深表感谢！

编 者

2018 年 10 月

目录 CONTENTS

第一部分 基础篇

第一部分

基 础 篇

说明：基础篇的内容设计主要围绕学习 PHP 课程的一些必备基础知识展开，包括动态网页的概念及工作原理、PHP 环境搭建过程、PHP 的基本语法以及使用表单向服务器提交数据等内容。

任务 1　PHP 基础知识简介

作为动态网站技术 PHP 内容的起点，任务 1 通过讲解静态网页执行过程、动态网页执行过程，以及对两者之间的区别进行分析，帮助大家理解动态网页的作用及应用环境，任务的最后简要说明 PHP 的特性和 PHP 能够实现的功能。

1.1　静态网页与动态网页的执行过程

需要解决的核心问题

- 什么是静态网页？静态网页如何执行？
- 什么是动态网页？动态网页如何执行？
- 动态网页与静态网页的本质区别是什么？

1.1.1　静态网页与执行过程

1. 静态网页

目前流行的静态网页都是用 HTML+CSS+JavaScript/jQuery 编写的扩展名为.htm 或.html 的 HTML 文件。静态网页只能按一定格式显示固定的内容信息，无须用户提交信息，也无法按用户的要求显示任意需要的内容。

静态网页使用 JavaScript/jQuery 可实现具有交互性的动态效果，如动态变换图像、动态更新日期；鼠标指向某个元素或区域时动态出现浮动区域；鼠标指向浮动区域内某个元素时，还可动态改变显示效果，并可实现超链接功能，但是，静态网页的所有动态效果都是事先设计好的固定内容，在页面刚刚运行时即下载到客户机器上，只不过是根据用户的操作由浏览器执行 JavaScript/jQuery 产生动态效果而已，用户的操作及动态显示都与网站服务器没有关系，因此它并不是真正意义上的动态网页。

静态网页部署在服务器，收到客户请求后需要将整个页面的内容下载到客户机器上由客户端浏览器运行。

静态网页最大的特点是，网页中显示的内容通常不会因人、因时不同而不同，即只要没有重新设计或修改网页，任何人在任何时候浏览页面时，内容都是一样的。

2. 静态网页的执行过程

当用户在浏览器地址栏中输入某网站的一个静态网页地址后，该网站服务器会通过 HTTP 把用户指定的“网页”文件及所有相关的资源文件传输到用户计算机中，再由用户计算机的浏览器解析执行该“网页”文件，将执行结果显示在浏览器中，从而形成用户看到的页面。

强调：静态网页的所有代码一定都是在浏览器端执行的。

静态网页的执行过程如图 1-1 所示。

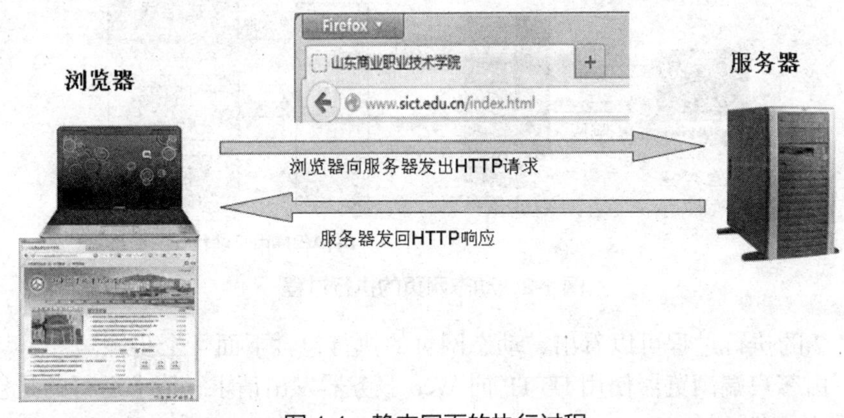

图 1-1 静态网页的执行过程

静态网页的执行需要两步来完成。

第一步，在客户端浏览器地址栏输入 URL，向服务器发出 HTTP 请求。

第二步，服务器发回 HTTP 响应，将用户请求页面的所有代码及资源文件都返回给浏览器，浏览器解释执行之后，显示页面效果。

由此可知，在浏览器端**查看静态网页的源文件**时，能够查看到文件的所有代码，不具有任何保密性。

1.1.2 动态网页与执行过程

1. 动态网页

动态网页的显著特点是，网页中显示的内容常常会因人、因时不同而不同。

例如，我们登录邮箱，今天登录后阅读了几封未读邮件，明天登录后又会有新的未读邮件出现，也就是说，对同一个用户而言，不同时段看到的结果会有所不同；而不同的用户进入自己的邮箱看到的邮件更是大相径庭，动态网页可以按用户要求显示该用户保存在服务器上的信息，也可以将用户自己的信息提交给服务器保存。

再如微博网站，信息更是瞬息万变。

动态网页是用 HTML+CSS+JavaScript/jQuery 结合 ASP、PHP 或 JSP 代码编写的扩展名为.asp、.php 或.jsp 的文件，即在动态网页代码中往往会穿插使用静态代码和动态代码。

2. 动态网页执行过程

在动态网页中最常出现的功能是用户与服务器的交互，这种交互过程通常需要借助于表单界面，也可以通过超链接形式与服务器交互。若是使用表单界面，用户在输入相关的信息之后，单击类似于“登录”“注册”或“确认”等 submit 类型按钮，即可将数据提交给服务器，服务器端执行相关的动态网页文件，将结果回送到浏览器供用户浏览。

动态网页的执行一般需要包含两个阶段。

第一阶段，根据用户的请求在服务器端运行动态部分的代码，获取相应的结果。

第二阶段，将动态代码获取的结果与源代码中的静态部分代码一起发送给浏览器，由浏览器解释执行这一部分内容，并将最后结果显示在浏览器界面上。

下面以 PHP 程序的运行过程来说明动态网页的执行过程，如图 1-2 所示。

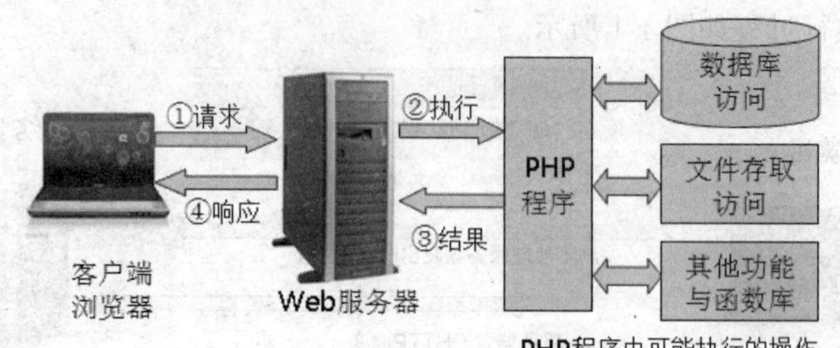

图 1-2 动态网页的执行过程

根据图 1-2 的执行过程可以看出，动态网页的执行包含下面 4 个步骤。

第一步，由客户端浏览器使用 HTTP 向 Web 服务器发出请求，请求运行的是包含了 PHP 代码的动态网页文件。

第二步，由 Web 服务器执行用户指定的 PHP 程序，在程序执行过程中可能需要访问数据库，可能要访问服务器端的文本文件，也可能要执行其他功能或函数库中的函数。

第三步，Web 服务器获取 PHP 程序的执行结果。

第四步，Web 服务器将 PHP 程序中动态部分代码的运行结果连同程序中原来的 HTML+CSS+JavaScript 部分的代码及需要的素材使用 HTTP 一起传送给客户端浏览器，再由浏览器执行后以页面的形式展示给发出请求的用户。

到此，一次访问过程结束。

注意：动态网页中的动态部分代码一定是在服务器端执行的。

1.1.3 动态网页与静态网页的区别

综上所述，动态网页与静态网页的区别可总结如下。

（1）使用的技术不同。静态网页中只能使用 HTML+CSS+JavaScript/jQuery 等技术；动态网页在 HTML+CSS+JavaScript/jQuery 技术基础上，增加了核心技术 PHP、JSP 或者 ASP。

（2）文件扩展名不同。静态网页扩展名为.html 或者.htm；动态网页扩展名根据页面中使用的核心技术不同，可以是.php、.jsp、.asp 等。

（3）静态网页的页面内容基本固定不变；动态网页的页面针对不同的访问用户、不同的访问时间往往会展现不同的内容。

（4）执行的位置不同。静态网页只需要在浏览器端执行；动态网页中的动态代码部分必须在服务器端执行。

1.2 初识 PHP

 需要解决的核心问题

- 什么是 PHP？PHP 的特性有哪些？
- 使用 PHP 能够实现哪些功能？

1.2.1 关于 PHP

1. PHP 概述

PHP（Personal HomePage:Hypertext Preprocessor）的中文意思为个人主页：超文本预处理器。

PHP 是一种服务器端的脚本语言，必须在服务器环境下才能运行。它是开源免费和跨平台的，而且具有高效安全和简单等特点，使用 PHP 可以写出功能强大的服务器端脚本，目前，PHP 是全球网站使用最多的脚本语言之一。

PHP 是在 1994 年由 Rasmus Lerdorf 创建的，最初只是一套简单的 Perl 脚本，用来跟踪访问他自己主页的用户信息。他给这一套脚本取名为“Personal Home Page Tools”。随着更多功能需求的增加，Rasmus 写了一个更大的 C 语言的实现，它可以访问数据库。1995 年，Personal Home Page Tools 开始对外发布第一个版本——PHP 1.0。

此后，越来越多的网站开始使用 PHP，并且强烈要求增加一些新特性，如循环语句和数组变量等。在新的成员加入开发行列之后，1995 年，第二版 PHP/FI（Form Interpreter）加入了对 mSQL 的支持，PHP 2.0 的发布，确立了 PHP 在动态网页开发中的地位。

到 1996 年年底，约有 15000 个网站使用 PHP/FI。

到 1997 年年中，使用 PHP/FI 开发的网站超过 5 万个。

随着 PHP 5.0 的发布和更多对面向对象的支持，PHP 进一步巩固了自己在 Web 开发领域的王者地位。

近几年 PHP 的发展更是呈现上升趋势，2015 年 11 月，PHP 7 正式发布，PHP 7 是 PHP 脚本语言的重大版本更新，带来了大幅度的性能改进和新的特性，同时改进了一些过时功能。新的 PHP 引擎优化了很多地方，也正是因为如此，才使得 PHP 7 相对于 PHP 5 性能有了很大的提升。PHP 的迅速发展也从侧面说明了 PHP 语言的简单、易学、面向对象和安全等特点正在被更多人所认同。相信新的 PHP 语言将会朝着更加企业化的方向迈进，并且将更适合大型系统的开发。

2. PHP 的特性

PHP 之所以得到非常广泛的应用，是因为它具有很多突出的特点，具体如下。

（1）PHP 独特的语法混合了 C、Java、Perl 的语法，以及 PHP 自创新的语法。

（2）PHP 可以比 CGI 或者 Perl 更快速地执行动态网页。

（3）与其他的编程语言相比，动态网页中使用 PHP 技术时，将 PHP 代码嵌入 HTML 文档中执行，执行效率比完全生成 HTML 标记的 CGI 要高许多。

（4）PHP 还可以执行编译后的代码，编译可以加密和优化代码运行，使代码运行更快。

（5）PHP 具有非常强大的功能，能实现 CGI 的所有功能。

（6）PHP 支持几乎所有流行的数据库，可以在 Linux、Unix 和 Windows 等各种操作系统环境下运行。

（7）PHP 支持面向过程和面向对象两种编程方式。

1.2.2 PHP 的功能

PHP 可以完成 Web 服务器端的很多功能，具体如下。

（1）图片验证码的生成及验证码正确性的判断。

（2）文件的上传。可用于上传头像图片或者上传附件。

（3）注册信息的保存。将用户在表单界面中输入的注册信息保存到数据库中。

（4）登录信息的验证。将用户在表单界面中输入的登录信息与保存在数据库中的信息进行比较，确定登录成功或者失败。

（5）博客或新闻的发布与分页浏览。

（6）在线投票功能实现，将投票的结果显示在页面中，同时要保存到服务器端指定的文本文件中。

（7）网站计数器设计，将统计的访客人数信息保存到服务器端指定的文本文件中。

1.3 小结

本任务介绍了静态网页的执行过程和动态网页的执行过程，并在此基础上分析了两者的区别，帮助读者更深刻地理解动态网页的工作过程。另外，本任务对 PHP 的基本功能和特性也做了简要说明，帮助读者初步认识与了解 PHP 语言。

1.4 习题

一、选择题

1．下面哪项不属于静态网页设计中使用的核心技术？________

A．HTML　　B．DreamWeaver　　C．CSS　　D．JavaScript

2．下面哪组中列举的技术都属于动态网页设计时使用的核心技术？________

A．ASP、JSP、SSP　　B．JSP、XHTML、PHP

C．JSP、PHP、ASP　　D．PHP、ASP、JavaScript

3．下面不属于动态网页与静态网页区别的是________。

A．静态网页运行后能够查看所有的源代码，动态网页中动态部分源代码则无法通过查看源代码的方式来查看

B．静态网页任何时候运行，其页面内容都相同，动态网页则不然

C．静态网页中可以包含各种小动画，动态网页不可以

D．动态网页是在服务器端执行的，而静态网页是在浏览器端执行的

4．下面各种说法中错误的是________。

A．在动态网页中可以包含大量的静态代码

B．使用静态网页技术中的 JavaScript 可以实现浏览器端动态变化的时钟效果

C．动态网页的运行过程通常会包含在服务器端的执行过程和在浏览器端的执行过程两个阶段

D．浏览器请求执行一个静态网页时，服务器先把页面文件执行完毕，然后将结果传递到浏览器端显示

二、填空题

1．浏览器向某个服务器发出页面请求时，无论请求的是静态网页还是动态网页，该请求都要通过____________协议发送出去。

2．静态网页代码在____________端执行，而动态网页代码在____________端执行。

3．PHP 是____________端的脚本，JavaScript 是____________端的脚本。

任务 2 PHP 程序的运行环境搭建

PHP 作为一种动态网站编程技术，其程序的运行需要 Web 服务器环境和结合数据库技术，任务 2 围绕服务器环境安装、配置及应用过程等相关内容展开讲解，为后续 PHP 程序的开发和运行做好准备。

PHP 支持 Apache 和 IIS（Internet Information services，Internet 信息服务）等大多数 Web 服务器的环境，但是使用 Apache 软件比 IIS 更为优越，本书只介绍在 Apache 服务器下的 PHP 环境搭建过程。

在动态网站开发过程中，经常需要使用数据库存储各种信息，如用户的注册信息、留言信息、邮件信息、购物信息等。PHP 支持绝大多数的数据库，如 MySQL、SQL Server、Oracle 等。在选用数据库方面，因为 Apache＋PHP＋MySQL 是黄金组合，而且是跨平台的，即在所有的平台下运行都没有任何问题，因此更多情况下都是选用 MySQL 数据库，本书中使用的也是 MySQL 数据库，但是本书不介绍 MySQL 数据库的安装，读者可自行学习相关知识，完成环境搭建。

任务 2 除了分别介绍安装或配置 Apache、PHP 和 MySQL 搭建环境之外，还介绍了集成化的开发环境 phpStudy 的安装和使用方法，供各种不同需求的读者使用。

提供的安装软件包如图 2-1 所示。

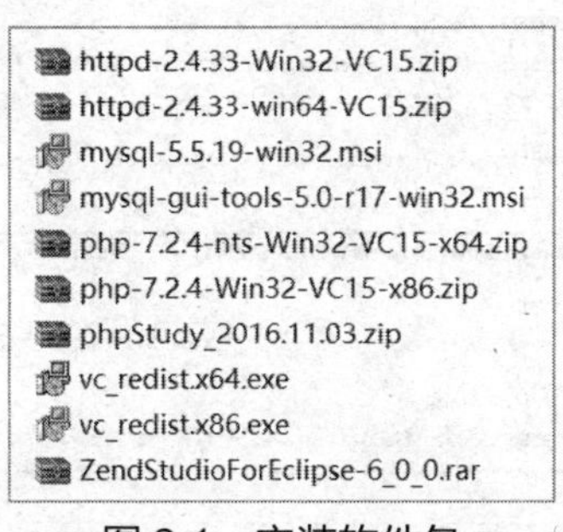

图 2-1 安装软件包

提供的安装软件包中包含了配置 apache2.4.33 服务器的 32 位和 64 位软件包，配置 php 7.2.4 的 32 位和 64 位软件包，安装 MySQL 5.5.19 的软件和 MySQL 图形化工具，VC++2015 的 32 位和 64 位软件包，集成环境 phpStudy 2016 和开发工具 ZendStudioForEclipse-6_0_0。

每个版本的 PHP 都与固定版本的 Apache 配套，比如，PHP 7 支持的是 Apache 2.4 版本，PHP 5.6 支持的是 Apache 2.2。具体来说，所下载的 PHP 需要哪个版本的 Apache，可以查看 PHP 目录下的 php*apache*.dll 文件，如 php7apache2_4.dll，说明所下载的 PHP 为 7，需要的 Apache 版本为 2.4，因此，安装 PHP 7 时，需要下载 Apache 2.4。

注意：32 位和 64 位安装包的安装过程并无区别。

2.1 安装与配置 PHP

需要解决的核心问题

- 如何确定选用的 PHP 版本？
- 如何得到 PHP 的配置文件？配置文件中的注释符号是什么？
- PHP 中默认的时区是什么？如何修改？

2.1.1 安装 PHP

1. 下载 PHP 时的注意事项

若是直接进入 PHP 官网下载 PHP，会看到图 2-2 所示的界面。

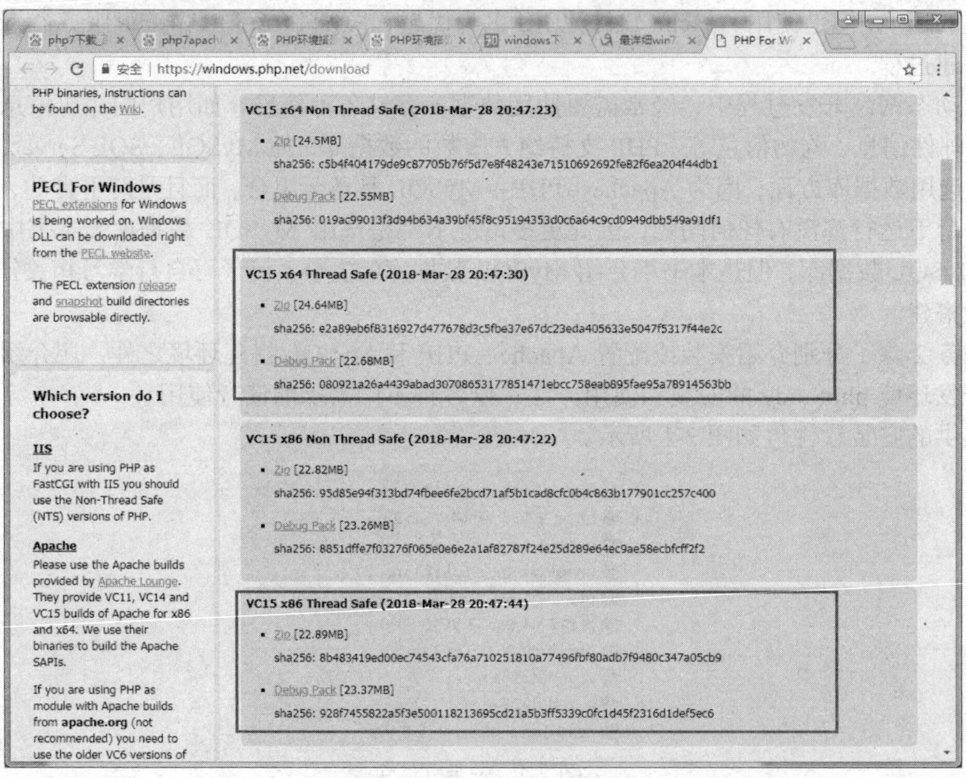

图 2-2 PHP 官网下载界面

无论需要下载 32 位还是 64 位的安装包，都需要选择图 2-2 框内的安全版本，即带有“Thread safe”字样的版本，而不要选择带有“Non Thread safe”字样的版本，否则解压之后将无法找到所需的 php7apache2_4.dll 文件。该问题导致的后果是无法将 PHP 关联到 Apache 2.4 服务中，从而无法通过 Apache 2.4 服务运行 PHP 程序。

2. 解压 PHP 压缩包到指定位置

PHP 7 以上版本不需要安装过程，只需要将下载的 php-7.2.4-Win32-VC15-x86.zip 压缩包解压到指定的位置，这里选择 E 盘，解压之后得到的文件夹命名为 php7，文件夹内容如图 2-3 所示。

图 2-3　php7 文件夹内容界面

将图 2-3 中选中的文件名称 php.ini-development 改为 php.ini，这是 PHP 的配置文件。

2.1.2　修改 PHP 配置文件

说明：PHP 配置文件中语句行前面的**分号**起到注释的作用，即带有分号的语句行不起任何作用。

本小节中对 PHP 配置文件的修改是针对默认时区的修改。PHP 所取的时间默认是格林威治标准时间，与北京时间相差 8 小时，采用默认时区时，若是在程序中增加了关于日期时间函数的使用，则会对程序代码进行警示。

修改 PHP 默认时区的做法如下。

使用记事本打开 php.ini 文件，选择“编辑”→“查找”命令，在要查找的内容中输入“date.timezone”进行查找，找到图 2-4 所示的界面。

将图 2-4 所选内容前面的分号去掉，设置取值为 PRC，如图 2-5 所示，PRC 表示中华人民共和国的时区，这样保证在运行带有系统日期时间的 PHP 文件时，不会因为时区问题而产生警告信息。

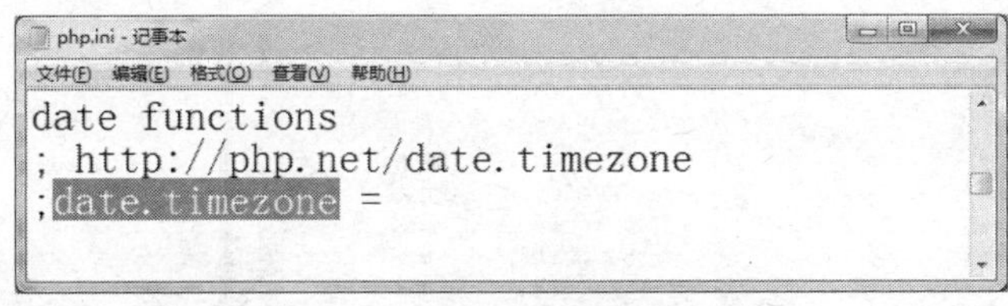

图 2-4　php.ini 中的时区设置区域界面

图 2-5　设置系统时区的代码

2.2　配置 Apache 服务器

需要解决的核心问题

- 为何需要安装 VC14？
- Apache 的配置文件是什么？使用 Apache 服务之前，需要对配置文件进行哪些基本操作？
- 如何将 PHP 7 关联到 Apache 2.4 中？
- 如何启用 Apache 服务？
- 怎样使用 Apache 主目录访问网站页面文件？

2.2.1 安装 VC14

在安装 Apache 之前，需要先安装 VC14，否则在安装 Apache 时可能会因为缺少文件 VCRUNTIME140.dll 而导致出现错误。

运行安装文件夹中的 vc_redist.x86.exe，打开图 2-6 所示的界面。

选择图 2-6 所示的“我同意许可条款和条件”，单击“安装”按钮，打开图 2-7 所示界面。

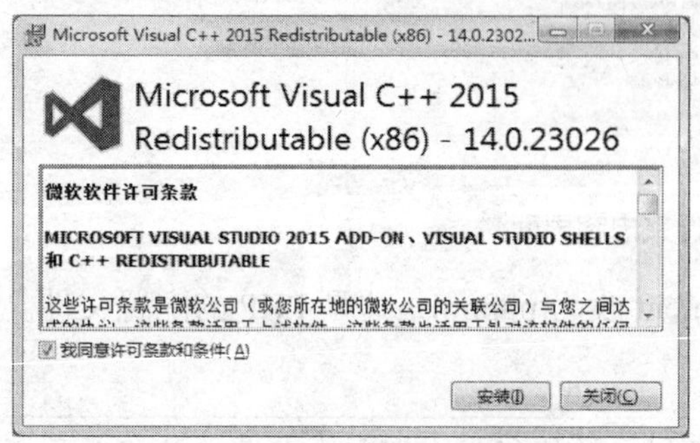

图 2-6 安装 VC14 初始界面

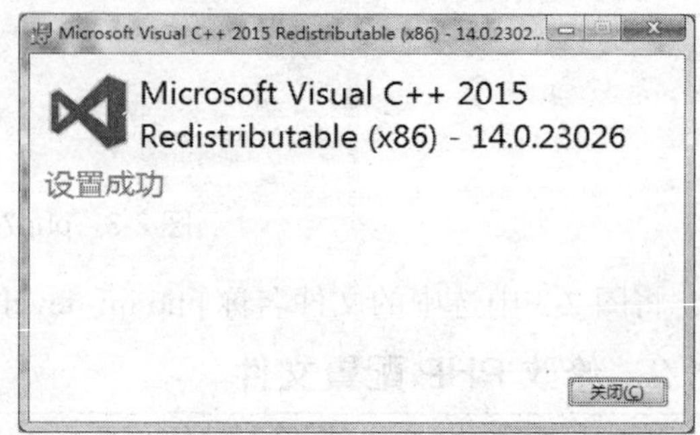

图 2-7 安装 VC14 成功界面

2.2.2 Apache2.4 安装和配置

Apache2.4 不需要专门的安装过程，只需要将给定的压缩包解压到指定的位置，然后完成相应的配置即可。

1. 解压 Apache2.4 压缩包

将压缩包 httpd-2.4.33-Win32-VC15.zip 解压到指定的位置，这里选择 E 盘，解压后得到文件夹 Apache24，文件夹中的内容如图 2-8 所示。

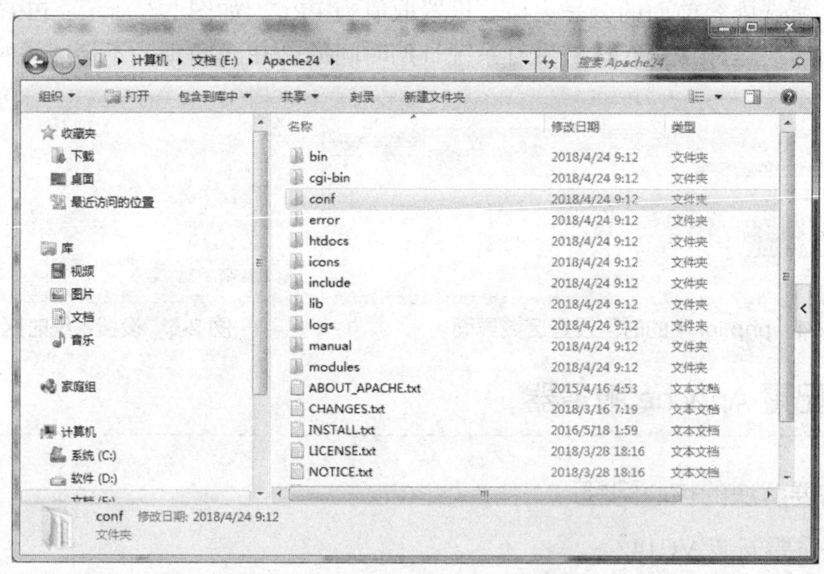

图 2-8 Apache24 文件夹的内容

2. 配置 Apache2.4

配置 Apache2.4 是指修改 Apache 配置文件中的相关条目，包括修改 Apache 服务器根目录、修改网站主目录、加载 PHP 模块等。

Apache 的配置文件位于图 2-8 所示文件夹 E:\Apache24\conf 的下面，文件名是 httpd.conf，用编辑器（笔者使用的是记事本）打开该文件，完成相应配置过程。

注意：在 httpd.conf 文件中，代码前面的#表示注释，如图 2-10 中代码行前面的#。

（1）修改 Apache 服务器的根目录

解压 Apache2.4 压缩包之后，Apache 配置文件中的服务器根目录默认指向 C 盘，需要将其修改为 E 盘。

使用记事本打开 conf 文件夹中的配置文件 httpd.conf，选择“编辑”→“查找”命令，输入要查找的内容为“ServerRoot”，如图 2-9 所示。

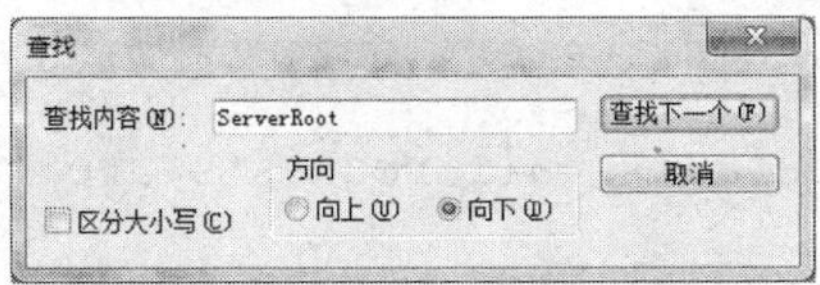

图 2-9 查找内容“ServerRoot”

多次单击“查找下一个”按钮之后，找到图 2-10 所示界面中被选中的内容。

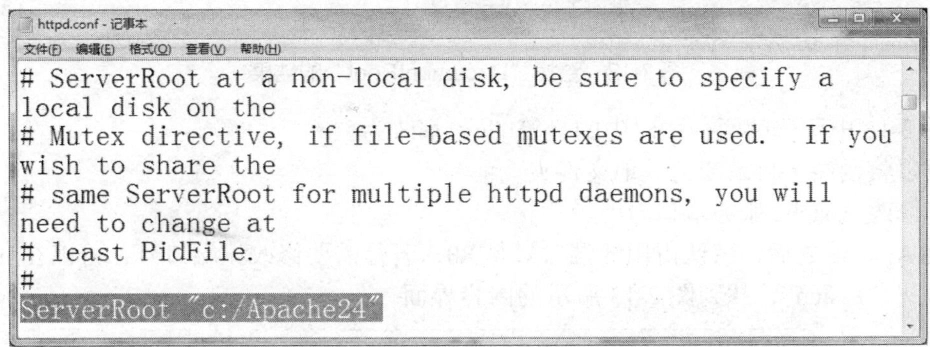

图 2-10 查找“ServerRoot”的结果

图 2-10 中选中的内容表示服务器的根目录是 c:/Apache24 文件夹，将其中的盘符 c 改为 e 即可。

（2）修改服务器域名配置

在 httpd.conf 中查找“ServerName”，找到图 2-11 所示的内容。

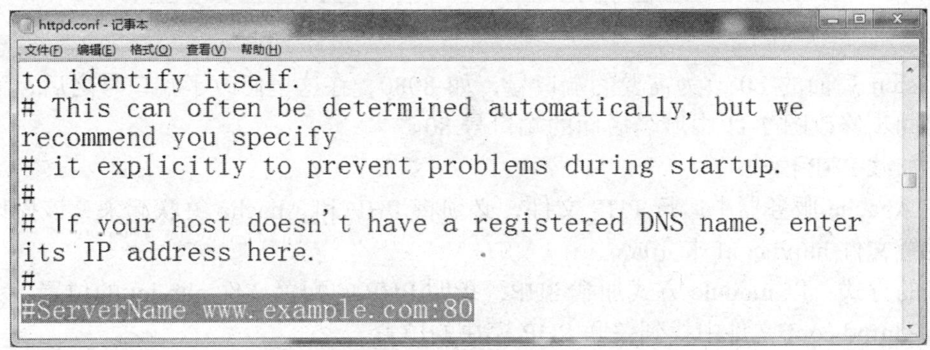

图 2-11 查找“ServerName”的结果

图 2-11 中选择的内容，表示如果别人要访问该服务器的话，使用的域名及端口号是“www.example.com:80”，因为在学习过程中，需要将本地主机设置为服务器，所以要修改该

域名，将“www.example.com”改为本地主机的 IP 地址“127.0.0.1”，然后去掉前面的注释符号#，即结果变为“ServerName 127.0.0.1:80”。

（3）修改网站主目录

主目录是服务器的默认站点在服务器上的存放位置，每个服务器中都要存在主目录。解压 Apache2.4 压缩包之后，Apache 配置文件中的网站主目录默认位于 C 盘中，需要将其修改为 E 盘，操作过程如下。

在 httpd.conf 中查找“DocumentRoot”，找到图 2-12 所示的界面。

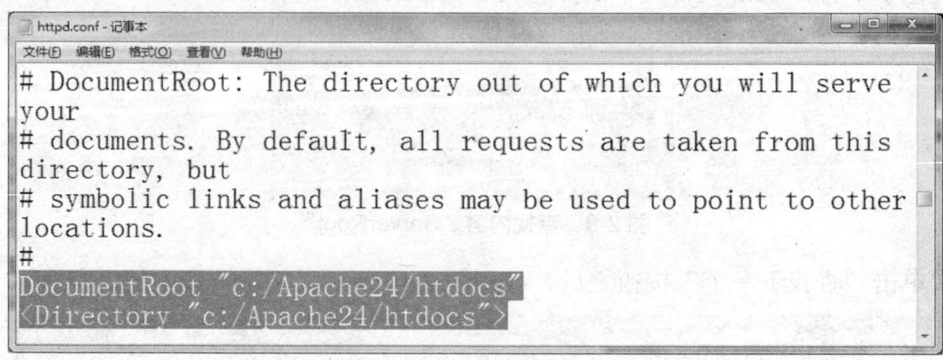

图 2-12　查找“DocumentRoot”的结果

将图 2-12 中所选的两行代码中的盘符“c”都改为“e”。

也可以将网站主目录改为其他文件夹。

（4）修改 Apache 服务端口号

安装 Apache 之后，默认占用的端口号是 80，若是需要修改该端口号，可以在 httpd.conf 文件中查找“Listen”，找到图 2-13 所示的内容界面。

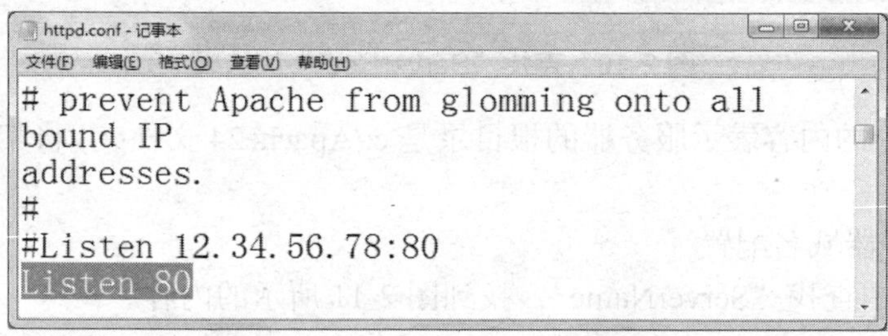

图 2-13　查找“Listen”的结果

将 Listen 后面的 80 改为需要的端口号，如 8080，在这里修改了端口号之后，为了避免混乱，要同步修改图 2-11 中域名后面的端口号 80。

（5）加载 PHP 模块

要在 Apache 服务器中运行 PHP 文件，必须将 PHP 和 Apache 关联起来，该操作需要通过修改配置文件 httpd.conf 来完成。

关联的方式：以 module 方式加载 PHP，指明 PHP 的配置文件 php.ini 的位置。

① 在 httpd.conf 文件中找到关联 PHP 模块的位置。

② 查找“#LoadModule xml2enc_module”，找到图 2-14 所示的内容界面。

③ 在选中代码行的下方添加下面三行代码。

```
LoadModule php7_module "E:/php7/php7apache2_4.dll "
```

```
AddHandler application/x-httpd-php .php
PHPIniDir "E:/php7 "
```

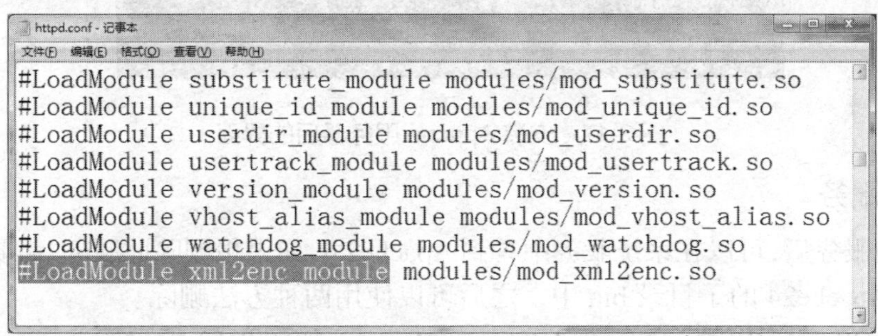

图 2-14　查找关联 PHP 模块的位置

第 1 行代码表示加载 php7 模块，要指定的是 php7 安装文件夹中的 php7apache2_4.dll。

第 2 行代码表示添加可以执行的文件类型 PHP。

第 3 行代码表示 PHP 的配置文件所在文件夹。

添加 PHP 模块之后的 httpd.conf 内容界面如图 2-15 所示。

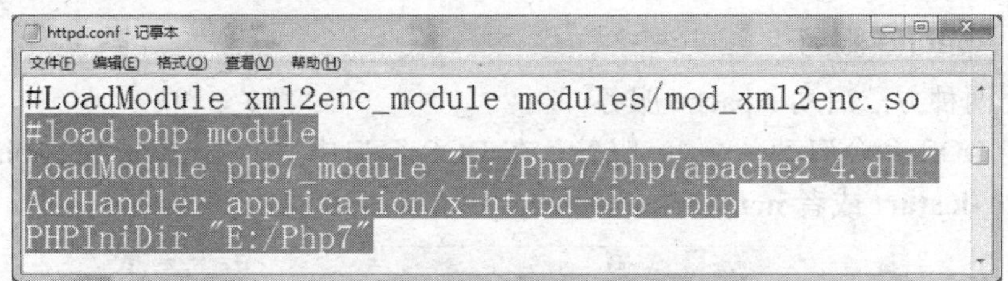

图 2-15　加载 PHP 模块之后的 httpd.conf 内容界面

（6）检查配置效果

为了保证 Apache 服务器在配置完成之后能够正常使用，需要检查刚刚完成的配置有没有错误，在 DOS 窗口中进入 Apache 安装目录 Apache24 中的子目录 bin，输入命令 **httpd.exe -t**，回车之后如果显示图 2-16 所示的"Syntax OK"，则表示 Apache 配置文件已经修改正确。

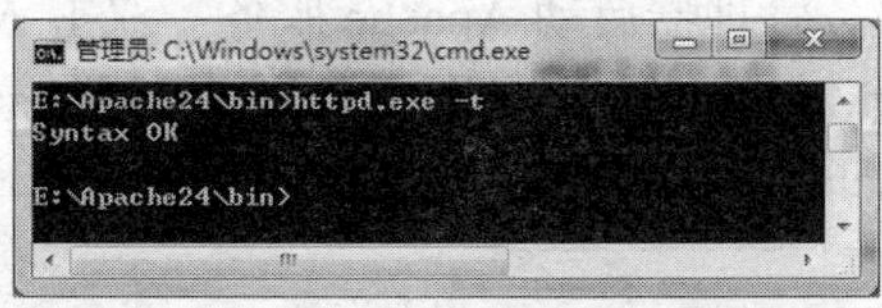

图 2-16　检测 Apache 服务器配置无误的效果

2.2.3　安装和启动 Apache

1. 安装服务

进入 DOS 窗口，进入 Apache 安装目录 Apache24 的子目录 bin 下面，输入命令 **httpd.exe -k install**，按【Enter】键后显示图 2-17 所示的界面。

图 2-17 中显示的内容"Installing the 'Apache2.4' service"表示正在安装 Apache2.4，内容"The 'Apache2.4' service is successfully installed"表示 Apache2.4 安装成功。

注意："Errors reported here must be corrected before the service can be started." 不是错误，而是提示用户：如果在此处出现错误提示，则必须在解决错误后再启动服务。

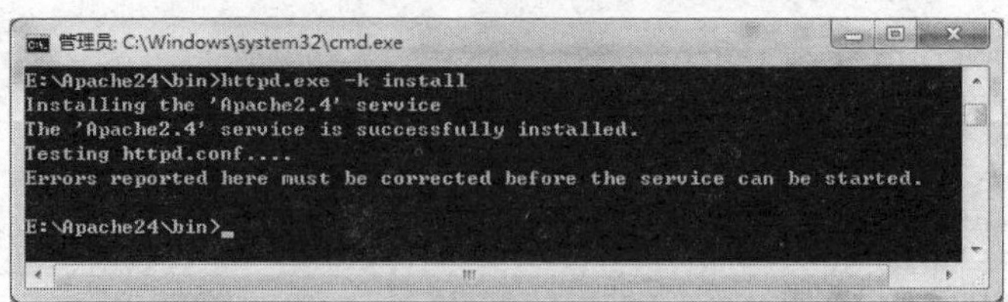

图 2-17　安装 Apache 服务器后的界面

2. 删除服务

成功安装服务后，可以在系统服务中看到 Apache2.4，如果想删除此服务，需要进入 Apache 安装目录 E:\Apache24 的子目录 bin 中，之后可以使用两种方法删除。

（1）在 DOS 窗口中输入命令 **sc delete apache2.4**，如图 2-18 所示。

（2）通过删除服务命令 **httpd.exe -k uninstall -n Apache2.4** 完成删除操作，如图 2-19 所示。

```
E:\Apache24\bin>sc delete apache2.4
[SC] DeleteService 成功
```

图 2-18　删除 Apache 服务的命令之一

```
E:\Apache24\bin>httpd.exe -k uninstall -n Apache2.4
Removing the 'Apache2.4' service
The 'Apache2.4' service has been removed successfully.
```

图 2-19　删除 Apache 服务的命令之二

3. 启动 Apache 服务

可以使用两种方法启动 Apache 服务。

（1）使用 DOS 命令启动 Apache 服务。在 DOS 窗口中进入 E:\Apache24\bin 目录，输入命令 **httpd.exe -k start 或者 net start apache2.4**，如图 2-20 所示。

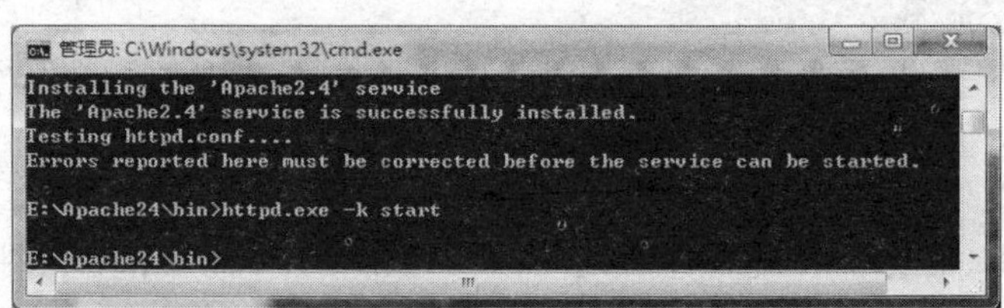

图 2-20　启动 Apache 服务的命令

（2）通过运行 Apache 服务管理器启动 Apache 服务。双击 Apache 安装目录 E:\Apache24 子目录 bin 下的文件 ApacheMonitor.exe（见图 2-21），打开 Apache 服务管理器，然后单击“Start”按钮，即可启动 Apache2.4 服务，如图 2-22 所示。

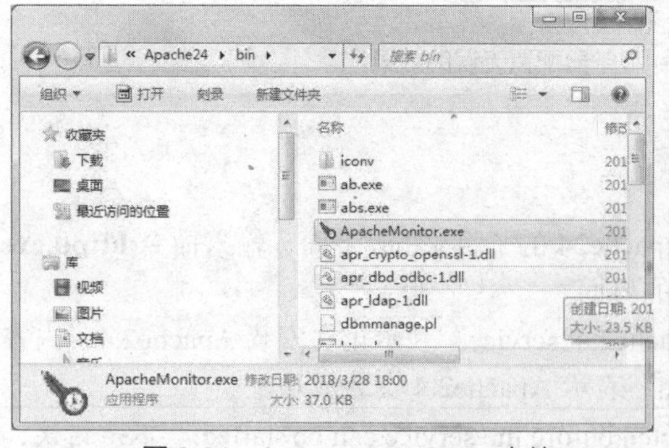

图 2-21　ApacheMonitor.exe 文件

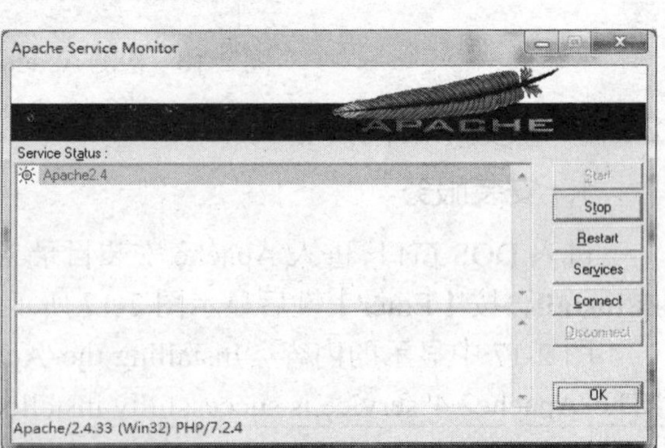

图 2-22　Apache 服务管理器界面

启动 Apache 服务之后，在任务栏中将会出现小图标，这说明 Apache 服务已经成功安装并启用，如图 2-23 所示。

在图 2-22 所示界面右侧，单击“Stop”按钮将会停止运行 Apache 服务，停止之后，图 2-22 中 **Apache2.4** 左侧的小图标将会变成红色，同时，在图 2-23 中右侧所示的图标也会变成红色小方块，此时再单击“Start”按钮将会再次启用 Apache 服务。

在图 2-22 所示界面的左下角，显示的内容“Apache/2.4.33(Win32)PHP/7.2.4”表示当前是在 32 位的 Windows 操作系统下使用的服务，而且 Apache 和 PHP 已经成功关联在一起，此时可以通过 Apache 服务运行 PHP 程序了。

为了进一步验证 Apache 安装是否成功，打开浏览器，在地址栏中输入 http://localhost（localhost 代表本地主机，也就是刚刚配置 Web 服务器的主机）或者 http://127.0.0.1 进行测试。注意，127.0.0.1 代表本地主机的 IP 地址，任何一个主机都可以使用该地址来表示自己。若是在浏览器窗口中出现“It works”字样，则说明安装成功，如图 2-24 所示。

注意：在测试时，不同操作系统环境和不同浏览器环境显示的信息会有所不同。

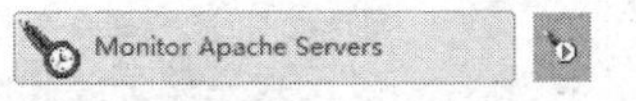

图 2-23 打开 Apache 监视器的命令及小图标

图 2-24 Apache 服务器默认执行的页面效果

2.2.4 应用 Apache 主目录

配置 Apache 服务器之后，网站的主目录默认为安装目录 E:/Apache24 下面的子目录 htdocs，放在该目录中的任何页面文件都可以通过 **http://localhost/文件名**或者 **http://127.0.0.1/文件名**的方式来运行。可以将 localhost 看作是到主目录 htdocs 的映射，若是在 htdocs 下面存在子文件夹，在浏览器中运行子文件夹中的文件时，需要在 localhost 后面增加子文件夹名称和子文件夹内部的页面文件名称。

例如，若是在 htdocs 文件夹下存在文件 date.php，则可以在浏览器地址栏中输入 http://localhost/date.php 来运行该 PHP 文件；若是 htdocs 文件夹下包含子文件夹 exam1，在该文件夹中存在文件 exam.php，则可以在地址栏中输入 http://localhost/exam1/exam.php 来运行该 PHP 文件。

若是在 Apache 配置文件 httpd.conf 中修改过 Apache 服务使用的端口号，如改为 8080，那么在运行页面文件时，必须使用 **localhost:8080/**或者 **127.0.0.1:8080/**的形式。

强调：要创建的所有网站文件都要存放在 Apache 主目录下面。

2.3 集成化的开发环境

需要解决的核心问题

- 怎样安装 phpStudy？
- 如何单独启动或停止 phpStudy 环境下的 Apache 或者 MySQL？
- 运行模式中的系统服务和非服务模式分别是指什么？

- 怎样在 phpStudy 中操作 MySQL 数据库？
- 如何改变网站目录及使用的端口号？

除分别安装或配置 Apache、PHP 和 MySQL 搭建环境之外，很多公司提供了一键搭建 PHP 安装环境和一键配置 PHP 环境，如大家经常使用的 phpStudy、wampServer、XAMPP 等，大大节省了搭建 PHP+MySQL 环境的时间。本书介绍的是 phpStudy 的安装及应用。

2.3.1 phpStudy 的安装

phpStudy 包集成最新的 Apache+Nginx+LightTPD+PHP+MySQL+phpMyAdmin+Zend Optimizer+Zend Loader，一次性安装，无须配置即可使用，是非常方便、好用的 PHP 调试环境。

下载较新版本 phpStudy 的安装包，本书选用的是 phpStudy_2016.11.03.zip，解压之后，得到文件夹 phpStudy_2016.11.03，内容如图 2-25 所示。

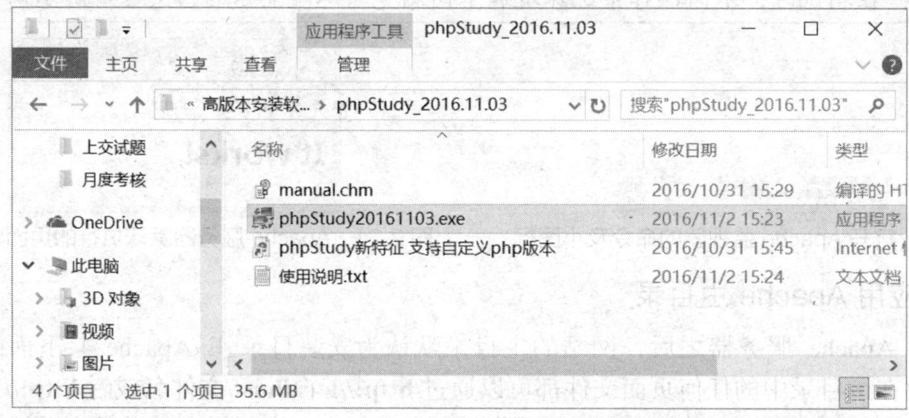

图 2-25　phpStudy_2016.11.03 文件夹内容

运行图 2-25 中选择的 phpStudy20161103.exe 文件，安装 phpStudy，在安装过程中，通常需要重新选择一个安装位置，如图 2-26 所示，单击右侧的文件夹按钮，更换安装路径，此处选择的安装路径为 E:\phpstudy。

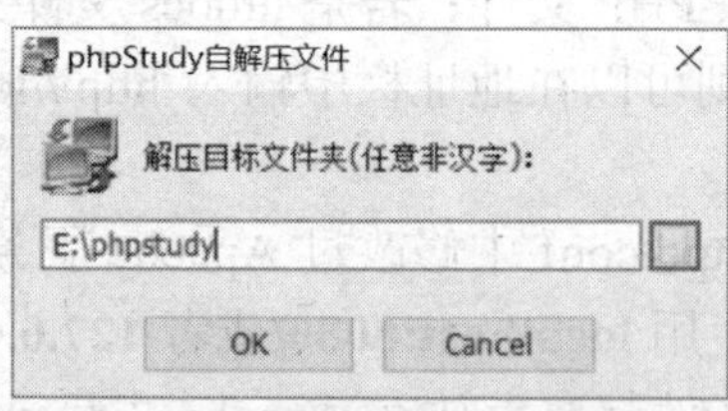

图 2-26　phpStudy 的安装路径

2.3.2 phpStudy 的主界面

安装完成之后，自动弹出 phpStudy 主界面，如图 2-27 所示。

1. 启动按钮、停止按钮和重启按钮

在主界面的右上角部分有 3 个按钮，分别实现程序的启动、停止和重启。另外，把鼠标放在按钮上单击右键，可以单独启动、停止或者重启 Apache 和 MySQL。例如，在停止 phpStudy 之后，用鼠标右键单击“启动”按钮时，弹出快捷菜单，如图 2-28 所示。

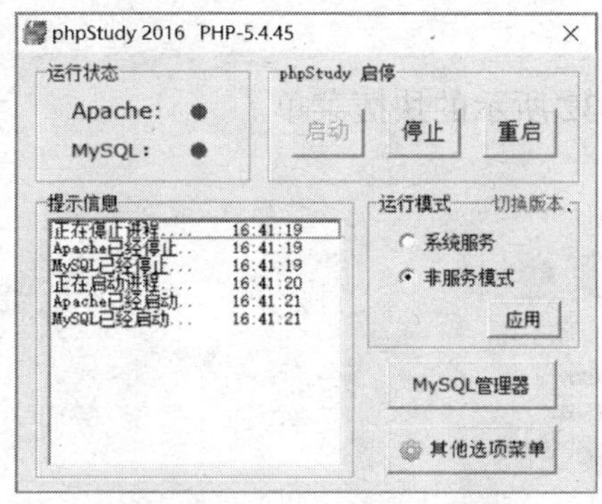

图 2-27 phpStudy 主界面

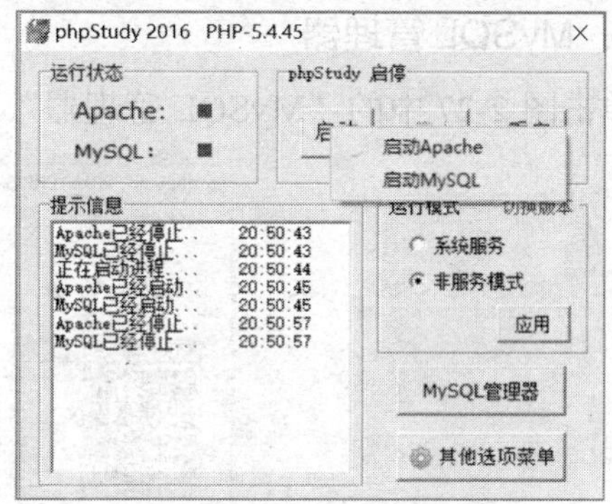

图 2-28 phpStudy 单独启动菜单

2. 运行模式

在图 2-27 右侧中间位置的运行模式中有系统服务和非服务模式。选择“系统服务”选项，在计算机开机后，该程序将在后台自动运行，在这种模式下，可直接使用 phpStudy 运行 PHP 程序；选择“非服务模式”，需要运行 PHP 程序时，必须先运行安装文件夹中的 phpStudy.exe 文件（见图 2-29），用以启动 phpStudy。

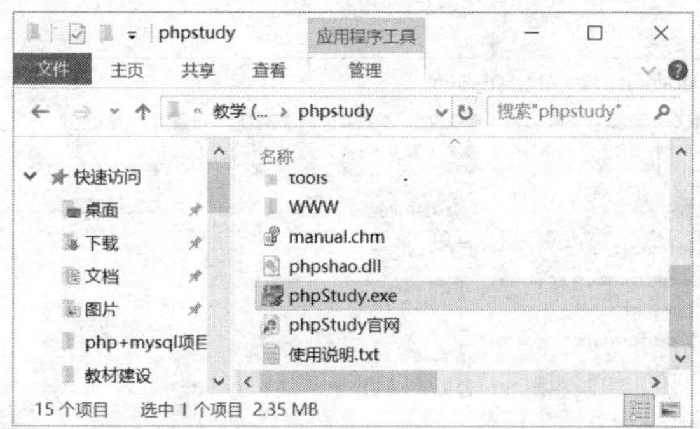

图 2-29 phpStudy 安装文件夹中的 phpStudy.exe 文件

单击图 2-27 中“运行模式”右侧的“切换版本”会弹出 PHP 版本以及 Web 服务器组合选择面板，此处可以选择自己需要的版本组合，如图 2-30 所示。

选择图 2-30 中的“php-7.0.12-nts+Apache”版本组合，得到图 2-31 所示的版本界面。注意，若是机器中没有安装 VC14，切换为该版本时会提示必须安装 VC14，否则切换无法成功。

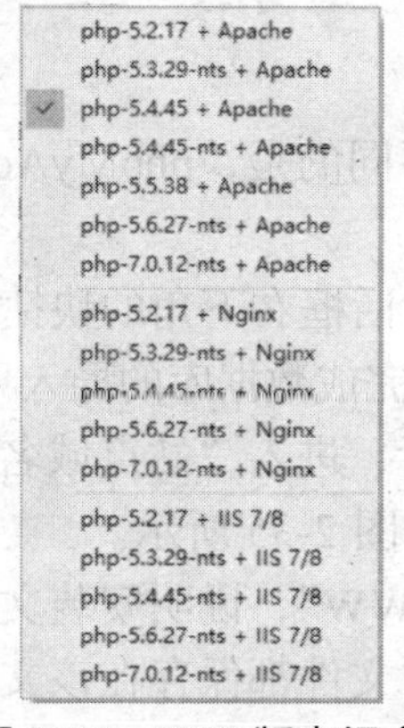

图 2-30 PHP 版本组合

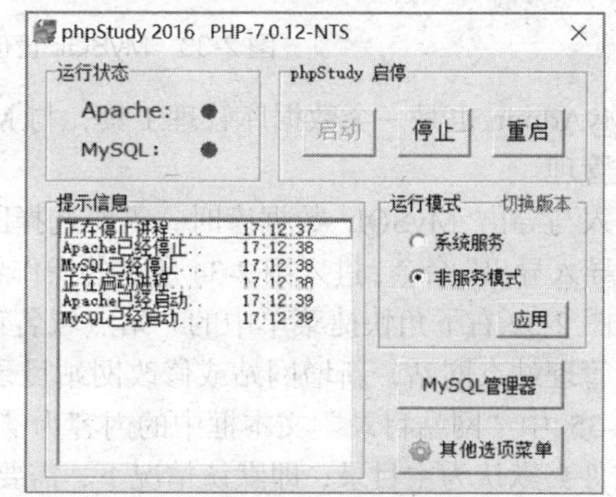

图 2-31 切换为 PHP 7.0.12 版本后的主界面

3. MySQL 管理器

单击图 2-27 中的“MySQL 管理器”，弹出图 2-32 所示的快捷菜单。

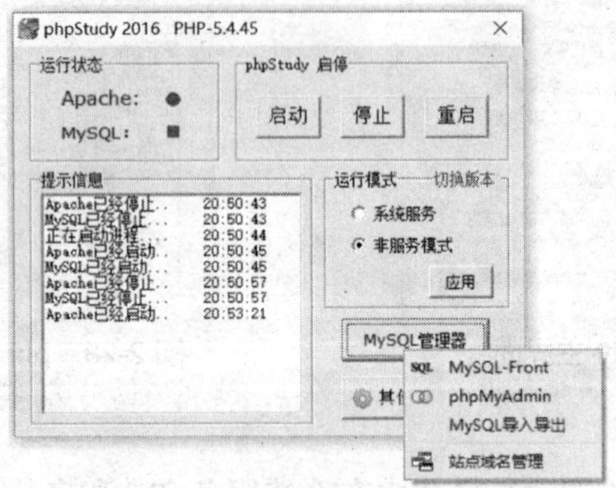

图 2-32 MySQL 管理器操作命令

MySQL-Front 是一个数据库管理工具，单击 MySQL-Front 选项，进入图 2-33 所示的数据库操作界面，在该界面中可以完成数据库的创建与删除、表的创建与删除、浏览数据、查询数据、删除数据等操作。

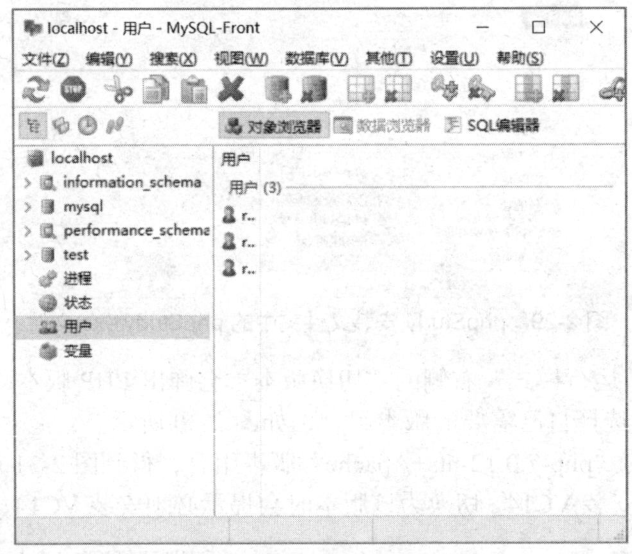

图 2-33 MySQL 管理器操作界面

phpMyAdmin 也是一个数据库管理工具，与 MySQL-Front 不同的是，phpMyAdmin 可以实现远程管理。

要导入与导出 MySQL 数据库时，需要选择图 2-32 所示对话框右下角的快捷菜单中的“MySQL 导入导出”命令，进入图 2-34 所示的操作界面，之后可以完成数据库的导入导出操作。

选择图 2-32 右下角快捷菜单中的“站点域名管理”命令之后，进入“站点域名设置”界面，可以管理站点网站，新增网站或修改网站目录、端口等，如图 2-35 所示。

图 2-35 中“网站目录”文本框中的内容为“E:\phpstudy\WWW”，说明安装文件夹下的 WWW 文件夹默认为主目录，即默认情况下，需要将创建的 PHP 文件都保存在该文件夹或者其子文件夹下才能运行。

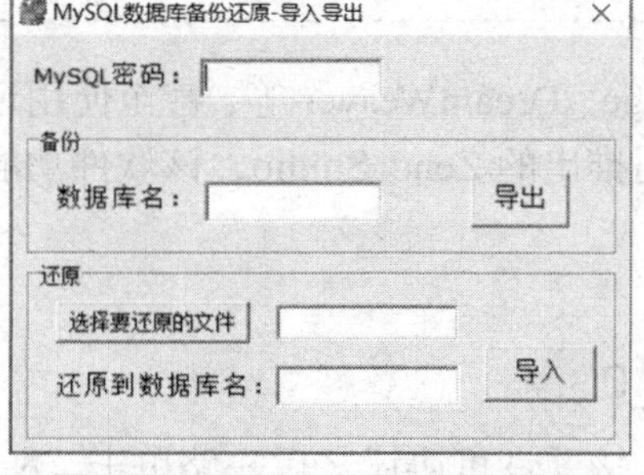

图 2-34　MySQL 导入导出界面

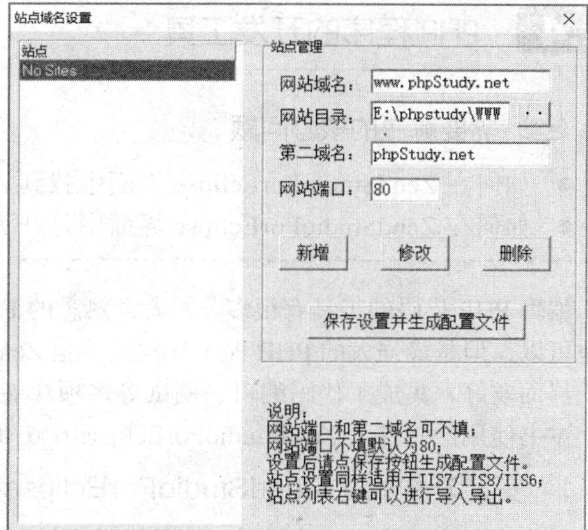

图 2-35　phpStudy 站点域名设置界面

若是要更改网站目录，单击其右侧的按钮，弹出图 2-36 所示的界面，选择新的文件夹即可。

4. 其他选项菜单

单击图 2-27 所示的 phpStudy 主界面右下角的“其他选项菜单”按钮，弹出图 2-37 所示的菜单命令。

使用菜单中的命令能够运行 phpStudy 的默认主页、对其进行各种设置，也可以对 MySQL 数据库进行各种操作。

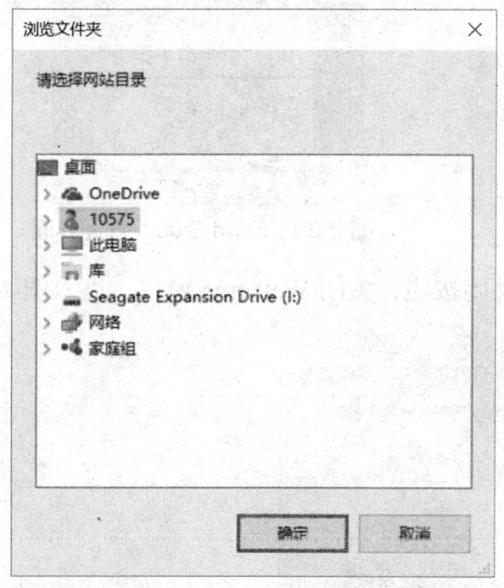

图 2-36　phpStudy 网站目录选择界面

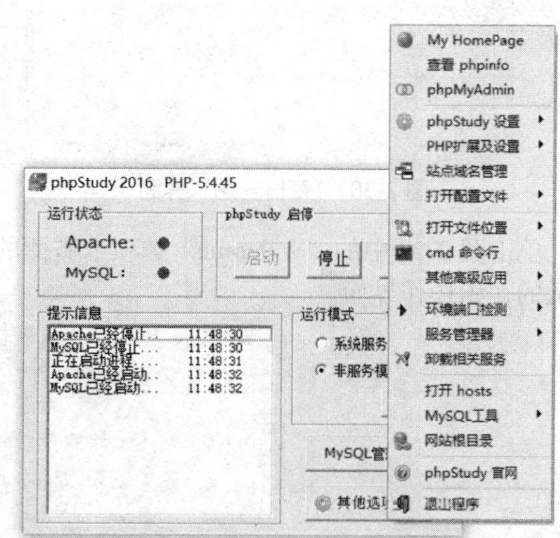

图 2-37　phpStudy 其他选项菜单

更改网站目录，还可以通过修改 Apache 配置文件的方式完成，在 Apache\httpd.conf 文件中查找“DocumentRoot”，将其后面指定的“phpStudy\WWW”更换为需要的文件夹即可。

2.4 PHP 程序的开发工具

需要解决的核心问题

- 如何在 ZendStudioForEclipse 界面中找到 Apache 的主目录？
- 如何在 ZendStudioForEclipse 界面中打开 Apache 主目录中的文件？

编辑 PHP 代码的工具有很多，如大家熟悉的 FrontPage、DreamWeaver 等，甚至使用记事本也可以，但是最强大的 PHP 程序开发工具是 Zend 公司推出的 Zend Studio，该软件功能强大、界面友好，集成了代码编辑、调试等多项功能。

本书使用的软件是 ZendStudioForEclipse-6_0_0.exe。

2.4.1 安装及初始化 ZendStudioForEclipse-6_0_0

双击运行安装程序，安装时，不需要设置任何参数，接受许可协议之后一路单击“Next”按钮完成安装过程即可。

安装完成后直接打开操作界面，弹出图 2-38 所示的“每日一贴”界面。

图 2-38 左下角的“Show on startup”表示在启动时显示“每日一贴”界面，若不需要在每次启动 Zend Studio 时都显示该界面，则取消勾选，并关闭该界面，之后进入图 2-39 所示的欢迎界面。

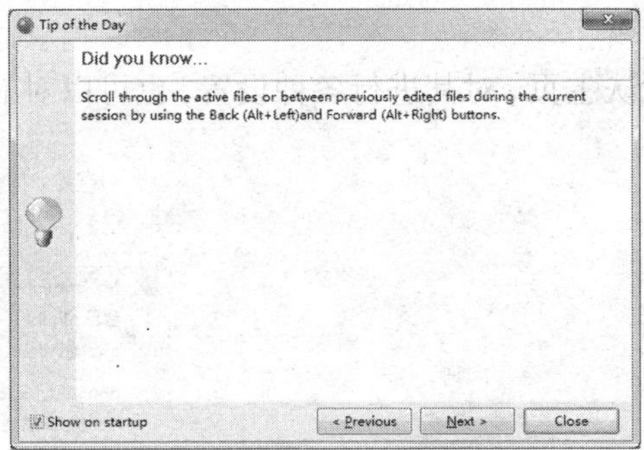

图 2-38 “每日一贴”界面

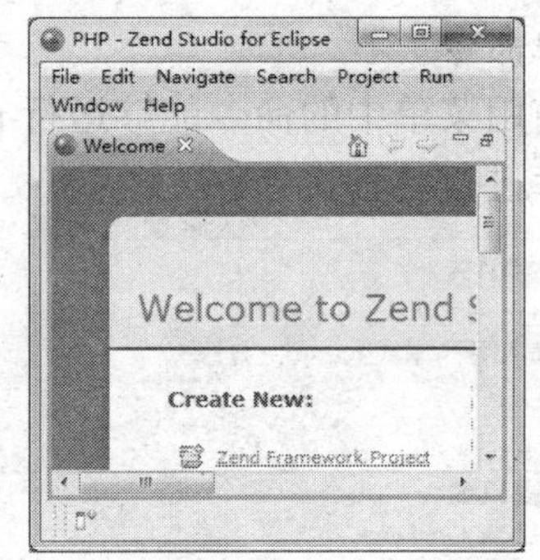

图 2-39 Zend Studio 欢迎界面

单击图 2-39 中的“Welcome”选项卡右侧的关闭按钮，关闭 Welcome 窗口，进入图 2-40 所示的初始操作界面。

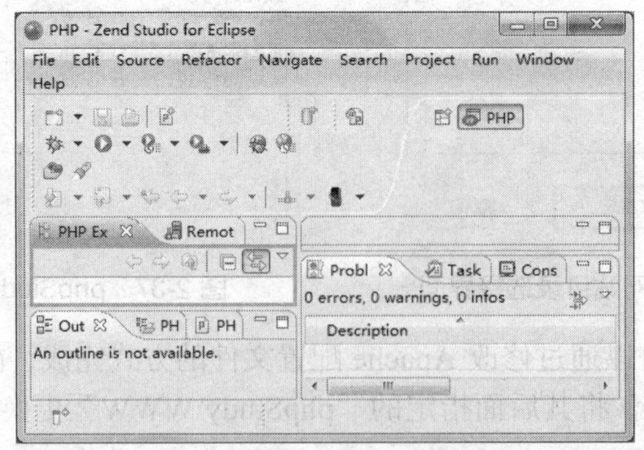

图 2-40 Zend Studio 初始操作界面

为了方便在 Zend Studio 环境下的指定位置创建文件夹或者文件，启动 Zend Studio 之后，找到并显示需要使用的盘符。

（1）单击图 2-40 中的 Remote 选项卡，在下面的树形区域中显示图 2-41 所示的界面结构。

（2）单击图 2-41 中 local Files 左侧的小三角图标，再单击 Drives 左侧的小三角图标，得到图 2-42 所示的盘符列表。

图 2-41　Remote 选项卡下的树形结构

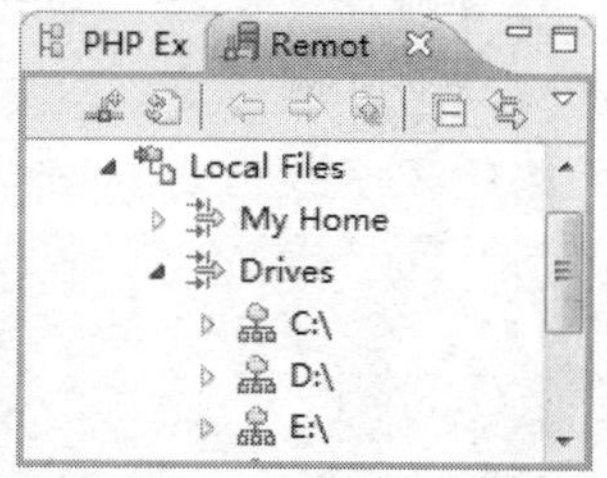

图 2-42　Remote 选项卡下的盘符列表

2.4.2　更改 Zend Studio 编码类型

Zend Studio 在安装完成之后，创建的文件默认使用的编码类型是 GBK，为了与国际标准一致，需要将默认编码类型改为 UTF-8，具体操作步骤如下。

第一步，选择"Window"→"Preferences"命令，如图 2-43 所示。

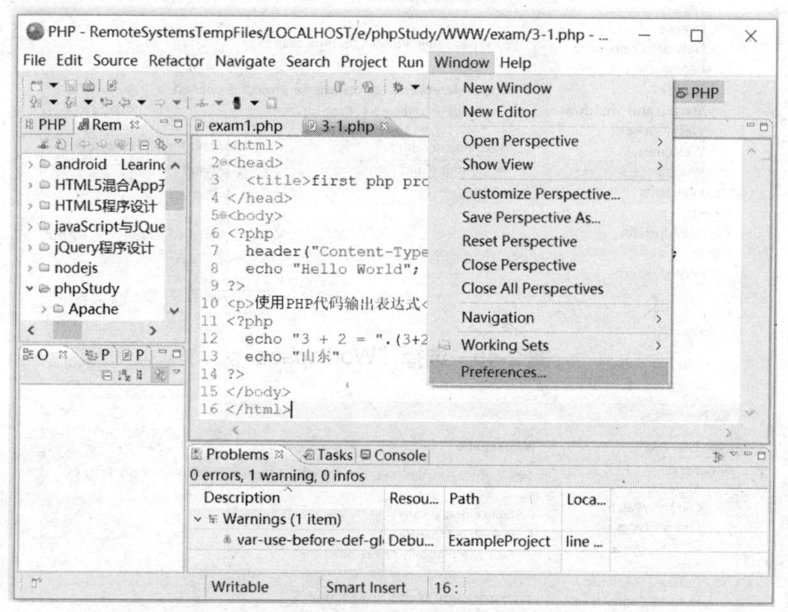

图 2-43　选择"Window"→"Preferences"命令

第二步，打开"Preferences"窗口，如图 2-44 所示。

第三步，单击图 2-44 左侧列表栏中顶部的 General，选中该下拉列表内部最下面的 Workspace 选项，得到图 2-45 所示的界面。

第四步，图 2-45 所示界面中"Text file encoding"区域中的 Default（GBK），表示当前使用的文档编码默认是 GBK，选择"Other"选项，从右侧的下拉列表中选择"UTF-8"选项，如图 2-46 所示。单击"Apply"按钮应用设置之后再单击"OK"按钮即可。

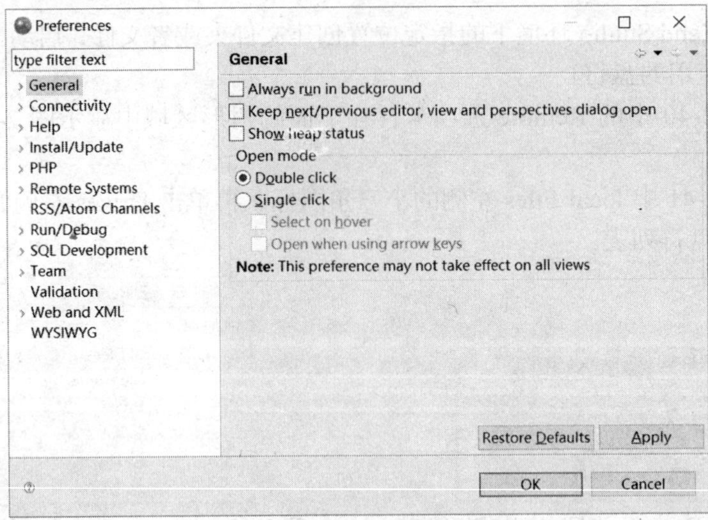

图 2-44 “Preferences”窗口

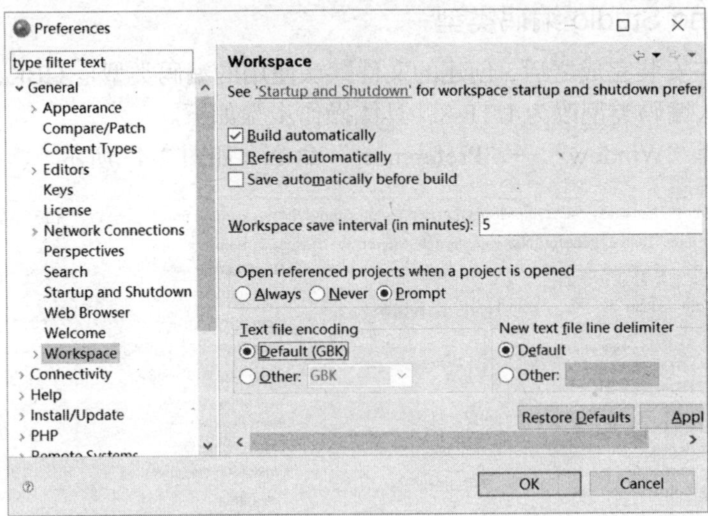

图 2-45 选择“Workspace”

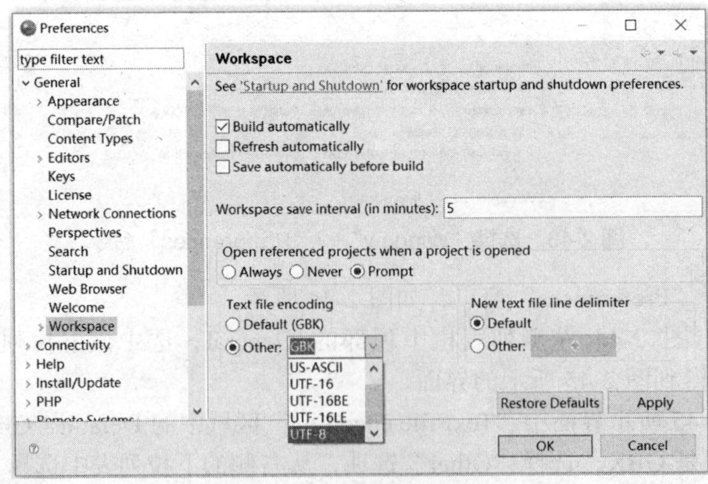

图 2-46 修改文档的编码

除此之外，还需要选择图 2-45 左侧列表中的“General”→“Editors”→“Text Editors”→“Spelling”，在 Encoding 区域中设置编码类型，如图 2-47 所示。

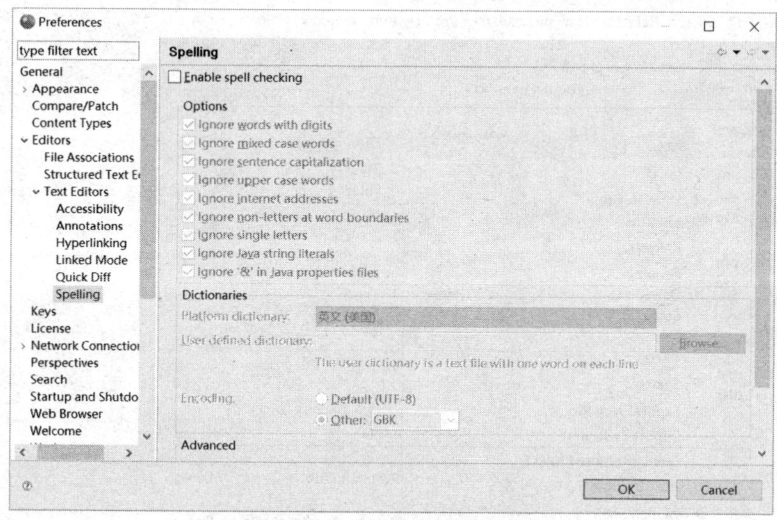

图 2-47 “Spelling”设置界面

图 2-47 所示的“Spelling”设置界面目前不能做任何设置，勾选右侧顶部的“Enable spell checking”，然后将最下方“Encoding”区域中的选项由“Other”改为“Default(UTF-8)”，如图 2-48 所示。

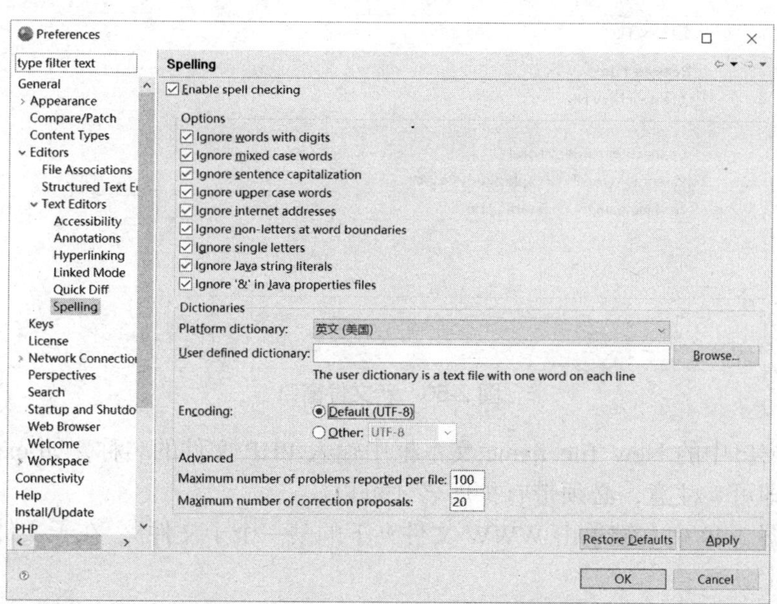

图 2-48 修改 Encoding 区域的编码类型

2.4.3 创建并编辑 PHP 文件

在做好各种初始化工作之后，需要在图 2-42 所示的“Remote 选项卡下的盘符列表”中找到自己机器中的服务器主目录（这里使用 phpStudy 下面的 WWW 文件夹），选中后单击鼠标右键，在弹出的快捷菜单中选中“New”→“File”创建 PHP 文件，这样创建的文件可以直接在保存之后在服务器模式下运行。

创建 PHP 文件的过程如图 2-49 所示。

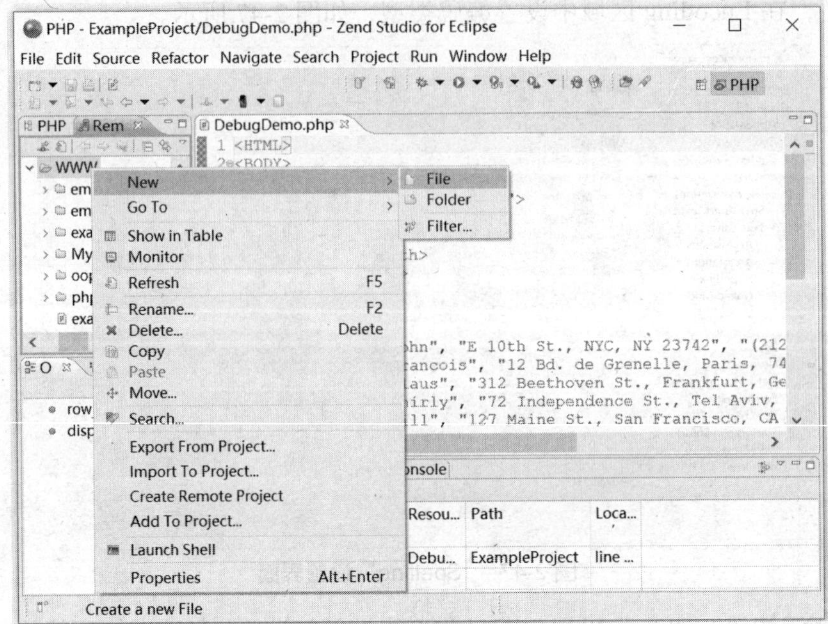

图 2-49　在 WWW 文件夹中创建 PHP 文件

选择图 2-49 子菜单中的 File 命令，弹出图 2-50 所示的新文件窗口。

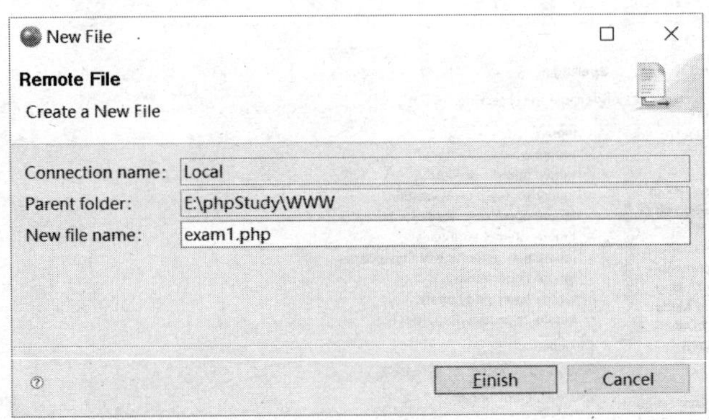

图 2-50　新文件窗口

在新文件窗口中的 New file name 文本框中输入 PHP 文件的名称，如 exam1.php，单击“Finish”按钮即可。注意，必须带有扩展名才可以。

也可以在图 2-49 中右键单击 WWW 文件夹下的某一个子文件夹，在子文件夹中创建 PHP 文件，过程同上。

创建完成后，要打开刚刚创建的文件，可以采用如下两种常用的方法。

（1）从左侧列表 WWW 文件夹下双击要打开的新文件。

（2）选中要打开的文件 exam1.php，单击鼠标右键弹出快捷菜单，选择“Open With”→“PHP Editor”命令打开该文件，如图 2-51 所示。

初学者只需要掌握 Zend Studio for Eclipse 开发环境的基本用法即可，更多的丰富功能大家可以自己学习使用。

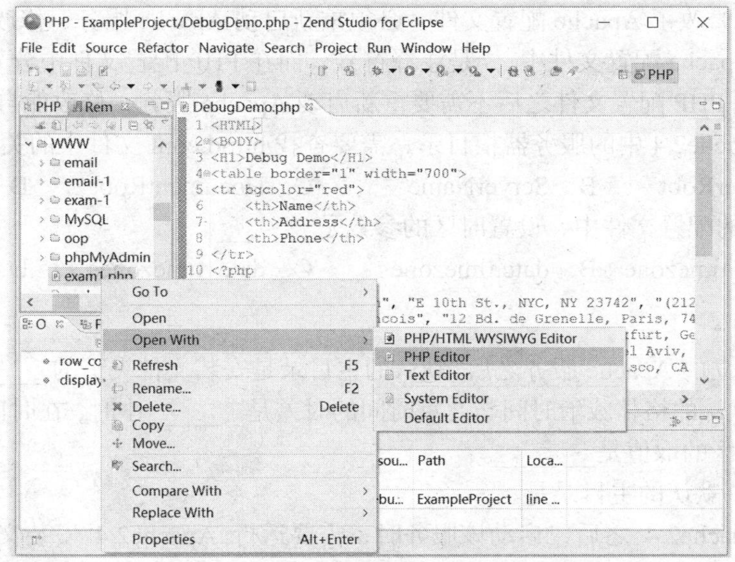

图 2-51 选择 PHP Editor 打开 PHP 文件

2.5 小结

任务 2 介绍了 PHP 开发环境的两种搭建过程及使用方法，一种是分别安装或配置 Apache、PHP 和 MySQL 等多种软件来搭建环境，这种方法更专业，但是因为要安装或配置的软件比较多而略显烦琐；另一种是集成化的开发环境 phpStudy 的安装和应用，这种配置方法简单易用，比较适合初学者使用。

2.6 习题

一、选择题

1．下面哪组是 PHP 支持的服务器环境？________

A．Apache 和 pws　　B．Apache、IIS 和 pws

C．Apache 和 IIS　　D．只有 Apache

2．若是系统中已经存在了 IIS 服务，且占用了 80 端口号，则下面说法正确的是________。

A．Apache 能够成功安装，但是无法启用，需要修改端口号才可启用

B．Apache 无法完成安装过程

C．Apache 能够成功安装，且能正常启用

D．以上说法都不正确

3．下面关于 Apache 主目录的说法错误的是________。

A．安装 Apache 之后，必须将页面文件放在其主目录下才能正常运行

B．安装 Apache 之后，系统会给其指定默认的主目录

C．Apache 的主目录不能随意修改

D．用户可以根据需要在配置文件 httpd.conf 中修改 Apache 主目录

4．下面各种说法中错误的是________。

A．Apache 的配置文件是 httpd.conf，PHP 的配置文件是 php.ini

B．若是修改了 Apache 配置文件，必须重新启动 Apache 服务，修改才能生效

C．在 Apache 配置文件中，#是注释符号，而在 PHP 配置文件中分号;是注释符号

D．修改 PHP 配置文件之后不需要重新启动 Apache 服务，修改能自动生效

5．修改 Apache2.4 中的服务器根目录，需要查找 httpd.conf 文件中的关键字________。

A．ServerRoot　　B．ServerName　　C．DocumentRoot　　D．Listen

6．在 PHP 的配置文件中，设置时区的参数是________。

A．date_timezone　B．date.timezone　　C．date_timezones　　D．date.timezones

二、填空题

1. 安装了独立的 Apache 服务之后，默认的主目录是安装文件夹下的____________文件夹。

2．PHP 中默认的格林威治时间与北京时间的时差是________小时，在时区参数的取值中，表示北京标准时区的取值是________。

3．phpStudy 默认的主目录是________________。

4．配置 Apache2.4 之后，启动该服务时，需要运行 Apache2.4 安装文件夹的子文件夹________________下面的文件______________。

任务 3 PHP 7 的基本语法

PHP 是一种服务器端脚本语言，编程时需要使用各种语法基础知识，任务 3 通过设计的多个例题，讲解 PHP 7 中的基本语法，包括程序结构、代码注释格式、变量的应用、运算符的应用、输出语句、流程控制语句、数组及日期时间函数的应用等内容。

3.1 PHP 语法基础

需要解决的核心问题

- PHP 代码的定界标记是什么？可以使用哪些注释格式？
- 如何解决 PHP 程序中汉字的乱码问题？
- 自定义变量时，需要注意的事项有哪些？
- 常用的运算符有哪些？
- 如何使用 PHP 中的输出语句 echo 输出各种不同的数据？

3.1.1 第一个 PHP 程序

【例 3-1】打开 Zend Studio，在 Remote 选项卡下找到当前 Web 服务器的主目录（此处使用 phpStudy 下面的 WWW 文件夹），选中后单击鼠标右键，在弹出的快捷菜单中选中“New”→“Folder”命令，创建文件夹 exam，如图 3-1 所示。

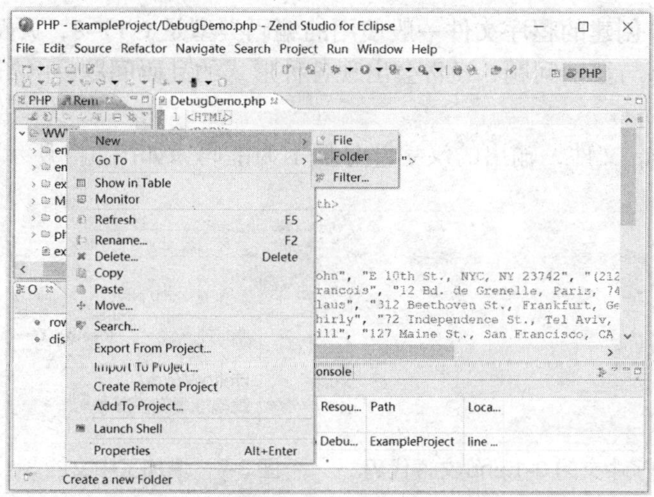

图 3-1 在 Zend Studio 指定位置创建文件夹

在文件夹 exam 下面单击鼠标右键创建 3-1.php 文件，操作步骤参照图 2-49 和图 2-50。

双击打开编辑该文件，编写 PHP 代码输出"Hello World"，文件代码如图 3-2 所示。

打开浏览器，在地址栏中输入 http://localhost/exam/3-1.php，按【Enter】键后即可看到图 3-3 所示的运行结果。

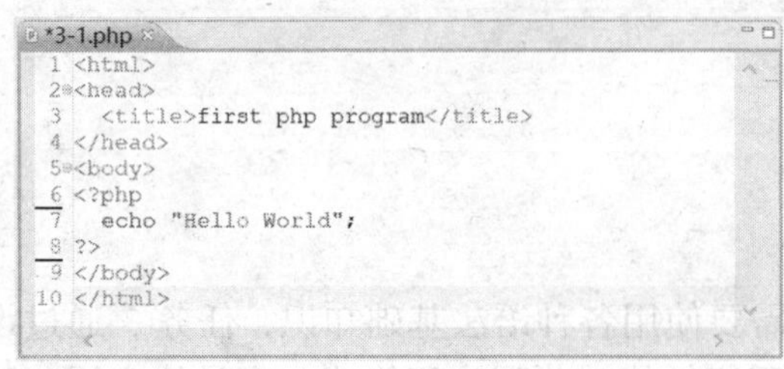

图 3-2　例 3-1 代码

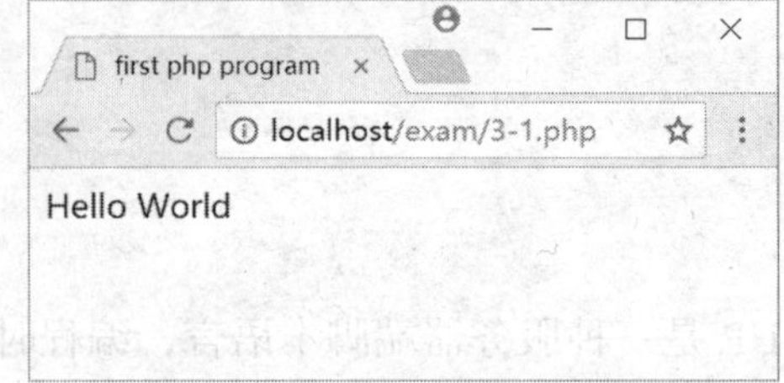

图 3-3　例 3-1.php 的运行结果

例 3-1.php 中只有第 6～8 行代码是 PHP 代码，在运行界面空白处单击鼠标右键，弹出快捷菜单，如图 3-4 所示，选择"查看网页源代码"命令，得到图 3-5 所示的代码。

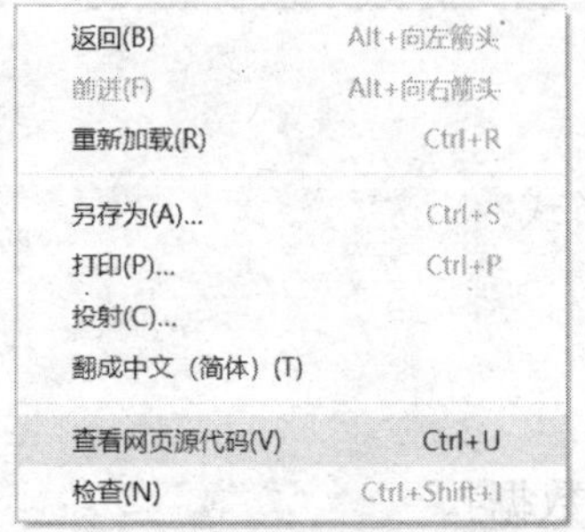

图 3-4　浏览器内部的快捷菜单

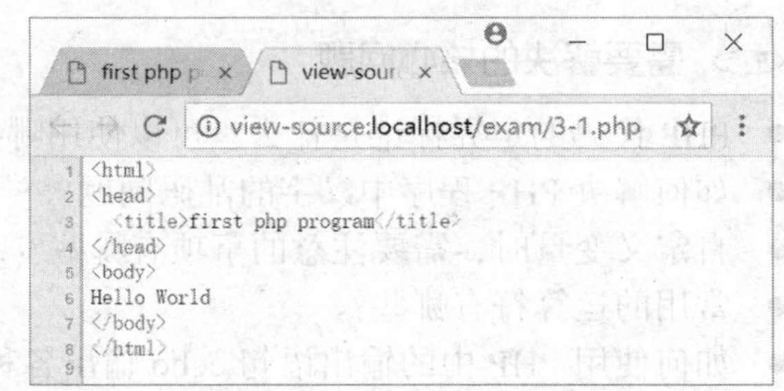

图 3-5　查看网页源代码的结果

在图 3-5 中可以看到，原来程序中第 6～8 行的 PHP 代码没有显示出来，只显示了这三行代码执行后的结果"Hello World"，由此可见，PHP 程序源代码不会传送到浏览器端，它们在服务器端被执行，只将执行结果传送给浏览器。

3.1.2　解决 PHP 程序中汉字的乱码问题

在国际标准中，创建的程序文件一般使用的编码类型是 **UTF-8**，页面文件在 UTF-8 编码下，因为汉字的存储与显示问题，经常会出现各种形式的乱码问题，例如，将例 3-1.php 代码修改为如图 3-6 所示。

此时运行 3-1.php 文件，输出的汉字部分显示为乱码，如图 3-7 所示。

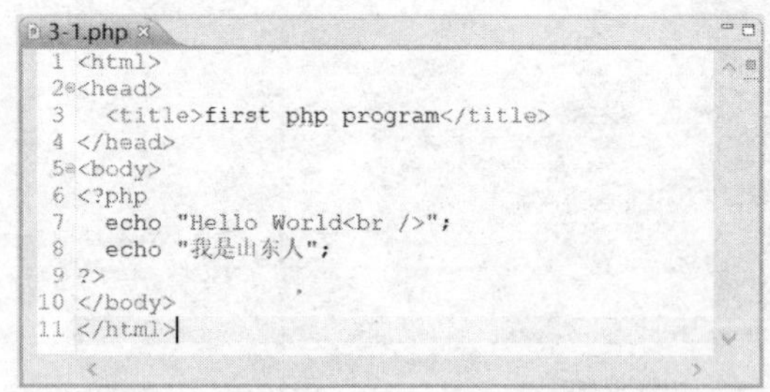

图 3-6　增加了中文的 3-1.php 文件代码

图 3-7　增加了中文的 3-1.php 代码运行效果

图 3-7 中的乱码，是因为 PHP 程序内部的汉字使用的编码是 UTF-8，而输出到浏览器中显示时使用的则是 GB2312 编码。解决 PHP 程序中汉字的乱码问题，需要在 PHP 代码开始处

使用代码 header("Content-Type: text/html;charset=utf8");设置在浏览器中输出的 HTML 内容编码类型为 UTF-8。

修改 3-1.php 文件，在 PHP 标记内部开始增加 header()代码并保存文件，如图 3-8 所示。运行 3-1.php，运行效果如图 3-9 所示。

```
<html>
<head>
  <title>first php program</title>
</head>
<body>
<?php
  header("Content-Type: text/html;charset=utf8");
  echo "Hello World<br />";
  echo "我是山东人";
?>
</body>
</html>
```

图 3-8 增加了 header()的 3-1.php 代码

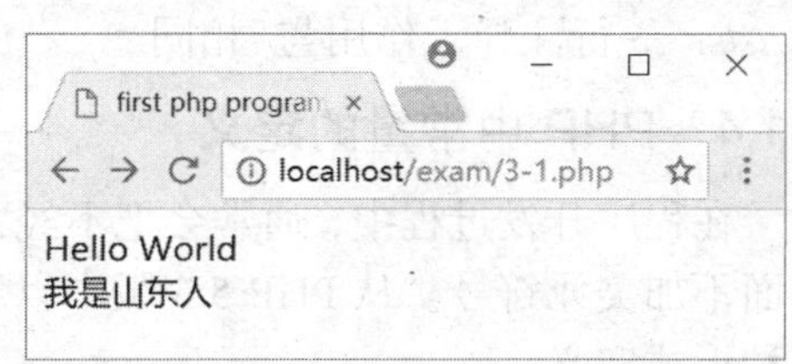

图 3-9 解决了汉字乱码的 3-1.php 运行效果

3.1.3 PHP 标记与注释

在例 3-1.php 中已经使用过“<?php”和“?>”这对符号，这就是 PHP 标记。PHP 标记告诉 Web 服务器 PHP 代码何时开始、何时结束。这两个标记之间的代码都将被解释为 PHP 代码，PHP 标记用来隔离 PHP 代码和 HTML 代码。

1. PHP 标记

在早期的 PHP 版本中，PHP 标记一共有 4 种可用的形式，分别是标准用法<?php…?>、短标记<?...?>、脚本型标记<script language="php">…</script>和 asp 型标记<%...%>，但是在 PHP 7 中，除了标准用法，其余 3 种用法都已经被禁用，因此编写代码时需要注意。

根据需要，PHP 标记在一个程序文件中可以多次出现，从而可以把 PHP 代码块放置在页面文档的任何位置，如图 3-10 所示的代码结构。

```
1 <html>
2 <head>
3   <title>first php program</title>
4 </head>
5 <body>
6 <?php
7   header("Content-Type: text/html;charset=utf8");
8   echo "Hello World";
9 ?>
10 <p>使用PHP代码输出表达式</p>
11 <?php
12   echo "3 + 2 = ".(3+2);
13   echo "山东"
14 ?>
15 </body>
16 </html>
```

图 3-10 包含了两块 PHP 代码的程序

在图 3-10 中包含了第 6～8 行和第 10～12 行两段 PHP 代码，中间则穿插了 HTML 代码，即 PHP 文件中 PHP 代码与 HTML 代码之间可以根据需要随意穿插不受限制。

注意：使用 PHP 标记时需要注意如下两个事项。

（1）PHP 标记不可以嵌套使用，即不能出现**<?php…<?php…?>…?>** 这种形式，这是一种语法错误。

（2）起始标记的尖括号<、问号?和 php 三部分内容之间以及结束标记的问号?和尖括号>两部分内容之间不允许出现空格。

2. PHP 代码注释格式

PHP 代码可以使用 3 种注释格式，分别是//、/*…*/、#。

//：用于写一行注释，一行注释可以独立成行，也可以放在语句后面出现。

/*…*/：多行大段注释，这种注释格式通常会应用于程序排错过程中，作用是将部分代码屏蔽，执行另一部分代码观察运行结果中是否有错，以确定错误的范围。

#：一行注释，作用与//相同。

3.1.4 PHP 中常量的定义

在程序开发过程中，通常会把不经常改变的值定义成常量，常量一般用全部大写来表示，前面不加美元符号。从 PHP 5.3 版本以后，常量可以使用函数 define()和关键字 CONST/const 两种形式定义。

1. 使用函数 define()定义常量

语法格式：define (name, value, case_insensitive)

参数说明：

参数 name，必需，表示常量名称。

参数 value，必需，表示常量取值。

参数 case_insensitive，可选，规定常量的名称是否对大小写敏感，若设置为 true，则对大小写不敏感。默认是 false（大小写敏感）。

例如，要定义大小写不敏感的常量 PI，取值为 3.1415926，代码如下。

define("PI", 3.1415926);

访问定义好的常量时，可以直接使用常量名称，也可以使用 constant("常量名称")。例如，要输出常量 PI，可以用 echo PI;或者 echo constant("PI")。

2. 使用 CONST 定义常量

格式：CONST 常量名称 = 常量值;。

例如，CONST PI = 3.1415926;。

注意：关键字 CONST 可以写为小写的 const。

使用 CONST 定义的常量，大小写敏感，定义之后无法改变；另外，使用 CONST 定义的常量，其访问方式与函数 define() 定义的常量一致，可以直接使用常量名访问，也可以使用 constant("常量名称")形式访问。

3. 函数 define()与关键字 CONST 的区别

（1）版本差异。

两种定义常量的方式之间存在版本差异，函数 define()在 PHP 4、PHP 5 和 PHP 7 中均可使用，关键字 CONST 只能在 PHP 5.3.0 及以后的版本中使用。

（2）定义位置的区别。

由于函数 define()定义的常量是在执行 define()函数时定义的，因此，只要可以调用函数的地方，都可以使用 define()定义常量。例如，可以在函数体内部、循环体内部、if/else 语句内部等位置使用。与 define()不同的是，由于 CONST 关键字定义的常量是在编译时定义的，因此 CONST 关键字定义常量必须处于最顶端的作用区域，即不能在函数体内部、循环体内部、if/else 语句内部等位置用 CONST 来定义常量。例如，代码 if($a > 0){ define("PI", 3.14); }是正确的；代码 if($a > 0){ CONST PI = 3.14; }是错误的。

（3）对值的表达式支持的差异。

虽然关键字 CONST 和 define()定义的常量值都只能为 null 或标量数据（boolean、integer、float 和 string 类型），但是，由于关键字 CONST 定义常量是在编译时定义的，因此 CONST 关键字定义的常量值的表达式中不支持算术运算符、位运算符、比较运算符等多种运算符，而这些运算符在 define()函数定义常量时都是可以直接使用的。

例如，代码 define("PI", 2.1415926+1);没有错误，但是代码 CONST AI=(3+3);会报错。

注意：第（3）条差异在 PHP 7 版本中不再存在，即 PHP 7 允许在 CONST 定义常量取值中使用运算符计算。

3.1.5 PHP 中的变量

变量是指程序运行过程中，内容需要根据条件发生变化的量。PHP 中的变量包括自定义变量和系统预定义变量两种。

1. 自定义变量

自定义变量就是由开发人员根据需要自行定义的变量，PHP 中的数据类型为弱类型，因此在定义变量时，不需要考虑变量的数据类型。

PHP 中有效的变量名由字母或者下画线开头，后面跟上任意数量的字母、数字或下画线，PHP 变量属于松散的数据类型，使用时需要注意如下几点。

- 变量名必须以$符号开始，区分大小写。
- 不必事先定义或声明可直接使用。
- 使用时根据变量所存放常量的值确定类型并可随意更换值的类型。
- 如果未赋值而直接使用，则变量值为空。

【例 3-2】修改 3-1.php 文件，定义变量$string，用于存放“Hello World!”，最后输出变量的值，修改后的文件命名为 3-2.php，程序中的 PHP 代码如下。

```
<?php
  $string="Hello World";
  echo $string;
?>
```

程序的运行结果与图 3-3 所示的效果完全相同。

若是在变量名称前面只有一个$符号，则该变量是一个普通变量，如$str。若是在变量名前面有两个$符号，则该变量是一个可变变量，如$$str。

观察下面代码。

```
$str="name";
$$str="zhanghongjian";
echo $name;                //输出 zhanghongjian
```

即可变变量$$str 表示的变量是$name，若$str="age"，则可变变量$$str 表示的变量是$age。

2．系统预定义变量

这里只是简单介绍预定义变量中的几个超全局变量，所谓超全局，是指它们在一个程序的全部作用域中都可以直接使用，这些超全局变量经常被称为系统数组。

$GLOBALS：用于在 PHP 脚本中的任意位置访问全局变量。

$_SERVER：保存关于报头、路径和脚本位置的信息。

$_REQUEST：用于收集 HTML 表单提交的数据，该组的可信度较低，较少使用；

$_POST：广泛用于接收 method="post" 的 HTML 表单提交的数据，也常用于传递变量。

$_GET：可用于接收 method="get"的 HTML 表单提交的数据或者超链接提交的数据。

$_COOKIE：经由 HTTP Cookies 方法提交至脚本的变量。

$_FILES：经由 HTTP POST 文件上传而提交至脚本的变量。

$_SESSION：当前注册给脚本会话的变量。

在后续的章节中，将详细介绍其中的$_POST、$_GET、$_COOKIE、$_FILES 和$_SESSION 等几个系统数组。

3.1.6 PHP 中的运算符

运算符是一种符号，指明要在一个或多个表达式中执行的操作，是构造表达式的工具。PHP 的运算符主要包括算术运算符、赋值运算符、比较运算符、逻辑运算符和组合比较符等。

1．算术运算符

算术运算符用于对数值型的常量或变量执行基础的加、减、乘、除等运算。

算术运算符包括：加法运算符 +、减法运算符 –、乘法运算符 *、除法运算符 /、模运算符 %、自增运算符 ++和自减运算符 ––。

说明：

除法运算符 / 完成的是非整除运算，例如，17 / 5 的结果为 3.4。

模运算符 % 用于求整除运算的余数，例如，17 % 5 的结果为 2。

自增运算符 ++ 完成变量值增 1 的操作，有预递增和后递增之分。例如，x 初值为 5，执行 y = x++ 之后，y 的结果为 5，而 x 的结果为 6，这是后递增，即先将 x 的值赋给 y，之后 x 再增值；若是换作 y = ++x，则执行之后，y 的结果和 x 的结果都是 6，这是预递增，即先将 x 增值，然后赋给 y。

自减运算符 –– 完成变量值减 1 的操作，有预递减和后递减之分。例如，x 初值为 5，执行 y = x–– 之后，y 的结果为 5，而 x 的结果为 4，这是后递减，即先将 x 的值赋给 y，之后 x 再减值；若是换作 y = ––x，则执行之后，y 的结果和 x 的结果都是 4，这是预递减，即先将 x 减值，然后赋给 y。

算术运算符的运算结果是数字值。

2．赋值运算符

在 PHP 中，基本的赋值运算符是 = ，作用是将右侧表达式的值送给左侧变量。常用的赋值运算符包括如下几个。

直接赋值，如 x = y。

完成加法操作后赋值，如 x += y，相当于 x = x + y。

完成减法操作后赋值，如 x –= y，相当于 x = x – y。

完成乘法操作后赋值，如 x *= y，相当于 x = x * y。

完成除法操作后赋值，如 x /= y，相当于 x = x / y。

完成求余操作后赋值，如 x %= y，相当于 x = x % y。

完成字符串连接操作后赋值，如 x .= y，相当于 x = x . y。

3．比较运算符

比较运算符用于比较两个值，如果比较的结果为真，则返回 true，否则返回 false。

比较运算符包括：大于 > 、小于 < 、大于等于 >= 、小于等于 <= 、相等 == 、不等 != 、全等 === 和不全等 !==。

下面对==、===、!=和!==几个运算符的应用进行详细说明。

- ==：相等，若运算符左右两侧给定内容的值相等，就返回 true，否则返回 false。例如，'5' == 5 的结果为 true，5 == 5 的结果为 true，5 == 3 的结果为 false。
- ===：全等，若运算符左右两侧给定内容的值和类型都相同，则返回真值，否则返回 false。例如，5 ===5 的结果为 true；'5' === 5 的结果则为 false，因为 '5' 是字符型，而 5 是数值型。
- !=：不等，若运算符左右两侧给定内容的值不同，就返回 true，否则返回 false。例如，5 != 3 的结果为 true，而 5 != '5'的结果为 false。
- !==：不全等，若运算符左右两侧给定内容的值不同，或者是值相同但类型不同，都返回 true，否则返回 false。例如，5 !== 3 的结果为 true，5 !== '5'的结果为 true，5 !== 5 的结果为 false。

4．逻辑运算符

逻辑运算符用于对布尔型数据进行操作，包括逻辑与运算&&、逻辑或运算 || 、逻辑非运算 ！，也可以使用 and 表示与操作，or 表示或操作。

逻辑运算符的运算结果是逻辑值 true 和 false。

对于两个布尔型变量$a 和$b，与、或、非运算结果说明如下。

- 若是执行操作$a && $b，则只有当$a 和$b 都是 true 时，结果才为 true，否则结果为 false。
- 若是执行操作$a || $b，则只要两者中有一个是 true，结果就为 true。
- 若是执行操作!$a，若$a 为 true，则!$a 为 false，若$a 为 false，则!$a 为 true。

5．字符串连接运算符

PHP 程序中的字符串连接运算符有圆点“.”和逗号“,”两种，用于将两个或两个以上的字符串连接在一起，也可以将字符串与其他类型的数据连接在一起。

例如，'abc' . 123 的结果为'abc123' 。

完成两个字符串的连接时，逗号运算符比圆点运算符的运算速度快。

3.1.7 PHP 程序的输出语句 echo

PHP 程序的输出语句有 echo、print()、printf()、print_r()、var_dump()等，其中最常使用的是 echo，使用该语句可以输出 PHP 中的常量、变量、表达式运算结果、HTML 标记、CSS 样式代码以及 JavaScript 脚本代码等任意内容。

【例 3-3】创建 3-3.php 文件，使用 echo 语句输出上述类型内容，代码如下。

```
1: <?php
2:  $name="lihong";
3:  echo $name;
4:  echo "<p>my name is $name</p>";
5:  echo "<p style='color:#f00; font-size:20pt;'>my name is $name</p>";
6:  echo "<p>23+45=" . (23 + 45) . "</p>";
7: ?>
```

代码解释：

第 1 行和第 7 行，PHP 代码标记。

第 2 行，定义变量$name，给定取值为 lihong。

第 3 行，使用 echo 语句输出变量$name 的值。

第 4 行，使用 echo 语句输出 HTML 标记<p>、字符串及变量的值，其中<p>起到分段的作用。

第 5 行，使用 echo 语句输出增加了样式定义的<p>标记及相关内容，该行内容输出时颜色为红色，字号是 20pt。

第 6 行，使用 echo 语句输出表达式的运算结果，其中引号中的“23+45=”代码的作用是在浏览器中输出该内容，然后在等号之后再输出 23+45 的和。

思考问题：

第 5 行和第 6 行代码中，把要输出值的变量$name 也放在整个字符串双引号中，此处是否可以换成单引号？

解答：

虽然单引号与双引号都具备对字符串进行定界的功能，但是，要将需要转换值的变量或其他元素与其他文本内容一起放在引号中，不可以使用单引号定界。

原因：

运行程序时，PHP 不会对单引号中的内容进行检查替换，即无论单引号中放了什么信息，都一定会原样输出，而 PHP 则会检查双引号中的内容，发现需要替换的内容就直接替换掉。

例如，放在单引号中的$name 被当成字符串处理，而放在双引号中的$name 则被解析为变量名。

注意：放在双引号中的变量，后面不能紧跟着出现数字、下画线、汉字等字符，否则系统会将这些字符与原变量名一起解析为变量名，从而出现未定义的变量名错误。

例如，echo "$name 是个女孩儿的名字"，系统解析时会将引号中的全部内容作为变量名。

程序运行结果如图 3-11 所示。

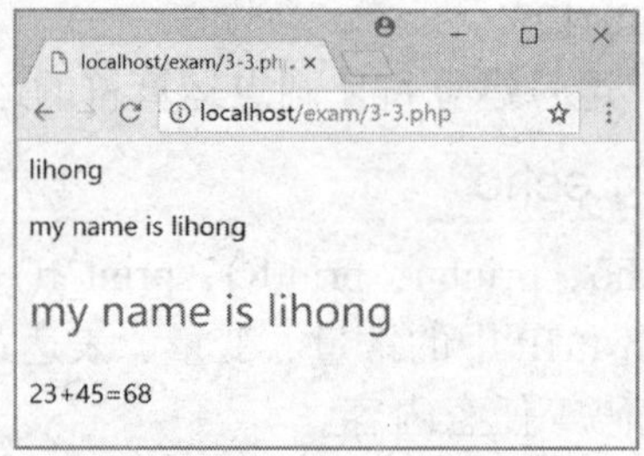

图 3-11　3-3.php 文件运行结果

3.2 PHP 中的日期和时间

需要解决的核心问题

- 函数 date()中可以使用的格式字符有哪些？各自的作用是什么？
- 什么是时间戳？date()函数中如何获取指定时间戳对应的日期？
- 函数 strtotime()的作用是什么？如何使用该函数获取昨天、明天或者下星期一这种时间的时间戳？

PHP 中使用系统日期或时间等信息时，需要使用函数来获取，相关的函数有 20 多个，其中比较常用的有 date()和 strtotime()，本书只讲解这两个函数，其余函数，读者可以查阅相关资料学习。

3.2.1 日期时间函数 date()

PHP 的 date()函数用于格式化时间或日期。

使用格式：date（格式[, 时间戳]）。

说明：第一个参数是必需的，规定时间戳的格式；第二个参数可选，规定时间戳，默认是当前的日期时间，若指定了时间戳，则可以使用 date()函数获取该时间戳对应的日期。

关于时间戳：时间戳是自 1970 年 1 月 1 日（00:00:00 GMT）以来的秒数，它也被称为 Unix 时间戳（Unix Timestamp）。

date()函数的第一个参数规定时间戳的格式，也就是如何格式化日期/时间。它使用字母来表示日期和时间的格式。常用的字母如下。

- Y：返回 4 位数字的年份。
- y：返回 2 位数字的年份。
- m：返回带前导 0 的月份值（01 ~ 12）。
- n：返回没有前导 0 的月份值（1 ~ 12）。
- d：返回带有前导 0 的日期值（01 ~ 31）。
- j：返回没有前导 0 的日期值（1 ~ 31）。
- D：返回一星期中的第几天，英文单词前三个字母 Sun ~ Sat。
- w：返回一星期中的第几天，0 ~ 6，其中 0 表示星期天。
- M：返回月份值英文单词前三个字母。
- H：返回 24 小时制的时值（00 ~ 23）。
- h：返回 12 小时制的时值（01 ~ 12）。
- i：返回分钟 00 ~ 59。
- s：返回秒值 00 ~ 59。

可以在格式字母前后插入其他字符，如“/”、“.”和“-”等，这样可以增加附加格式。

例如，date("Y 年 m 月 d 日")或者 date("Y-m-d")或者 date("H:i:s")。

假设现在的系统日期是 2017 年 12 月 8 日，我们期望得到“2017-12-08”这种日期格式，则需要使用 date("Y-m-d")来获取。

【例 3-4】创建 3-4.php 文件，使用 echo 语句输出“今天是 xxxx 年 xx 月 xx 日”，代码如下。

```
1: <?php
2:  header("Content-Type: text/html;charset=utf8") ;
3:  $date = date("Y年m月d日");
4:  echo "今天是" . $date;
5: ?>
```

代码解释：

第 3 行，在 date()函数内部使用时间戳格式字母 Y、m 和 d 分别获取 4 位的年份、2 位的月份和 2 位的日期，同时在格式字母之间穿插加入汉字年月日。

第 4 行，可以将变量$date 放在字符串内部，写为 echo "今天是$date";。

程序运行结果如图 3-12 所示。

图 3-12　3-4.php 文件运行结果

微课 3-1　获取当前时间戳函数 strtotime()

3.2.2　获取当前时间戳函数 strtotime()

函数 strtotime()将任何字符串的日期时间描述解析为 Unix 时间戳，即获取 1970 年 1 月 1 日零时零分零秒以来的秒数。

函数格式：strtotime (string)。

参数 string 可以是一个日期时间格式的字符串，如 strtotime('2019-1-1')；也可以是一个表示日期时间的英文单词，例如，strtotime("today")表示 1970 年 1 月 1 日零时零分零秒到系统当前日期的秒数。

PHP 在将字符串转换为日期这方面非常聪明，除了 today 之外，还可以使用 tomorrow、next Monday、+3 Days、+6 Months 等。

【例 3-5】创建 3-5.php 文件，应用 strtotime()函数进行处理，分别获取今天的日期、明天的日期、下星期一的日期和 3 天后的日期。代码如下。

```
1: <?php
2:  header("Content-Type: text/html;charset=utf8") ;
3:  $d = strtotime("today");
4:  echo "今天是" . date("Y-m-d", $d) . "<br />";
5:  $d = strtotime("tomorrow");
6:  echo "明天是" . date("Y-m-d", $d) . "<br />";
7:  $d = strtotime("next Monday");
8:  echo "下个星期一是" . date("Y-m-d", $d) . "<br />";
9:  $d = strtotime("+3 Days");
10: echo "三天后是" . date("Y-m-d", $d) . "<br />";
11: ?>
```

代码解释：

第 3 行，使用 today 字符串获取今天的日期对应的时间戳，保存在变量$d 中。

第 4 行，使用 date()函数获取$d 指定时间戳中的年月日信息，并显示出来。

程序运行结果如图 3-13 所示。

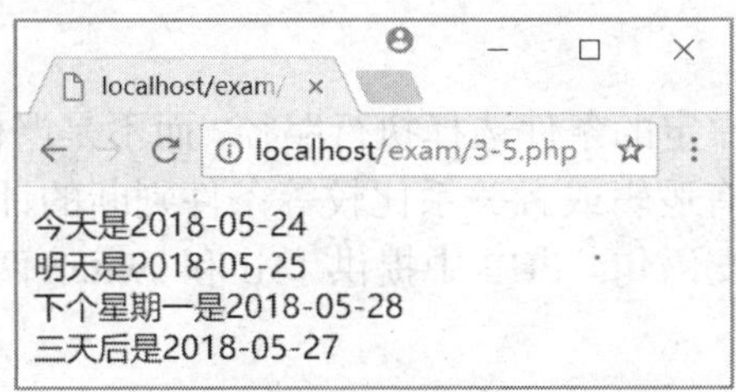

图 3-13　3-5.php 文件运行结果

【例 3-6】创建 3-6.php 文件，求当前日期（2018-5-24）距离 2019 年元旦的天数，代码如下。

```
1: <?php
2:  header("Content-Type: text/html;charset=utf8") ;
3:  $today = strtotime("today");
4:  $firstDay2019 = strtotime('2019-1-1');
5:  $seconds = $firstDay2019 - $today;
6:  $days = $seconds/(3600*24);
7:  echo "距离 2019 年元旦还有 $days 天";
8: ?>
```

代码解释：

第 4 行，获取 2019 年 1 月 1 日的时间戳。

第 5 行，获取当前日期和 2019 年 1 月 1 日之间相差的秒数。

第 6 行，使用秒数之差除以一天的秒数（一小时 3 600 秒，乘以 24 小时）得到天数。

程序运行结果如图 3-14 所示。

图 3-14　3-6.php 文件运行结果

3.3　流程控制结构

需要解决的核心问题

- 分支语句 if 包含哪几种结构？各自特点如何？
- 两种多分支结构 if…else if…else…和 switch 的区别是什么？
- for 循环结构如何？如何使用 for 循环结构结合日期时间函数输出当月的月历？
- while 和 do…while 循环的区别是什么？

程序结构包括顺序结构、分支结构和循环结构，实现顺序结构的程序，不需要任何流程控制语句，只需要按照顺序编写代码执行代码即可，实现分支结构的程序需要使用分支语句来控制，实现循环结构的程序则需要使用循环语句来控制。

3.3.1 分支结构

分支结构的执行是依据一定的条件选择执行路径，而不是严格按照语句出现的物理顺序。设计分支结构时往往需要带有逻辑或者关系比较等条件判断的计算，程序执行时需要根据不同的程序流程选择适当的分支语句。PHP 中提供了 if 和 switch 两种流程控制语句来实现分支结构。

1. if…语句

使用 if 语句可以设计 3 种基本的分支结构，分别是单分支结构、双分支结构和多路分支结构。

（1）单分支结构

单分支结构就是只有一个分支的程序结构，若指定的条件成立，则执行该分支；若指定的条件不成立，则该分支语句被跳过。

格式：if(条件){ 语句序列 }

解释：当条件成立时，执行花括号中的语句，否则什么也不做。

【例 3-7】创建 3-7.php 文件，判断给定变量$x 是否小于$y，若是，则交换两者的值，否则什么也不做，最后输出两者比较的结果，代码如下。

```
1: <?php
2:   $x = 10 ;
3:   $y = 20 ;
4:   if ( $x < $y ) {
5:     $t = $x ;
6:     $x = $y ;
7:     $y = $t ;
8:   }
9:   var_dump( $x > $y ) ;
10: ?>
```

代码解释：

第 5 ~ 7 行，通过一个中间变量 $t 完成变量 $x 和 $y 的值交换过程。

第 9 行，使用函数 var_dump()输出变量 $x 和 $y 的比较结果，输出结果为“bool(true)”。

（2）双分支结构

双分支结构就是根据条件成立与否给出两个分支的程序结构，若指定的条件成立，则执行其中的一个分支；若指定的条件不成立，则执行另一个分支。双分支结构中的两个分支在程序的一次执行中能且只能被执行一个。

格式：if(条件){ 语句序列 1 }
　　　else { 语句序列 2 }

解释：当条件成立时，执行语句序列 1，否则执行语句序列 2。

【例 3-8】创建 3-8.php 文件，获取系统日期中的星期几信息，判断若是周六、周日，则输出“愉快的周末”，否则输出“忙碌的工作日”，代码如下。

```
1: <?php
2:   header("Content-Type: text/html;charset=utf8") ;
3:   $date = date("Y 年 m 月 d 日");
4:   echo "今天是 $date <br />" ;
5:   $w = date( 'w' ) ;
6:   if ( $w ==0 || $w == 6 ) {
7:       echo "愉快的周末！" ;
8:   }
9:   else {
10:    echo "忙碌的工作日！" ;
11:  }
12: ?>
```

代码解释：

第 3 行，以年月日的格式获取系统的日期，保存在变量$date 中。

第 5 行，获取星期几对应的数字值，保存在变量$w 中。

第 6 ~ 8 行，判断若是周末，则显示相应信息。

程序运行结果如图 3-15 所示。

图 3-15　3-8.php 文件运行结果

（3）多分支结构

使用 if 语句生成的多分支结构，是指程序中有多个前后关联的条件，每个条件成立时都对应一个分支，最后一个条件不成立时也要对应一个分支，也就是说，若是有 *n* 个条件，则对应了 *n*+1 个分支。若其中一个条件成立，则执行其对应的分支语句，然后结束分支结构的执行过程；否则要进一步判断下一个条件是否成立，以此类推；若最后一个条件也不成立，则执行第 *n*+1 个分支。

多分支结构中的多个分支在程序一次执行时能且只能被执行一个。

格式：if (条件 1) { 语句序列 1 }
　　　else　if (条件 2) { 语句序列 2 }
　　　else　if…
　　　else　if (条件 n) { 语句序列 n }
　　　else { 语句序列 n+1 }

解释：若是条件 1 成立，则执行语句序列 1，结束；若是条件 2 成立，则执行语句序列 2，结束……若是上面的所有条件都不成立，则执行语句序列 *n*+1。

【例 3-9】创建文件 3-9.php，根据某个学生的考试成绩确定等级，若是成绩在[90,100]，则等级为优秀，若成绩在[80,90)，则等级为良好，若成绩在[70,80)，则等级为一般，若成绩在[60,70)，则等级为及格，若成绩在[0,60)，则等级为不及格。

程序代码如下。

```
1: <?php
2:   header("Content-Type: text/html;charset=utf8") ;
3:   $score = 89 ;
4:   if ( $score >= 90 ) { $grade = "优秀" ; }
5:   else if ( $score >= 80 ) { $grade = "良好" ; }
6:   else if ( $score >= 70 ) { $grade = "一般" ; }
7:   else if ( $score >=60 ) { $grade = "及格" ; }
8:   else  { $grade = "不及格" ; }
9:   echo "你的成绩等级是：$grade" ;
10: ?>
```

程序执行结果如图 3-16 所示。

图 3-16　3-9.php 文件执行结果

扫码查看【例 3-9】问题解答

思考问题：

问题 1：3-9.php 中各个条件的顺序能否随意颠倒，为什么？

问题 2：第 5～7 行前面的 else 能否去掉？为什么？

请大家思考，扫二维码查阅解答。

2. switch 语句

使用 switch 语句生成的多分支结构，是指给定的表达式在不同情况下会有多种不同的取值，每一种取值对应一个分支。语法格式如下。

```
switch(表达式){
    case 值1: { 语句序列1 ; break ; }
    case 值2: { 语句序列2 ; break ; }
    case 值3: { 语句序列3 ; break ; }
    ......
    [default: { 语句序列n ; }]
}
```

解释：在程序执行过程中，先确定表达式的值，根据该值找到相应的 case 入口，若表达式的取值是值 1，则执行语句序列 1，之后必须使用 break 语句结束 switch 结构；若表达式的取值是值 2，则执行语句序列 2，之后必须使用 break 语句结束 switch 结构……若所有取值都不符合，则直接执行 default 后面的语句序列 *n*，执行后直接到达 switch 语句结束处，因此，default 分支可以不用使用 break。

注意：default 分支并不是必需的。

多分支 if 和 switch 结构的区别：if 和 else if 语句使用布尔表达式或布尔值作为分支条件来控制分支；而 switch 语句则用于测试一个表达式的值，该表达式的值必须是一个个离散的取值，测试之后将根据测试结果选择执行相应的分支程序，从而实现分支控制。

选用多分支结构时可以遵循的原则：若是要判断的取值范围非常大或者在一个连续的区间范围内（如分数），最佳方案是使用 if…else if…else 结构，也可以经过一些表达式运算或转换得到离散值之后使用 switch 结构；若要判断的取值都是离散的，最佳方案是使用 switch 结构，也可以使用 if…else if…else 结构，只是用起来会比较烦琐。

【例 3-10】创建文件 3-10.php，根据系统日期输出“今天是××年××月××日星期几”，效果如图 3-17 所示。

图 3-17　3-10.php 文件运行结果

代码如下。

```
<?php
  header("Content-Type:text/html; charset=utf8");
  $date = date('Y年m月d日');
  w = date('w');
  switch ($w) {
     case 0 : $week = "星期天" ; break ;
     case 1 : $week = "星期一" ; break ;
     case 2 : $week = "星期二" ; break ;
     case 3 : $week = "星期三" ; break ;
     case 4 : $week = "星期四" ; break ;
     case 5 : $week = "星期五" ; break ;
     case 6 : $week = "星期六" ; break ;
  }
  echo "今天是 $date $week" ;
?>
```

思考问题：

如何使用 switch 结构解决例 3-9 中的成绩等级判断问题？

请扫二维码查阅问题解答。

扫码查看 switch 结构判断成绩等级代码及解释

3.3.2　循环结构

循环结构是指在程序中需要反复执行某个功能而设置的一种程序结构。循环结构的三个要素是循环变量、循环体和循环终止条件。循环结构中必须指定循环条件，根据循环条件成立与否判断是否继续执行循环体。PHP 中的循环语句有 for、while、do…while 和 foreach 4 种，其中 foreach 语句用于遍历数组元素，该语句将在 3.4.3 节中讲解。

1．for 语句

使用 for 语句可以编写一个指定循环次数的循环结构，有多种格式可以使用。

格式 1：for (表达式 1；表达式 2；表达式 3)
{　循环体　}

注意：表达式 3 后面不能出现语句结束的分号。

解释：表达式 1 用于设置循环变量的初值；表达式 2 用于设置循环条件；表达式 3 用于完成循环变量的增值或减值，根据 3 个表达式可以准确判断该循环的循环次数。

例如，for ($i = 1; $i < 100; $i += 2) {…}，该语句中循环变量为$i，初值是 1，终值为 99，每循环一次，该变量要增值 2，在执行过程中，其取值依次是 1、3、5、7、…、99，一共是 50 个取值，执行 50 次循环。

在 3 个表达式中，最先执行的是表达式 1，该表达式只需要执行一次，因此可以将该表达式放在 for 语句前面，得到格式 2 给定的格式。

格式 2：表达式 1;
for (；表达式 2；表达式 3)　//第一个分号不可省略
{　循环体　}

表达式 1 执行完之后，要执行表达式 2，判断循环条件是否成立，当循环条件成立时，执行循环体中的所有语句，然后执行表达式 3，表达式 3 的执行次数与循环体的执行次数相同，因此也可以将表达式 3 放在循环体内部最后的位置，得到格式 3 给定的格式。

格式 3：for (表达式 1；表达式 2；)
{　循环体
　表达式 3
}

在格式 3 的基础上，若是将表达式 1 移至 for 语句前面，则得到格式 4 给定的格式。

格式 4：表达式 1;
for (；表达式 2；)
{　循环体
　表达式 3
}

在实际应用中，为了简化代码，使程序结构更加简洁，一般采用格式 1 来实现 for 循环结构。

【例 3-11】创建文件 3-11.php，使用 for 循环语句输出系统当月的月历（即当前月的每一天对应的是星期几），当前日期使用红色边框突出显示，采用 7 列表格的形式输出。效果如图 3-18 所示。

微课 3-2 【例 3-11】
for 循环应用

localhost/exam/3-11.php

下面是2018 年 5 月的月历

日	一	二	三	四	五	六
		1	2	3	4	5
6	7	8	9	10	11	12
13	14	15	16	17	18	19
20	21	22	23	24	25	26
27	28	29	30	31		

图 3-18　3-11.php 文件运行结果

代码如下。

```
<style>
 .tdBorder{border:1px solid #f00;}
</style>
<?php
 header("Content-Type : html/text; charset=utf8");
 $year = date('Y');
 $month = date('n');
 $date = "$year-$month-1";
 $str = strtotime($date); //获取当前月第一天的时间戳
 $firstDay = date('w', $str);  //获得指定时间戳对应的星期几的数字值
  //下面获取当前月份的天数
 switch ($month){
    case 2: $days = ($year % 400 ==0 || ($year % 4 == 0 && $year % 100 != 0))? 29 : 28 ; break ;
    case 4:
    case 6:
    case 9:
    case 11: $days = 30 ; break ;
    default: $days =31 ;
 }
 echo "<table width='366' border='0' cellpading='0' cellspacing='2'>";
 echo "<caption>下面是$year 年 $month 月的月历</caption>";
 echo "<tr>";
 echo "<th width='50' height='40'>日</th><th width='50'>一</th>";
 echo "<th width='50'>二</th><th width='50'>三</th>";
 echo "<th width='50'>四</th><th width='50'>五</th>";
 echo "<th width='50'>六</th>";
 echo "</tr><tr>";
 for($i = 0 ; $i < $firstDay ; $i++ ){
    echo "<td></td>";//输出开始的空单元格
 }
 for ($i = 1 ; $i <= $days ; $i++ ){
      if (($i + $firstDay -1) % 7 == 0 ){
         echo "</tr><tr>";
    }
    if ($i == date('j')){
           echo "<td align='center' height='30' class='tdBorder'>". $i ."</td>";
    }
    else {
```

```
39:         echo "<td align='center' height='30'>". $i ."</td>";
40:     }
41: }
42: echo "</tr></table>";
43: ?>
```

代码解释：

第 2 行，定义红色边框样式，为突出显示当前日期做准备。

第 6 ~ 7 行，分别获取系统中的当前年份和月份，月份不带前导 0。

第 8 行，获取当前月第一天的日期格式，如“2018-5-1”。

第 9 行，获取当前月第一天的时间戳。

第 10 行，获取指定时间戳对应的星期几的数字值。

第 12 ~ 19 行，使用 switch 结构获取当前月的天数，首先根据是否是闰年的情况获取 2 月份的天数，然后使用 case 子句获取大月的天数，最后使用 default 子句获取小月的天数。

第 20 行，输出表格，宽度设置为 366（每列宽 50px 乘以 7 列共 350px + 列与列之间的间距为 2px 乘以 8 个间距共 16px = 366px）。

第 21 行，以表格标题的形式显示要输出的是哪个月的月历。

第 22 行，输出表格标题行所在的行标记。

第 23 ~ 26 行，输出标题行单元格及内容。

第 27 行，输出标题行结束标记和第一个内容行开始的标记。

第 28 ~ 30 行，使用循环结构控制当前月第一天前面的空单元格个数，例如，若当前月第一天是星期二（返回的星期几数字值是 2），则要输出对应星期天和星期一的两个空单元格；若当前月第一天对应的是星期四，则要输出对应星期天、星期一、星期二和星期三的 4 个空单元格，可见输出空单元格的个数与返回星期几的数字值是一致的，因此循环条件设置为$i < $firstDay。

第 31 ~ 41 行，使用循环结构输出当前月的每一天，循环变量取值范围为从 1 到当前月的最后一天。

第 32 ~ 34 行，判断输出过程中当前行是否结束，若当前行的 7 个列已经输出完毕，则开始下一个行，因此先输出一个行结束标记再输出一个行开始标记。

关于判断条件($i + $firstDay -1) % 7 == 0，若变量$firstDay 为 2，则第一行输出两个空单元格之后再输出 1、2、3、4、5，此时变量$i 的取值变为 6，即(6 + 2 – 1) % 7 的结果为 0，要执行的操作是换行。

第 35 ~ 40 行，判断变量$i 的值是否是当天，若是，则输出单元格时使用红色边框样式突出显示，否则不增加边框。

第 42 行，输出最后一行结束的标记和表格结束的标记。

2. while 语句

当事先无法确定循环次数时，通常会选用 while 语句实现循环结构。

格式：while (条件)

```
{
循环体
}
```

解释：只要循环条件成立，就执行循环体；若是刚开始运行时循环条件就不成立，则循环体一次也不执行。

3. do…while 语句

当事先无法确定循环次数时，也可以选用 while 语句实现循环结构。

格式：do {
        循环体
    }
    while (条件)

解释：do...while 语句会至少执行一次循环体，之后，只要条件成立，就会重复执行。

3.4 数组

需要解决的核心问题

- 使用函数 array()定义数组时，数组元素的类型、个数是否受限？
- 如何获取数组元素的个数？
- 什么是索引数组？如何定义和访问索引数组？
- 什么是关联数组？如何定义和访问关联数组？
- 如何使用 each()函数和 foreach 语句遍历数组？

数组是 PHP 中最重要的数据类型之一，在 PHP 中广泛应用。相比只能保存一个数据的普通变量而言，使用复合类型的数组变量能够保存一批数据，如一个班级所有学生的某门课程成绩或一个学期所有课程的成绩、一个公司全部员工的基本信息等，从而很方便对数据进行分类和批量处理。

3.4.1 PHP 数组的基本概念

数组由多个元素组成，元素之间相互独立，识别或者访问一个元素需要使用“键”(key)，每个元素可以保存一个数据，相当于一个变量，因此可以将数组看作一串内存空间连续的变量组合。

1. 数组的定义

PHP 中定义数组时常用的函数是 array()。

函数 array()的使用方法为：**数组名 = array(…)**，括号中可以按照用户的需要给定任意个数、任意类型的数组元素取值。

例如，代码$arr1= array('a', 'b', 'c', 'd')定义了一个名为$arr1 的数组，其中括号中数组元素的个数可以随意增加或减少。

PHP 中的一个字符串也可以看作一个数组，其中的每个字符都是一个数组元素。

2. 数组长度的获取

对于已经定义好的数组，可以使用 count()函数获取数组元素的个数。

函数的格式为：count(数组名称)。

例如，代码 count($arr1)的结果是 4。

3.4.2 PHP 数组的类型

PHP 中的数组类型包括索引数组、关联数组和多维数组。

1. 索引数组

索引数组是指带有数字索引的数组，使用递增的自然数列 0、1、2……作为数组元素的索引，定义数组时，直接在 array()函数中设置元素值即可。例如：

$arr1 = array('a' , 'b' , 'c' , 'd' , 'efg' , 23 , 48) ;，则数组$arr1 中共有 7 个元素，可以分别通过$arr1[0]、$arr1[1]、$arr1[2]、$arr1[3]、$arr1[4]、$arr1[5]、$arr1[6]的方式访问相应的数组元素。

再如，$str = "Hello";可以作为一个索引数组，使用$str[0]可以得到字符 H。

在上述定义方式中，函数 array()括号中元素的个数可以灵活变化，数组的长度则随着数组元素个数的变化而变化。

【例 3-12】创建文件 3-12.php，定义上面数组并使用循环结构在一行中输出数组元素值，值与值之间使用英文逗号间隔。程序代码如下。

```
1: <?php
2:   $arr1 = array( 'a' , 'b' , 'c' , 'd' , 'efg' , 23 , 48 ) ;
3:   for ( $i = 0 ; $i < count( $arr1 ) ; $i++ ) {
4:         echo "$arr1[$i]," ;
5:   }
6: ?>
```

程序运行结果如图 3-19 所示。

图 3-19　3-12.php 文件运行结果

扫码查看【3-12】问题解答

思考问题：

（1）第 3 行代码 count($arr1)的结果是多少？

（2）第 3 行代码中循环条件为什么使用小于号（<）而不是小于等于号（<=）？

（3）若要在输出每个元素值之后换行输出下一个元素值，如何修改代码？

（4）若要在第 2 行代码中增加数组元素“China 中国”，是否需要修改其他内容才能完成所有元素值的输出？

2. 关联数组

关联数组是指带有指定键的数组，数组元素的键名是由用户根据数组元素值的意义来定义的，定义数组时，需要使用“key => value”（即“键名 => 值”）的方式设置各个数组元素。例如：

$arr2 = array("animal" => "panda" , "name" => "Betty" , "appearance" => "pretty") ;，则数组

$arr2 中有 3 个元素，键名分别是 animal、name 和 appearance，可以分别通过$arr2['animal']、$arr2['name']和$arr2['appearance']访问相应的数组元素。

【例 3-13】创建文件 3-13.php，定义上面数组，处理之后输出内容“panda, name is Betty, is very pretty”，程序代码如下。

```
<?php
 $arr2 = array( "animal" => "panda" , "name" => "Betty" , "appearance" => "pretty" ) ;
 $show = $arr2['animal'] ;
 $show = $show . ", name is " . $arr2['name'] ;
 $show = $show . ", is very " . $arr2['appearance'] ;
 echo $show ;
?>
```

程序运行结果如图 3-20 所示。

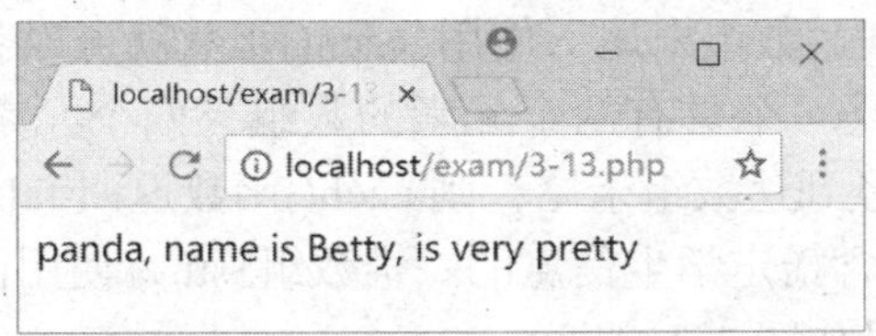

图 3-20　3-13.php 文件运行结果

思考问题：

（1）若要在数组中增加元素"age" => "1.5"，如何完成？

（2）能否使用下面循环结构代码逐个输出数组元素的内容？为什么？

```
for( $i = 0 ; $ i< count($arr2) ; $i++ ) {  echo $arr2[$i] ;  }
```

解答：

（1）增加元素时，直接在 array() 中已有元素后面添加即可。

（2）不可以使用给定的 for 循环结构输出数组元素内容，因为以键名方式定义的关联数组的元素必须通过键名来访问，而不能通过数字索引来访问。

---

3. 混合数组

除了定义单纯使用数字索引的数组和自定义键名的关联数组，还可以定义混合数组，即一个数组的元素中既包含数字索引元素，也包含键名元素。例如：

```
$mixed = array(2 , 'wang' , 'id' => 5, 5 => 'hello' , 'world') ;
```

数组$mixed 中元素 2 的索引是 0，元素'wang'的索引是 1，元素'hello'的键名为 5，其后的未定义键名的元素'world'将使用数字索引 6（即 5+1）。

4. 多维数组

多维数组是指将原来的数组元素再设置为数组。例如，定义二维数组如下。

```
$stu = array(
     0 => array('No' => '2018087301' , 'name' => 'zhangyu'),
     1 => array('No' => '2018087302' , 'name' => 'liudong'),
```

```
    2 => array('No' => '2018087303' , 'name' => 'wangqian')
) ;
```

若要获取名称 zhangyu，则访问方式为$stu[0]['name']。

定义多维数组时，虽然 PHP 没有限制数组的维数，但是在实际应用中，为了便于代码的阅读、调试和维护，建议使用三维及以下的数组保存数据。

3.4.3 遍历数组

微课 3-3 遍历数组

遍历数组是指访问数组中的每个元素，完成指定的操作。在 PHP 中遍历数组可以使用 each()函数完成，也可以使用 foreach 循环语句完成。

1. 使用 each()函数遍历数组

each()函数可以返回一个数组中当前元素的键和值，并将数组指针向前移动一步，常在循环中用来遍历一个数组。

使用格式：each（数组名）。

只要遍历过程还没有到达数组末尾，使用 each()函数就可以获得数组当前元素的键名以及取值，即该函数返回的是一个具有两个元素的数组，两个元素的键名分别是“key”和“value”；若是遍历过程已经到达数组末尾，则 each()函数返回 false。

【例 3-14】创建一个包含指定学生信息的一维数组$stu，使用循环遍历数组的方式逐个输出元素键名和值。运行效果如图 3-21 所示。

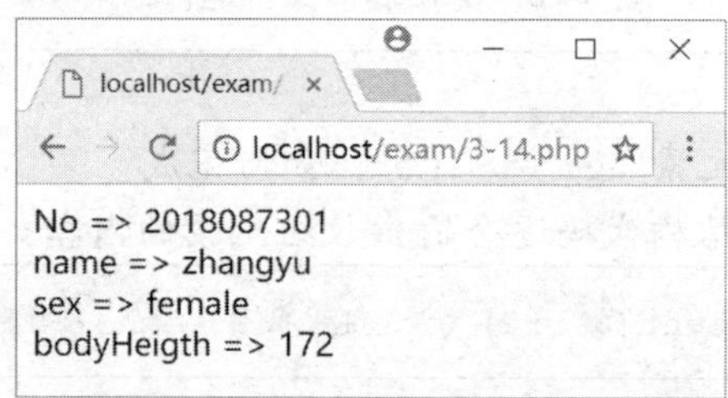

图 3-21　3-14.php 文件运行结果

程序代码如下。

```
1: <?php
2:   header('Content-Type:text/html; charset=utf8');
3:   $stu = array('No' => '2018087301' , 'name' => 'zhangyu' ,
4:                  'sex' => 'female' , 'bodyHeigth' => 172);
5:  for ( $i = 0; $i < count($stu); $i++) {
6:        $print = each( $stu );
7:        echo "$print[key] => $print[value] <br />";
8:  }
9: ?>
```

循环部分代码解释：

当$i 为 0 时，循环执行第一次，获取数组$arr2 中第一个元素的键名和键值信息，放在数组$print 中，存放形式是$print[key]= "No"，$print[value]= "2018087301"，在第 7 行中使用 echo "$print[key] => $print[value]
"，输出内容是 No => 2018087301，输出之后换行，其中的“=>”只作为一般的字符输出。

当$i 取值 1 和 2 时，循环执行第二次和第三次，整个执行过程同上。

思考问题：

若是遍历过程已经到达数组末尾，则 each() 函数返回 false，根据 each() 函数的这一特性，如何使用 while 循环来修改 3-14.php 文件？

解答：

```
while ( $print = each( $stu ) ){
    echo "$print[key] => $print[value]<br />";
}
```

上面代码 while ($print=each($stu))的执行过程分为两个步骤：第一步是从数组$stu 中获取元素的信息，返回结果是 false 或者元素的键名和键值信息；第二步，将返回结果作为循环条件，若返回值是 false，则循环条件不成立，直接退出循环，否则执行循环体，输出返回的键名和键值信息。

2．使用 foreach 循环语句遍历数组

foreach 语句提供了遍历数组的简单方式，该语句仅能够应用于数组和对象，根据需要获取的内容不同，有两种用法。

（1）foreach（数组 as $value）{ 语句序列 }

在每次循环中，将当前数组元素的值赋给变量$value，并且数组内部的指针向前移动一步，为下次循环做准备。

（2）foreach（数组 as $key => $value）{ 语句序列 }

在每次循环中，将当前数组元素的键名赋给变量$key，数组元素的值赋给变量 $value，并且数组内部的指针向前移动一步，为下次循环做准备。

注意：当 foreach 开始执行时，数组内部的指针会自动指向第一个单元。

【例 3-15】使用 foreach 语句修改 3-14.php。代码如下。

```
1: <?php
2:   header('Content-Type:text/html; charset=utf8');
3:   $stu = array('No' => '2018087301' , 'name' => 'zhangyu' ,
4:                 'sex' => 'female' , 'bodyHeigth' => 172);
5:   foreach ($stu as $key => $value){
6:       echo "$key => $value <br />";
7:   }
8: ?>
```

代码解释：

第 5 行，使用 foreach 语句将数组$stu 中当前元素的键名赋给变量$key，取值赋给变量$value。

第 6 行，直接按“键名 => 值”格式输出数组元素。

程序运行效果与图 3-21 所示的效果完全相同。

3.4.4 数组应用案例

【例 3-16】创建文件 3-15.php，获取服务器当前日期，并按指定格式输出。例如，若获取的日期是 2018 年 6 月 2 日，则输出“今天是 2018 年 6 月 2 日 星期六”。

注意：输出的是星期一，采用的是汉字“一”，不是阿拉伯数字 1，也不是英文缩写 Mon。程序代码如下。

```
1: <?php
2:   header('Content-Type:text/html; charset=utf8');
3:   echo "今天是" . date("Y年n月j日") . " ";
4:   $weekArr = array( "星期日" , "星期一" , "星期二" , "星期三" , "星期四" , "星期五" , "星期六" );
5:   $week = date( "w" );
6:   echo $weekArr[$week];
7: ?>
```

代码解释：

第 3 行，在 date()函数中使用字母 n 和 j 是为了在结果中不会出现前导数字 0，最后的空格字符是为了在日期和星期几之间起间隔作用。

第 4 行，定义数组$weekArr，有 7 个数组元素，从星期日到星期六，对应的索引是数字 0 ~ 6。这种定义方式源自 date("w")的返回值为 0 ~ 6，且 0 对应的是星期日，1 对应的是星期一，因此可以在第 6 行中直接使用函数 date("w")的返回结果作为数组$weekArr 的索引来输出相应的元素值。

程序运行结果如图 3-22 所示。

图 3-22　3-15.php 运行效果界面

3.5 小结

任务 3 介绍了 PHP 7 的基础知识，包括 PHP 标记、注释、常量、变量、运算符、输出语句、日期时间函数、流程控制结构、数组等相关知识，通过设计的 15 个例题详细介绍了这些基础知识的用法，使读者能够在项目开发过程中正确运用这些基础知识。

更多的日期时间函数和数组操作函数大家可以扫码查阅。

扫码查阅常用的日期时间函数

扫码查阅常用的数组操作函数

3.6 习题

一、选择题

1．PHP 7 中使用的代码定界标记是________。

A．<? php...?>　B．<%...%>　C．<?...?>　D．<?php...?>

2．下面哪一组是 PHP 中的注释符号？_______

A．//、'、/*...*/　　B．//、#、/*...*/

C．\\、#、/*...*/　　D．//、#、/*

3．下面哪一组是合法的 PHP 变量？_______

A．str1、_num1　　B．$5_str、$num1

C．$str1、$_num1　　D．$str1、$_num1%

4．假设存在变量$str1="abc"; $str2="ABC"; $num1=23; $num2=45，下面哪一组表达式的运算结果是假值？_______

A．$str1<$str2 && $num1<$num2　　B．$str1>$str2 && $num1<$num2

C．$str1<$str2 || $num1<$num2　　D．$str1>$str2 || $num1>$num2

5．若是存在变量$age=25，下面哪项中的代码不能输出“My age is 25”？_______

A．echo "My age is ".$age;　　B．echo "My age is $age";

C．echo 'My age is $age';　　D．echo "My age is "."$age";

6．代码块$i=1; $sum=0; while($i <= 10){ $i++; $sum += $i; }的执行结果是_______。

A．65　　B．55　　C．54　　D．66

7．在 date()函数中，能够得到星期几的数字值的参数是_______。

A．W　　B．w　　C．D　　D．以上都不是

8．若系统日期时间是 2017 年 12 月 6 日 9 时 12 分，则函数 date("Y-m-d H:i")的返回值是_______。

A．17-12-6 9:12　　B．2017-12-6 09:12

C．2017-12-06 9:12　　D．2017-12-06 09:12

9．关于循环结构，下列说法中错误的是_______。

A．for 循环通常是在循环次数确定且循环变量值的变化有规律的情况下选用

B．while 循环至少需要执行一次

C．do…while 循环至少需要执行一次

D．for 循环的循环变量有可能只是用于控制循环次数，并不参与循环体的执行过程

10．关于数组，下面说法中错误的是_______。

A．元素索引可以采用从 0 开始递增的自然数列的方式

B．采用数字索引的元素和采用键名的元素可以同时出现在一个数组中

C．使用自定义键名的数组元素不能使用自然数索引方式访问

D．在任何情况下，都要将键名放在引号定界符中才能正确访问数组元素

11．关于函数 each()的说法错误的是_______。

A．可以用于遍历数字索引的数组

B．可以用于遍历关联数组

C．其参数是数组元素

D．只要遍历的数组还没有到达末尾，就能返回一个包含了两个元素的数组

二、填空题

1．在 switch 结构中，每个 case 分支的处理代码需要使用_____________语句结束。

2．PHP 中常用的定义数组的函数是____________，求数组长度的函数是____________。

3．遍历数组的函数是______________，遍历数组到最后一个元素之后时，函数的返回值是______________。

4．遍历数组没有达到数组末尾时，返回的新数组中两个元素的键名分别是________和________。

三、编程题

1．使用 for 循环完成 1+2+3+…+100 的求和过程，使用变量$sum 表示结果并输出。

2．使用 while 循环完成上面的求和过程，并输出结果。

3．获取指定日期（如 2018 年 10 月 1 日）对应的星期几并按下面格式输出。

2018 年 10 月 1 日是星期一

任务 4 表单数据提交

当用户在网站上填写了表单之后，需要将表单中填写的数据提交给网站服务器进行处理和保存等操作，本任务将表单数据提交到服务器端之后只做简单的输出处理，不进行保存，数据在服务器端的保存操作将在任务 5 中讲解。

任务 4 通过设计一个小案例，讲解收集并处理用户信息的功能的实现过程，包括表单界面设计、提交数据之前的表单数据验证以及将表单数据提交到服务器端进行处理的操作。

案例说明：创建一个表单界面，收集用户的名字、性别、年龄、密码、兴趣爱好、喜欢的颜色、个人介绍和头像照片等信息，提交到服务器端进行相应处理。

4.1 表单界面设计及表单数据验证

需要解决的核心问题

- 表单界面设计中复选框元素的 name 属性取值格式如何？
- 使用 JavaScript 脚本验证表单数据的目的是什么？调用脚本函数时，函数名称前面的 return 关键字的作用是什么？
- 使用 HTML 5 中的 pattern 属性指定的针对用户名和密码验证的正则表达式分别是什么？

4.1.1 表单界面设计

1. 基础知识及要求说明

设计表单界面时，必须使用<form>…</form>标记生成表单容器，在该容器中添加各种表单元素或非表单元素，<form>标记中当前需要设置的属性是 method，取值可以是 post 和 get 两种。

设计表单界面时，经常需要使用表格对表单中的各种元素以及文字标签进行规则的布局设计，表单标记与表格标记的嵌套关系如下。

```
<form…>
  <table…>
    <tr>
      <td>表单元素</td>
    </tr>
  </table>
</form>
```

即表单<form>与</form>标记必须放在表格<table>…</table>标记的外围，然后表单各个元素标记必须放在表格单元格标记<td>…</td>内部。

生成表单元素：文本框、密码框、单选按钮、复选框、提交和重置按钮都需要使用<input>标记生成，在<input>标记中设置 type 属性取值分别是 text、password、radio、checkbox、submit 和 reset 来生成相关的元素；下拉列表需要使用<select>…</select>和<option>…</option>两对标记来生成，其中<select>…</select>用于生成列表框，<option>…</option>用于生成各个选项；文本区域需要使用<textarea>…</textarea>标记生成。

创建页面文件 4-1.html，在其中设计图 4-1 所示的表单界面。

自我介绍		
名字：		必须在6~20个字母之间
性别：	男 ○ 女 ○	
年龄：		取值在0~100之间
个人密码：		6~10个字符
确认密码：		与个人密码相同
你的爱好：	□看书 □足球 □音乐 □爬山	
你最喜欢的颜色：	绿色 ▾	
个人介绍：		不能为空
	提交 重置	

图 4-1　表单界面

2. 页面元素的设计要求

在图 4-1 中，对名字、年龄、个人密码、确认密码和个人介绍等数据的输入提出了一些要求，为了保证能够满足这些要求，需要验证表单数据的合法性（在 4.1.2 中介绍），为了能够使用脚本获取各个元素的取值并对这些值做合法性验证，要求为每个需要提交数据的表单元素设置 id 属性；另外，为了能够在服务器端获取表单元素提交的数据，又需要为相应表单元素设置 name 属性。通常，为了避免将两个属性值弄混而造成麻烦，建议直接将各个元素中的这两个属性设置为相同的取值。

（1）为名字文本框设置的 name 和 id 属性取值都是 uname。

（2）为“性别”单选按钮组设置的 name 是 sex，选中“男”之后，提交的数据是“男”，选中“女”之后提交的数据是“女”。

（3）为“年龄”文本框设置的 name 和 id 属性取值都是 age。

（4）为“个人密码”框设置的 name 和 id 属性取值都是 psd1。

（5）为“确认密码”框设置的 name 和 id 属性取值都是 psd2。

（6）为“你的爱好”复选框组设置的 name 是 like[]（此处采用数组格式设置复选框组的名字，具体作用在 4.2 节中介绍数据提交时讲解），选中各个复选框之后提交的数据分别是看书、足球、音乐和爬山。

（7）“颜色”下拉列表框设置的 name 和 id 属性取值都是 color。

（8）“个人介绍”文本区域设置的 name 和 id 属性取值都是 jieshao。

表单元素的样式要求为：文本框、密码框、下拉列表框的宽度定义为 280px，高度定义为 20px；文本区域的宽度定义为 280px，高度为 60px。

其他内容的样式请读者根据效果图定义。

3. 程序代码

4-1.html 文件代码如下。

```
<html>
<head>
<meta http-equiv="Content-Type" content="text/html; charset=utf-8" />
<title>无标题文档</title>
<style type="text/css">
 table td{ font-size:10pt;}
 .td1{font-size:20pt; font-weight:bold; text-align:center;}
 #uname,#age,#psd1,#psd2,#color{ width:280px; height:20px;}
 #jieshao{ width:280px; height:60px; }
</style>
</head>
<body>
<form id="form1" name="form1" method="post">
  <table width="600" border="1" align="center" cellpadding="0" cellspacing="0">
    <tr>
      <td colspan="3" height="40" class="td1">自我介绍</td>
    </tr>
    <tr>
      <td width="120" height="30">名字：</td>
      <td width="300"><input type="text" name="uname" id="uname" /></td>
      <td width="180">不能为空，只能是字母</td>
    </tr>
    <tr>
      <td height="30">性别：</td>
      <td>
         男<input type="radio" name="sex" id="radio" value="男" />
        女<input type="radio" name="sex" id="radio2" value="女" />
      </td>
      <td> </td>
    </tr>
    <tr>
      <td height="30">年龄：</td>
      <td><input type="text" name="age" id="age" /></td>
      <td>不能为空，在 0 到 100 之间</td>
```

```
    </tr>
    <tr>
      <td height="30">个人密码：</td>
      <td><input type="password" name="psd1" id="psd1" /></td>
      <td>不能为空，4 到 10 位数</td>
    </tr>
    <tr>
      <td height="30">确认密码：</td>
      <td><input type="password" name="psd2" id="psd2" /></td>
      <td>与个人密码相同</td>
    </tr>
    <tr>
      <td height="30">你的爱好：</td>
      <td>
          <input name="like[]" type="checkbox" value="看书" />看书
          <input name="like[]" type="checkbox" value="足球" />足球
          <input name="like[]" type="checkbox" value="音乐" />音乐
          <input name="like[]" type="checkbox" value="爬山" />爬山
       </td>
      <td> </td>
    </tr>
    <tr>
      <td height="30">你最喜欢的颜色：</td>
      <td><select name="color" id="color">
          <option selected="selected">绿色</option>
          <option>蓝色</option>
          <option>黄色</option>
          <option>红色</option>
          <option>紫色</option>
          </select>
      </td>
      <td> </td>
    </tr>
    <tr>
      <td height="60">个人介绍：</td>
      <td><textarea name="jieshao" id="jieshao"></textarea></td>
      <td>不能为空</td>
    </tr>
    <tr>
      <td height="30"> </td>
      <td align="center">
```

```
        <input type="submit" value=" 提 交 " /> 
       <input type="reset" value=" 重 置 " />
      </td>
     <td> </td>
   </tr>
  </table>
</form></body></html>
```

4.1.2 表单数据验证

表单数据在提交之前经常需要验证，目的是保证提交的数据从格式和组成上都是符合要求的，该验证过程需要在浏览器端执行脚本代码来完成。

1. 数据验证要求

对 4-1.html 页面文件中的数据进行如下验证。

（1）要求姓名必须为 6 ~ 20 个字母（此处只判断字符个数，不需要判断输入的字符是否是英文字母）。

（2）要求年龄数据为 0 ~ 100。

（3）个人密码需要为 6 ~ 10 个字符。

（4）两次输入的密码必须相同。

（5）个人介绍文本区域不能为空。

上面每个部分只要不符合要求，就直接使用 JavaScript 脚本中的 alert()函数弹出一个消息框显示相应的错误提示信息。

2. 脚本代码

创建脚本文件 4-1.js，保存在 4-1.html 文件所在的位置，在其中输入如下代码。

```
function validate(){
   var uname = document . getElementById('uname') . value;
   var len = uname . length;
   if(len < 6 || len > 20){
      alert("姓名必须在 6 ~ 20 个字符之间，请重新输入");
      return false;
  }
  var age = document . getElementById("age") . value;
  if(age < 0 || age > 100){
          alert("年龄必须在 0 ~ 100 之间");
          return false;
  }
  var psd1 = document . getElementById('psd1') . value;
  var len = psd1 . length;
  if(len < 6 || len > 10){
            alert("密码必须在 6 ~ 10 个字符之间，请重新输入");
            return false;
```

```
19:  }
20:  var psd2 = document . getElementById('psd2') . value;
21:  if(psd2 != psd1){
22:          alert("两次输入密码必须相同，请重新输入");
23:          return false;
24:  }
25:  var jieshao = document . getElementById('jieshao') . value;
26:  if(jieshao == ""){
27:          alert("个人介绍不能为空，请重新输入");
28:          return false;
29:  }
30: }
```

代码解释：

第 1 行，使用关键字 function 定义函数，函数名是 validate，函数名后面的圆括号是必须的。

第 2 行，使用 document.getElementById('uname')方法获取 id 属性是 uname 的表单元素，然后使用属性 value 获取文本框中输入的数据，放在变量 uname 中。

第 3 行，使用 uname.length 属性获取文本框中输入字符的个数，放在变量 len 中。

第 4 ~ 7 行，判断 len 的取值是否为 6 ~ 20 个字符，若不是，则使用 alert()函数弹出消息框显示给定的提示信息，然后使用 return false 语句返回函数的结果 false，同时结束函数的执行过程。

第 8 ~ 13 行，判断输入的年龄是否为 0 ~ 100。

第 14 ~ 19 行，判断输入的密码字符是否为 6 ~ 10 个字符。

第 20 ~ 24 行，判断确认密码与密码是否相同。

第 25 ~ 29 行，判断个人介绍是否为空。

3．脚本函数的调用

（1）关联脚本文件

在页面文件 4-1.html 中的</head>结束首部之前，添加代码<script type="text/JavaScript" src="4-1.js"></script>，即可将脚本文件关联到该页面文件中。

（2）函数 validate()的调用

此处设计的脚本函数 validate()需要在单击 submit 提交按钮之后调用，单击该按钮时，将会触发<form>标记中的 submit 事件，因此需要修改<form>标记，在其中增加 onsubmit="return validate()"，使用事件属性 onsubmit 完成对函数的调用。

调用函数时，函数名前面 return 的作用说明：若是输入的表单数据不符合要求，在弹出消息框显示相应的提示信息之后，必须将页面运行过程停留在当前界面下，而不要把不符合要求的数据提交到服务器端，此处 return 的作用就是当数据不符合要求时，通过返回的 false 值阻止数据提交到服务器端。

例如，输入不符合要求的姓名之后，弹出消息框显示提示信息，效果如图 4-2 所示。

用户单击消息框中的“确定”按钮关闭消息框之后，系统将停留在当前页面等待用户输入符合要求的数据，而不会将不符合要求的数据提交给服务器。

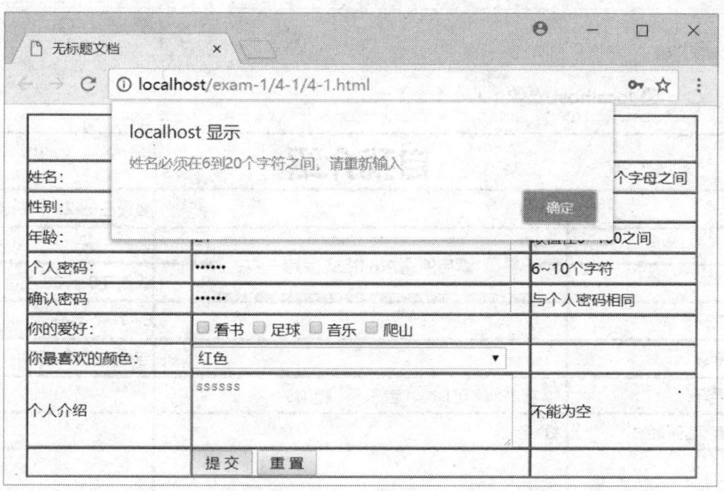

图 4-2 输入不符合要求的姓名内容提交后弹出的消息框

4.1.3 使用 HTML 5 新技术完成数据验证

HTML 5 中的表单元素新增了几个属性，这几个属性专门用于验证数据的合法性，包括正则表达式的应用、数字取值范围限制、是否允许为空的判断等。使用 HTML 5 表单新属性和使用 JavaScript 脚本函数验证数据合法性各有优势，用户根据自己的需要选用即可。

下面使用 HTML 5 表单新属性分别验证用户名、年龄和密码的数据。

1. 用户名验证

对用户名的要求是 6 ~ 20 个字母，可以使用 HTML 5 中的表单元素新属性 pattern 定义正则表达式完成。

在用户名文本框中添加下面代码。

```
pattern = "[a-zA-Z]{6, 20}"
```

上面代码中的[a-zA-Z]表示可以出现的字符只有大小写字母，{6, 20}用于限定给定范围的字符个数，最少 6 个，最多 20 个。

用户输入内容并单击“提交”按钮时，浏览器会验证数据的合法性。若是数据不符合要求，就阻止数据提交给服务器，效果如图 4-3 所示。

2. 年龄验证

对年龄的要求是不能为空，并且数据取值范围为 0 ~ 100，使用 HTML 5 中的新型表单输入元素 number 结合新属性 required 可以实现。

实现方案如下。

将原来的年龄输入框 type="text"文本框换为 type="number"数字框，设置最小值 min 为 0，最大值 max 为 100。

另外使用属性 required ="required"设置不允许为空。

代码如下。

```
<input type="number" name="age" id="age" min="0" max="100" required= "required"
/>。
```

若已经输入符合要求的姓名，但是未输入年龄数据时，单击“提交”按钮，效果如图 4-4 所示。

无标题文档

localhost/exam-1/4-1/4-1.html

自我介绍		
姓名:	wang	必须在6~20个字母之间
性别:	男	
年龄:		取值在0~100之间
个人密码:		6~10个字符
确认密码		与个人密码相同
你的爱好:	看书 足球 音乐 爬山	
你最喜欢的颜色:	红色	
个人介绍		不能为空
	提交 重置	

请与所请求的格式保持一致。

图 4-3　输入不符合要求的姓名内容提交后弹出的提示信息

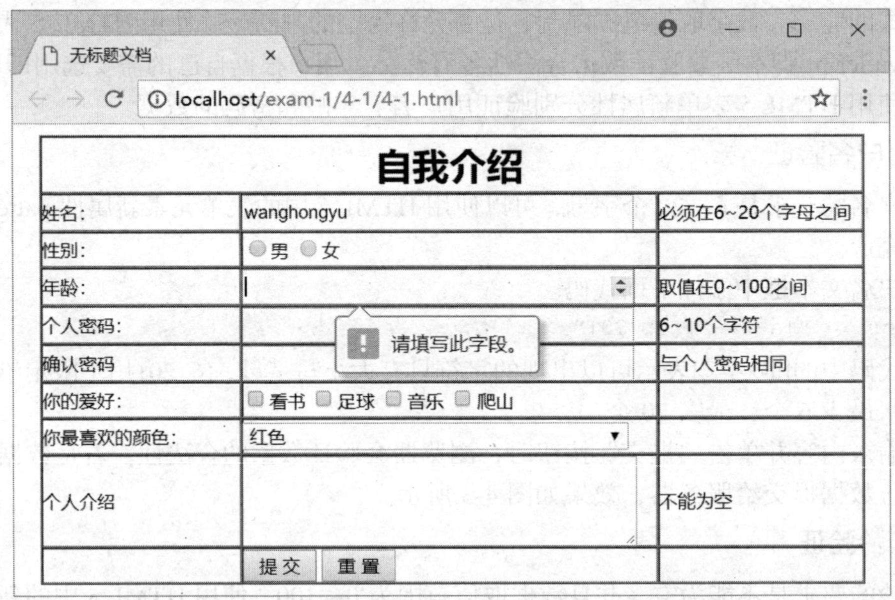

图 4-4　未输入年龄提交表单时弹出的提示信息

3. 密码验证

对密码的要求是字符个数为 6 ~ 10。

使用正则表达式属性 pattern 对密码进行合法性验证，在密码框中增加代码 pattern = "[a-zA-Z0-9!@#$%^&*]{6, 10}"，得到完整代码<input type="password" name="psd1" id="psd1" pattern="[a-zA-Z0-9!@#$%^&*]{6, 10}" />，其中[a-zA-Z0-9!@#$%^&*]表示密码中允许使用的各种字符，可以根据需要增加其他字符。

验证确认密码，因为需要比较表单中的两个元素数据，所以无法使用 HTML 5 中的表单元素新属性完成，仍旧需要使用 4.1.2 中定义的脚本函数来完成。

4.2 表单数据提交

需要解决的核心问题

- 表单数据提交之后存储在哪里？服务器要如何获取这些数据？
- 复选框组数据提交到服务器之后以怎样的形式存在？
- 函数 implode()的作用是什么？如何使用？
- 函数 isset()的作用是什么？如何使用？

表单界面填写的数据，在经过数据的合法性验证之后，需要提交到服务器端进行处理。例如，当用户在 4-1.html 页面中输入正确的数据并提交之后，服务器端只对这些数据做简单的输出，运行结果如图 4-5 所示。

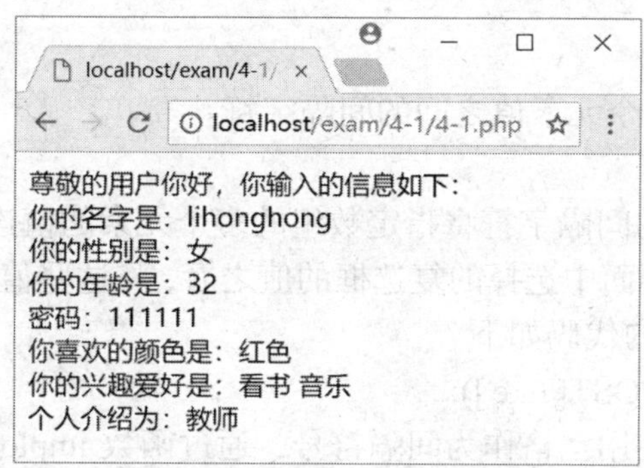

图 4-5 4-1.html 提交数据之后显示的信息界面

4.2.1 系统内置数组$_POST 和$_GET

系统内置数组$_POST 和$_GET 又称为超全局变量，主要用于接收表单提交的数据。

表单标记<form>中的属性 method 有 post 和 get 两种取值，若 method="post"，则从表单中提交到服务器的数据将存放到系统数组$_POST 中；若 method="get"，则从表单中提交到服务器的数据将存放到系统数组$_GET 中，即同一个表单提交的所有数据总是以一个数组的方式保存在服务器中。

$_POST 和$_GET 都是关联数组，都需要通过键名来访问数组元素，在处理表单数据时，它们使用的键名通常是表单元素 name 属性的取值。例如，若文本框中 name="uname"，则使用$_POST['uname']可以获取该文本框提交到服务器端的数据。

说明：系统数组$_GET 还可以接收单击超链接时提交给服务器的数据，此处先不讲解，在任务八中将详细介绍。

4.2.2 复选框组数据的提交

1. 复选框组数据的提交

微课 4-1 复选框组数据的提交

复选框组的数据提交到服务器端后仍旧是一个数组的形式。例如，若 method="post"，兴趣爱好复选框组 like[]的数据提交到系统数组$_POST 中，在服务器端将使用$_POST['like']接收并保存该组提交的数据，$_POST['like']以一个数组的形式存在，数组元素的个数取决于用户选择的复选框的个数，而不是复选框组中包含的复选框的个数，该数组是一个索引数组，索引值从 0 开始，使用$_POST['like'][0]可以获取到用户选择的第一个复选框提交的数据，其他以此类推。

例如，若用户选择的是“音乐”和“爬山”两项，则数组$_POST['like']有两个元素，元素$_POST['like'][0]的值是“音乐”，元素$_POST['like'][1]的值是“爬山”。

再如，若用户选择的是“看书”“音乐”和“爬山”三项，则数组$_POST['like']有 3 个元素，元素$_POST['like'][0]的值是“看书”，元素$_POST['like'][1]的值是“音乐”，元素$_POST['like'][2]的值是“爬山”。

2. 函数 implode()的应用

为了方便输出和保存，通常要将复选框组提交的多个数据合并到一个变量中，例如，用户选择了看书、音乐和爬山，则设置变量$like= "看书　音乐　爬山"。

可使用函数 implode()来完成，函数格式如下。

implode（参数 1，参数 2）。

参数说明：

参数 1，指定在数组各个元素值之间的间隔字符。

参数 2，数组名称。

函数作用：使用指定的间隔字符将指定数组的多个元素的值连接在一起。

获取用户在 4-1.html 页面中选择的复选框的值之后，将这些值使用空格间隔连接在一起，保存在变量$like 中，需要的代码如下。

$like = implode(" ", $_POST['like']);

上面代码的作用是，使用空格作为间隔符号，通过函数 implode()将数组$_POST['like']中各个元素的值连接起来，放在变量$like 中保存。

4.2.3 获取并处理表单数据

1. 创建 4-1.php 文件

创建文件 4-1.php，保存在 4-1.html 文件所在的位置，代码如下。

```
1: <?php
2:  header("Content-Type: text/html;charset=utf8");
3:  echo "尊敬的用户你好，你输入的信息如下：<br />";
4:  echo "你的名字是：$_POST[uname]<br />";
5:  echo "你的性别是：$_POST[sex]<br />";
6:  echo "你的年龄是：$_POST[age]<br />";
7:  echo "密码：$_POST[psd1]<br />";
8:  echo "你喜欢的颜色是：$_POST[color]<br />";
9:  $like=implode(" ",$_POST['like']);
10: echo "你的兴趣爱好是：$like<br />";
11: echo "个人介绍为：$_POST[jieshao]<br />";
12: ?>
```

代码解释：

第 2 行，设置页面中使用的字符集编码是 UTF-8。

第 4 行，使用系统数组$_POST 获取文本框 uname 提交的数据之后，再使用 echo 语句输出，这里将数组元素$_POST[uname]直接放在 echo 输出内容的双引号定界符中，此时，数组元素的键名 uname 不可以使用单引号或双引号定界，否则会找不到键名 uname。若是将数组元素从双引号中分离出来，必须按照如下格式输出。

echo "你的名字是：" . $_POST['uname'] . "<br />"

此时数组元素的键名必须使用引号定界，可以是单引号，也可以是双引号。

2. 建立 4-1.html 和 4-1.php 文件之间的关联

刚刚建立的 4-1.html 文件和 4-1.php 文件是相互独立的，必须在两个文件之间建立关联，才能保证在 4-1.html 页面文件中提交数据之后能够运行 4-1.php 文件，从而处理表单提交的数据。

建立关联的方法是，在 4-1.html 文件的<form>标记中增加 action="4-1.php"。

表单标记中的 action 属性的作用是设置一个服务器端的脚本文件，本书使用的都是 PHP 文件，该文件用于获取并处理当前表单提交的数据，处理的方式是可以直接在浏览器中输出，也可以将其存储到数据库或其他文件中以备后用。

4.2.4 使用 isset()函数解决单选按钮和复选框的问题

1. 问题的产生

运行 4-1.html 页面文件时，若是用户没有选择性别，则会出现下面的提示信息。

```
Notice: Undefined index: sex in E:\apache\htdocs\exam4-1\4-1.php on line 4
```

若是用户没有选择兴趣爱好，则会出现下面的提示信息。

```
Notice: Undefined index: like in E:\apache\htdocs\exam4-1\4-1.php on line 8
Warning: implode(): Invalid arguments passed in E:\apache\htdocs\exam4-1\4-1.php on line 8
```

这是因为单选按钮或者复选框都属于组元素，没有选择选项，相当于该组不存在，因此，从这样的组元素中获取数据之前，需要先判断该组是否存在，实现这一功能的函数是 isset()。

2. isset()函数

PHP 中提供了 isset()函数专门用于检测某个元素是否存在，函数格式如下。

bool isset(参数)

参数可以是一个普通变量，也可以是一个数组元素，若是变量或数组元素存在，则返回真值，否则返回假值。

3. 解决问题的方案与代码

解决方案是：在输出性别或者兴趣爱好之前，先判断是否设置了数组，即是否存在，若存在则输出，否则不输出，修改之后的 4-1.php 代码如下。

```
<?php
  header("Content-Type: text/html;charset=utf8");
  echo "尊敬的用户你好，你输入的信息如下：<br />";
  echo "你的名字是：$_POST[uname]<br />";
  //下面三行代码取代原 4-1.php 中的第 4 行代码
  if ( isset($_POST['sex']) ) {
    echo "你的性别是：$_POST[sex]<br />";
```

```
    }
    echo "你的年龄是：$_POST[age]<br />";
    echo "密码：$_POST[psd1]<br />";
    echo "你喜欢的颜色是：$_POST[color]<br />";
    //下面四行代码取代原 4-1.php 中的第 8 行代码
    if ( isset($_POST['like']) ) {
      $like=implode(" ",$_POST['like']);
      echo "你的兴趣爱好是：$like<br />";
    }
    echo "个人介绍为：$_POST[jieshao]<br />";
?>
```

4.3 文件上传功能实现

需要解决的核心问题

- 实现文件上传时，表单中需要进行的基本设置有哪些？
- 系统内置数组$_FILES 是几维数组？使用的键名有哪几个？
- 如何将上传到服务器端的文件按照指定名称存储到指定位置？
- 实现多文件上传时，如何获取上传的所有文件的信息？
- 如何将上传文件名中的汉字编码由 UTF-8 转换为 GB2312？
- 如何设置 php.ini 文件以实现大文件的上传功能？

很多动态网站中都需要使用上传文件的功能，本节讲解实现单文件和多文件上传时，在浏览器端和服务器端需要完成的相关操作。

说明：*在 PHP 中默认上传文件的大小不能超出 2MB，若要上传大文件，需要进行专门设置。*

4.3.1 浏览器端的功能设置

浏览器端必须能够上传文件，需要进行以下几方面设置。

（1）在表单标记<form>中设置 enctype 属性值为 multipart/form-data，enctype="multipart/form-data"的作用是设置表单的 MIME 编码，默认情况下，这个编码格式是 application/x-www-form-urlencoded，不能用于上传文件，只有设置 multipart/form-data 编码格式，才能完成文件数据的传递；另外完成文件上传时，表单中 method 属性取值需要设置为 post。

（2）action 属性必须指定能够接收并处理上传文件的 PHP 文件。

（3）必须在表单界面中增加文件域元素，使用<input>标记的 type 属性值“file”来生成文件域元素，该元素需要设置 name 属性的取值。

微课 4-2　文件上传服务器端的功能设置

4.3.2 服务器端的功能设置

1. 系统内置数组$_FILES

从浏览器端将文件上传到服务器端之后，该文件默认存放在系统盘符下的、存放临时文件的文件夹中，文件的名称也采用了临时名称形式，需要从系统数组$_FILES 中获取到上传文件的名称、类型、大小、临时位置、临时名称等相关信息，从而进一步将上传的文件以指定的存储位置和存储名称存储。

系统内置数组$_FILES 是一个二维关联数组，第一个维度的键名是表单界面中文件域元素 name 属性的取值，若是存在多个文件域元素，则它们的 name 属性取值都各不相同；第二个维度的键名则是由系统提供的固定键名，常用的有 name、type、size、tmp_name 和 error。

假设文件域元素 name 属性取值为 file1，则系统数组$_FILES 的各个元素的用法和说明如下。

$_FILES["file1"]["name"]：表示被上传文件的名称。

$_FILES["file1"]["type"]：表示被上传文件的类型。

$_FILES["file1"]["size"]：表示被上传文件的大小，以字节计。

$_FILES["file1"]["tmp_name"]：表示存储在服务器中的临时文件的位置及名称。

$_FILES["file1"]["error"]：表示由文件上传导致的错误代码。

2. 函数 move_uploaded_file()

文件上传之后以临时文件名方式保存在临时文件夹下，需要将其移至指定的位置按照指定的名称来保存，实现这一功能要使用函数 move_uploaded_file()。

函数格式：move_uploaded_file（参数 1，参数 2）

参数说明：

参数 1 需要使用$_FILES["file"]["tmp_name"]的内容，表示存储在服务器上的文件的临时副本名称。

参数 2 通常使用“文件夹/文件名”形式指定文件上传之后的存储位置及存储名称，其中，文件夹最好创建在当前页面文件所在的位置，文件名则使用$_FILES["file"]["name"]来获取。

观察下面三行代码的作用。

```
$ftmpname = $_FILES["file1"]["tmp_name"]; //获取上传文件的临时存储位置和名称信息，保存在变量$ftmpname 中
$fname = $_FILES["file1"]["name"]; //获取上传文件的名称信息，保存在变量$fname 中
move_uploaded_file($tmpname, "upload/$name"); //将文件以原名称存储在 upload 文件夹中
```

注意：函数 move_uploaded_file()只支持 GB2312 或者 GBK 编码，并不支持 UTF-8 编码，若是页面字符集编码类型是 UTF-8，并且上传的文件名称包含汉字，该函数将无法成功执行，因此，在使用该函数之前，需要先使用 iconv()函数转换名称中的汉字编码来解决问题，应用 iconv()函数之后的代码如下。

```
$fname = iconv("UTF-8", "GB2312", $_FILES["file1"]["name"]);
move_uploaded_file($_FILES["file1"]["tmp_name"], "upload/$fname")。
```

4.3.3 简单文件上传实例

1. 创建 html 文件

编写文件 up.html，设计文件上传界面，界面中只需要包含表单的一个文件域元素、一个 submit 类型按钮和一个 reset 类型按钮即可。界面效果如图 4-6 所示。

图 4-6　上传文件界面

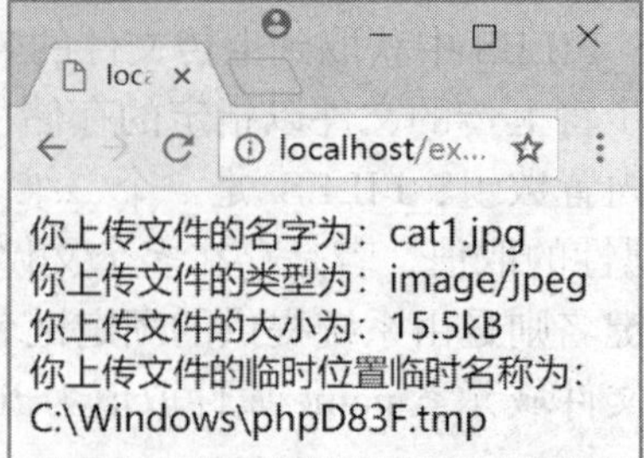

图 4-7　显示上传文件信息的界面

代码如下。

```
<html>
<head>
<meta http-equiv="Content-Type" content="text/html; charset=utf-8" />
<title>无标题文档</title>
</head>
<body>
<form action="up.php" method="post" enctype="multipart/form-data">
  <p>文件上传地址：<input type="file" name="file1" id="file1" /></p>
  <p><input type="submit" value=" 上 传" />
     <input type="reset" value=" 重 置" /></p>
</form>
</body>
</html>
```

2. 创建 PHP 文件

编写程序 up.php，在页面中显示上传文件的名称、文件的类型、文件的大小（以 KB 表示）、临时文件的名称等内容。界面效果如图 4-7 所示。

将被上传的文件保存到文件夹 upload 中，该文件夹必须与文件 up.php 在同一个文件夹内。

代码如下。

```
<?php
  header("Content-Type: text/html;charset=utf8");
  $name = $_FILES['file1']['name'];
  $type = $_FILES['file1']['type'];
  $size = round($_FILES['file1']['size']/1024, 2) . "kB";
  $tmpname = $_FILES['file1']['tmp_name'];
  echo "你上传文件的名字为：" . $name."<br />";
  echo "你上传文件的类型为：" . $type."<br />";
  echo "你上传文件的大小为：" . $size."<br />";
  echo "你上传文件的临时位置临时名称为：" . $tmpname."<br />";
  $name1 = iconv("UTF-8", "GB2312", $name);
  move_uploaded_file($tmpname, "upload/$name1");
?>
```

代码解释：

第 2 行，设置文件中使用的字符集是 UTF-8。

第 3 行，获取上传文件的名称，保存在变量$name 中。

第 4 行，获取上传文件的类型信息，保存在变量$type 中。

第 5 行，使用$_FILES['file1']['size']获取到上传文件的大小，默认是字节数，使用字节数除以 1024，得到千字节数。使用 round($_FILES['file1']['size']/1024, 2)函数将计算结果四舍五入之后保留两位小数。

第 6 行，获取上传文件临时存储信息，保存在变量$tmpname 中。

第 11 行，使用 iconv()函数将文件名称中汉字的编码由 UTF-8 转换为 GB2312。

第 12 行，将上传文件保存到指定的文件夹 upload 中。

4.3.4 上传并显示头像功能实现

在例题 4-1 中增加上传并显示头像的功能。

1. 修改 4-1.html 文件

在页面内容“个人介绍”行下面增加一行，运行效果如图 4-8 所示。

图 4-8 上传头像文件部分页面内容

修改<form>标记，增加允许上传文件的属性及取值：enctype="multipart/form-data"。

在原页面代码“个人介绍”所在表格行的下方增加新的行，代码如下。

```
……
<tr>
    <td height="60">请上传头像文件：</td>
    <td><input type="file" name="tximg" id="tximg"></td>
    <td>必须上传头像文件</td>
</tr>
……
```

2. 修改 4-1.php 文件

在输出个人介绍信息之后增加代码完成如下任务。

（1）获取上传文件的名称。

（2）获取上传文件的副本信息。

（3）将上传的文件存储到当前页面文件同位置的文件夹 upload 中（实际操作时需要先创建该文件夹）。

（4）显示上传图片文件的名称信息。

（5）显示上传的图片文件的内容。

代码如下。

```
……
$tximg = $_FILES['tximg']['name'];
$tmpname = $_FILES['tximg']['tmp_name'];
```

```
3: $tximg1 = iconv("UTF-8", "GB2312", $tximg);
4: move_uploaded_file($tmpname, "upload/" . $tximg1);
5: echo "你的头像文件名称是：$tximg<br />";
6: echo "你的头像图片是：<img src='upload/$tximg'>";
......
```

注意：第 3 行内容将文件名称的编码改为 GB2312 之后保存在变量$tximg1 中，只将该变量应用在函数 move_uploaded_file()中，而第 5 行显示文件名称和第 6 行显示图片，仍要使用转换编码之前的文件名变量$tximg。

运行修改之后的 4-1.html 文件，输入相应内容，单击提交按钮之后得到图 4-9 所示的运行结果。

图 4-9　显示上传头像照片之后的运行效果

4.3.5　多文件上传

1．multiple 属性的应用

multiple 属性是 HTML 5 为表单元素提供的新属性，该属性为布尔类型，不需要指定属性值，添加之后规定输入域中可选择多个值。

修改 4.3.3 中创建的 up.html 文件，在文件域元素中增加属性 multiple，另外实现多文件上传时，文件域元素 name 属性值需要带有数组标志[]，即要将文件域元素 name 属性值由原来的 file1 改为 file1[]。

在运行过程中，选择多个文件的说明如下。

同时选择的多个附件要求位于同一个文件夹中，否则无法实现多选。

选择多个文件时，可以按住 Shift 键连续多选，也可以按住 Ctrl 键任意多选，或者直接拖曳鼠标进行多选。

2．服务器端接收并保存多个文件

多文件上传时，$_FILES["file1"]["name"]获取到的是由上传的所有文件的名称形成的数组，$_FILES["file1"]["type"]获取到的是由上传的所有文件的类型形成的数组，$_FILES["file1"]["tmp_name"]获取到的是由上传的所有文件的临时存储信息形成的数组，$_FILES["file1"] ["size"]获取到的是由上传的所有文件的大小形成的数组。

数组元素的个数，也就是一次性上传的文件的个数，通过函数 count()来获取。

数组元素$_FILES["file1"]["name"][0]保存的是上传的第一个文件的名称。

处理上传文件时需要通过循环来完成。

修改页面文件 up.php，输出上传的所有文件名称，并将所有文件保存到与文件 up.php 同级的文件夹 upload 中。

代码如下。

```
<?php
  header("Content-Type: text/html;charset=utf8");
  $fnameGrp = $_FILES['file1']['name'];
  $tmpnameGrp = $_FILES['file1']['tmp_name'];
  $fcount = count($fnameGrp);
  echo "上传的文件有：";
  for ( $i = 0; $i < $fcount; $i++ ) {
      echo "$fnameGrp[$i]<br />";
      $fname = iconv("UTF-8", "GB2312", $fnameGrp[$i]);
      move_uploaded_file($tmpnameGrp[$i], "upload/$fname");
  }
?>
```

4.3.6 大文件上传

PHP 中默认能够上传的文件的大小不超过 2MB，若是选择上传的文件大小超过 2MB，则文件上传操作无法成功完成。修改配置文件 php.ini 可以实现大文件的上传，需要修改的配置项有两项，分别是 upload_max_filesize 和 post_max_size。

1. 修改 upload_max_filesize 配置

upload_max_filesize 配置设置的是允许上传文件大小的最大值，默认为 2MB，根据需要设置为合适的大小，例如改为 20MB。

在 php.ini 文件中查找该配置，如图 4-10 所示。

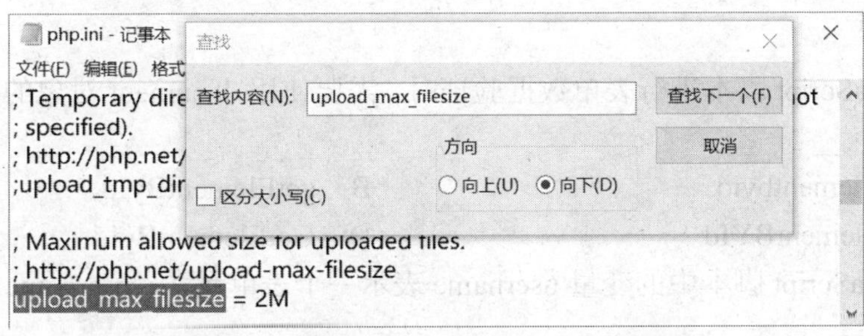

图 4-10 查找 upload_max_filesize 配置

将图 4-10 中 upload_max_filesize 取值 2M 改为 20M。

2. 修改 post_max_size 配置

该配置项用于控制在采用 POST 方法提交一次表单中，PHP 能够接收的最大数据量，默认为 8MB。如果希望使用 PHP 文件上传功能，则该配置项的取值必须大于配置项 upload_max_filesize 的取值，例如改为 50MB。

在 php.ini 文件中查找该配置项，如图 4-11 所示。

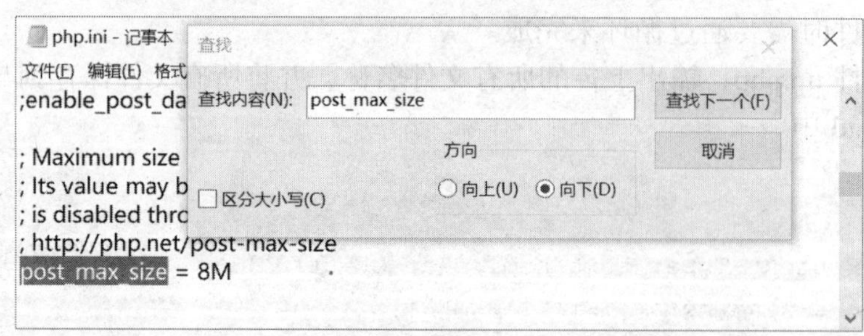

图 4-11　查找 post_max_size 配置

将图 4-11 中 post_max_size 配置的取值 8M 改为 50M。

完成上述修改之后，即可上传大小不超过 20MB 的文件。

4.4　小结

任务 4 的内容将动态网页中的表单数据提交和静态网页中的表单设计、表单数据验证有效结合起来，让读者深刻理解先进行表单数据验证之后再向服务器提交表单数据的重要性和操作流程。

在提交表单数据时，分别讲解了提交文本框、密码框等表单元素数据的做法，继而讲解了复选框数据的提交与处理，还介绍了单选按钮和复选框未选择而提交数据时存在的问题及处理方法。

任务的最后讲解了文件上传功能的实现过程，包括单文件、多文件及大文件上传的实现方法。

任务 4 的学习能够帮助读者在项目开发中轻松实现表单设计、表单数据验证和表单数据提交等相关功能。

4.5　习题

一、选择题

1．使用 JavaScript 脚本进行表单数据验证时，需要使用 document 对象的哪个方法来获取表单元素？________

A．getElementbyid　　B．getElementById

C．getElementBYId　　D．GetElementById

2．假设 JavaScript 脚本中的变量 username 表示一个表单元素，username.value 中的 value 是该元素的一个________。

A．属性　　B．方法　　C．实例　　D．以上都不正确

3．在<form>标记中使用事件属性 onsubmit 调用验证函数时，函数名前面 return 的作用是________。

A．阻止函数继续执行下去

B．没有任何意义，可以去掉

C．当用户输入的数据不符合要求时，阻止非法数据提交给服务器

D．以上说法都不正确

4．关于系统数组$_POST 和$_GET，下面说法中错误的是_______。

A．表单数据可以提交到系统数组$_POST 或者$_GET 当中

B．系统数组$_POST 或者$_GET 使用的键名必须是表单元素 name 属性的取值

C．系统数组$_GET 只能接收保存表单元素提交的数据

D．系统数组$_POST 只能接收保存表单元素提交的数据

5．若表单标记<form>中 method 属性取值为 post，存在一个复选框组，name 属性取值为 intr[]，则下列说法中正确的是_______。

A．在服务器端使用$_POST['intr[]']获取复选框组提交的数据

B．$_POST['intr']是一个数组，该数组中元素的个数与表单复选框组中复选框的个数相同

C．$_POST['intr']是一个数组，数组元素的个数与用户选择的复选框个数相同

D．$_POST['intr']是一个普通数据

6．若是在表单标记<form>中存在 action="4-1.php"和 onsubmit="return validate();"，下面说法错误的是_______。

A．函数 validate()的调用和文件 4-1.php 的执行都是在单击 submit 按钮之后进行的

B．单击 submit 按钮之后，先执行函数 validate()，当所有数据都符合要求之后再运行文件 4-1.php

C．单击 submit 按钮之后，先执行文件 4-1.php，再执行函数 validate()

D．以上说法中有一条是错误的

7．上传文件时，需要在<form>标记中设置属性 enctype 的取值为_______。

A．multipart/form-data　　B．text/plain

C．application/x-www-form-urlencoded　　D．以上都不是

8．关于函数 move_uploade_file()，下列说法错误的是_______。

A．该函数需要指定两个参数

B．第二个参数需要同时指定文件存储的位置和要保存文件的名称

C．第一个参数需要指定文件的临时存储位置和临时名称

D．以上说法都是错误的

9．关于系统数组$_FILES，第二个维度键名不包含下面哪一项？_______

A．tmpname　　B．size　　C．name　　D．type

10．代码 round($_FILES['file1']['size']/1024, 2)的作用是_______。

A．获取以 KB 为单位的文件长度值，并且保留 2 位整数

B．获取以 KB 为单位的文件长度值，并且在四舍五入后保留两位小数

C．获取以 KB 为单位的文件长度值，舍弃所有小数部分的数据

D．以上说法都不正确

11．判断服务器端是否存在某个元素的函数是_______。

A．isset()　　B．iset()　　C．iiset()　　D．isett()

二、填空题

1．在 JavaScript 中，获取一个字符串的长度需要使用的属性是______________。

2．提交表单数据时，若 method 取值为 post，则数据保存到系统数组______________中，若 method 取值为 get，则数据保存到系统数组______________中。

3．建立表单页面的 HTML 文件与接收处理表单数据的 PHP 文件之间的关联需要使用标记<________>内部的属性______________。

4．生成文件域元素时，表单输入元素<input>中 type 属性的取值是______，服务器端接收上传文件时需要使用的系统数组是______________。

5．实现多文件上传时，文件域元素内部需要使用属性______________指定允许上传多个文件。

第二部分

核 心 篇

说明：核心篇中任务 5～任务 8 的学习过程主要围绕 163 邮箱中部分功能的实现过程来展开，包括邮箱账号的注册、图片验证码的使用、邮箱的登录、写邮件（含有附件）、收邮件、阅读邮件、删除和彻底删除邮件等任务；任务 9 的学习过程主要围绕对文本文件的访问过程来展开。

整个邮箱项目中需要创建的 HTML 文件、PHP 文件、JavaScript 脚本文件和 CSS 样式文件比较多，建议读者在 Web 服务器根目录下面创建一个独立的文件夹，如 email，用于存放邮箱项目中需要的所有素材文件以及将要创建的所有文件。

需要的图片素材请登录 www.ryjiaoyu.com 下载。

任务 5 163 邮箱注册功能实现

在实现邮箱注册功能的过程中，需要讲解的相关知识点包括：使用 PHP 的图像处理函数创建生成图片验证码、图片验证码在页面中的插入与刷新、实现图片验证码的验证及表单数据的回填功能、使用 session 机制在网站不同页面文件间传递数据、创建与操作 MySQL 数据库、PHP 中访问 MySQL 数据库的常用方法等。

任务说明

实现注册功能的任务中需要完成如下 6 个功能。

（1）设计注册账号的表单界面。

（2）对用户注册的表单数据进行合法性验证。

（3）创建图片验证码。

（4）将图片验证码应用在页面中并能实现其刷新和验证功能。

（5）创建 MySQL 数据库 email 和数据表 usermsg。

（6）使用 Ajax 对用户注册的账号进行查重操作，确定无重复后允许注册保存。

5.1 简单注册功能实现

需要解决的核心问题

- 如何设计验证码的“看不清楚？换一张”文本的样式？
- 如何定义手机号合法性验证时使用的正则表达式？

这里的简单注册功能是指不使用验证码进行验证，也没有把注册数据保存到数据库中，只是设计注册界面，完成界面中的数据验证并提交到服务器端进行简单输出的过程。

5.1.1 邮箱注册界面设计

创建页面文件 zhuce.html，设计图 5-1 所示的 163 邮箱注册界面（说明：本小节中不需要增加验证码的应用，验证码的创建和应用将在 5.2.3 中完成）。

完成邮箱注册时，将表单标记<form>中的 method 属性取值设置为 post，因此获取表单元素数据时使用的系统数组是$_POST。

1．页面布局

整个页面布局使用了上下排列的 3 个 div，分别使用类选择符.divshang、.divzhong 和.divxia 定义样式，3 个 div 的排列关系如图 5-2 所示。

*邮件地址 @163.com
6~18个字符，包括字母、数字、下划线，字母开头、字母或数字结尾
*密码
6~16个字符，区分大小写
*确认密码
请再次输入密码
手机号码
密码遗忘或被盗时，可通过手机短信取回密码
*验证码
请输入图片中的字符 看不清楚？换一张
立即注册

图 5-1 163 邮箱注册界面

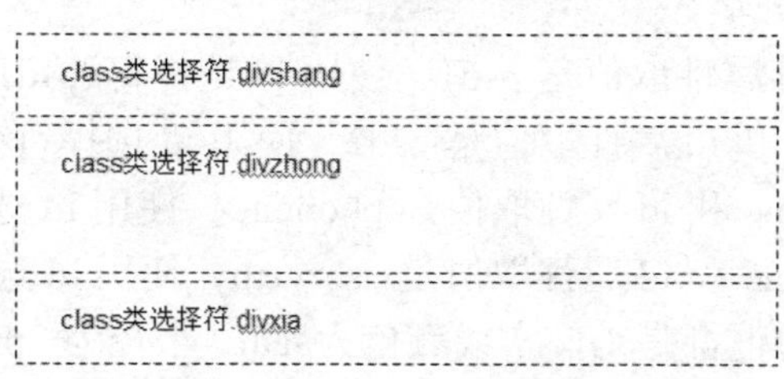

图 5-2 邮箱注册页面布局使用的 div 结构

2. 3 个 div 的样式

3 个 div 的样式要求如下。

类选择符.divshang：宽度为 965px，高度为 55px，填充为 0，上下边距为 0、左右边距为 auto，背景图为 wbg_shang.jpg。

类选择符.divzhong：宽度为 965px，高度为 auto，上填充为 30px、其他填充为 0，上下边距为 0、左右边距为 auto，背景图为 wbg_zhong.jpg。

类选择符.divxia：宽度为 965px，高度为 15px，填充为 0，上下边距为 0、左右边距为 auto，背景图为 wbg_xia.jpg。

3. 表格及文字样式要求

在元素<div class="divzhong">内部，使用 6 行 2 列的表格排列表单元素和各种文字内容，表格要求如下。

（1）表格宽度为 600px，在元素<div class="divzhong">内部居中，单元格边距和单元格间距都是 0。

（2）表格左侧列样式使用类选择符.td1 定义，宽度为 150px，高度为 60px，文本字号为 12pt，文本在水平方向靠右对齐，在垂直方向顶端对齐。

（3）表格右侧列样式使用类选择符.td2 定义，宽度为 450px，文本字号为 10pt，文本在垂直方向顶端对齐。

表格右侧列中用来提示表单数据要求的文字都使用段落来添加，需要使用包含选择符 table .td2 p 来定义样式，具体要求为：上边距为 8px，其他边距为 0，文本颜色为灰色#666。

包含选择符 table .td2 p 定义的样式用于控制表格中单元格<td class="td2">内的段落效果。

思考问题：

在选择符 table .td2　p 中设置上边距为 8 px 的意义是什么？

解答：

段落的默认上下边距大约为 10px，而且在不同浏览器中的默认取值有所不同，为了保证效果的美观性，直接将其设置为固定值 8px。

验证码文本框下面的文字“看不清楚？换一张”设置要求：使用标记<span>…</span>定界该文本块，使用包含选择符 table .td2 span 定义样式：文本颜色为蓝色#00f、带下画线、鼠标指向文本时显示为手状。

4．表单元素要求

（1）邮件地址文本框 name 和 id 属性取值是 emailaddr，使用 id 选择符#emailaddr 定义样式。

（2）密码框 name 和 id 属性取值是 psd1，使用 id 选择符#psd1 定义样式。

（3）确认密码框 name 和 id 属性取值是 psd2，使用 id 选择符#psd2 定义样式。

（4）手机号文本框 name 和 id 属性取值是 phoneno，使用 id 选择符#phoneno 定义样式。

（5）验证码文本框 name 和 id 属性取值是 useryzm，使用 id 选择符#useryzm 定义样式。

（6）所有表单元素的边框都是 1px 实线颜色为#aaf、半径为 2px 的圆角效果；邮件地址文本框、验证码文本框宽度为 220px，两个密码框和手机号文本框宽度为 320px。

5．样式文件代码

创建样式文件 zhuce.css，输入如下代码。

```
.divshang{width:965px; height:55px; padding:0px; margin:0 auto;
background:url(images/wbg_shang.jpg);}
.divzhong{width:965px; height:auto; padding:40px 0px 0px; margin:0 auto;
background:url(images/wbg_zhong.jpg);}
.divxia{width:965px; height:15px; padding:0px; margin:0 auto;
background:url(images/wbg_xia.jpg);}
table  .td1{width:150px; height:60px; font-size:12pt; text-align:right;
vertical-align: top;}
table  .td2{width:450px; font-size:10pt; vertical-align: top;}
table  .td2  p{ margin:8px 0 0 0;color:#666;}
table  .td2  span{text-decoration:underline; color:#00f; cursor:pointer;}
#psd1, #psd2, #phoneno{width:320px; border:1px solid #aaf;
border-radius:2px;}
#emailaddr, #useryzm{width:220px; border:1px solid #aaf;
border-radius:2px;}
```

6．页面文件代码

在页面文件 zhuce.html 的<head>…</head>之间使用 link 标记引用样式文件。

```
<link rel="stylesheet" type="text/css" href="zhuce.css" />
```

页面主体代码如下。

```
<body>
```

```
2:  <div class="divshang"></div>
3:  <div class="divzhong">
4:   <form id="form1" name="form1" method="post" action="">
5:    <table width="600"  align="center" cellpadding="0" cellspacing="0">
6:       <tr><td class="td1">*邮件地址</td>
7:           <td class="td2">
8:             <input name="emailaddr" type="text" id="emailaddr" required pattern="[a-zA-Z][a-zA-Z0-9_]{5,17}" />@163.com
9:             <p>6～18个字符，包括字母、数字、下画线，字母开头、字母或数字结尾</p></td></tr>
10:      <tr><td class="td1">*密码</td>
11:           <td class="td2">
12:             <input name="psd1" type="password" id="psd1" required pattern="[a-zA-Z0-9_!@#$%^&*]{6,16}" />
13:             <p>6～16个字符，区分大小写</p></td></tr>
14:      <tr><td class="td1">*确认密码</td>
15:          <td class="td2">
16:             <input name="psd2" type="password" id="psd2" />
17:             <p>请再次输入密码</p></td></tr>
18:      <tr><td class="td1">手机号码</td>
19:          <td class="td2">
20:              <input name="phoneno" id="phoneno" pattern="1[3|5|7|8][0-9]{9}"/>
21:             <p>密码遗忘或被盗时，可通过手机短信取回密码</p></td>
22:      </tr>
23:      <tr><td class="td1">*验证码</td>
24:          <td class="td2">
25:              <input name="useryzm" type="text" id="useryzm" />
26:              <p>请输入图片中的字符 <span>看不清楚？换一张</span></p></td></tr>
27:       <tr><td class="td1"> </td>
28:            <td class="td2">
29:              <input type="submit"  value="立即注册" /></td></tr>
30:    </table>
31:   </form>
32: </div>
33: <div class="divxia"></div>
34: </body>
```

代码解释：

第 8 行，使用属性 required 设置邮件地址必须输入，即不允许为空；使用正则表达式属性 pattern="[a-zA-Z][a-zA-Z0-9_]{4,16}[a-zA-Z0-9]"设置邮件地址中的第一个字符必须是小写或大写字母，后面 4～16 个字符可以是字母、数字或下画线，最后一个字符只能是字母或数字，符合个数限制和格式要求。

第 12 行，使用属性 pattern="[a-zA-Z0-9_!@#$%^&*]{6,16}"设置密码字符可以包含的字符及字符个数范围。

第 20 行，使用属性 pattern="1[3|5|7|8][0-9]{9}"设置手机号中的第一个字符必须是数字 1，第二个字符可以是数字 3、5、7 或 8，后面 9 个字符可以是任意的数字。

5.1.2 使用 JavaScript 验证注册数据

1. 验证要求

在 zhuce.html 文件的表单元素中已经使用 HTML 5 自带的数据合法性验证功能对邮件地址、密码、手机号等数据进行了合法性验证，因此这里只需要对确认密码进行数据验证，要求两次输入密码必须相同。

2. 脚本文件代码

创建脚本文件 zhuce.js，在其中定义函数 validate()，完成上述功能要求，代码如下。

```
1: function validate(){
2:   var psd1Val = document . getElementById('psd1') . value;
3:   var psd2 = document . getElementById('psd2');
4:   var psd2Val = psd2 . value;
5:   if ( psd2Val != psd1Val ) {
6:       alert("两次密码必须一致");
7:       psd2 . focus();
8:       return false;
9:   }
10: }
```

代码解释：

第 7 行，使用 focus()方法将光标放入确认密码框中，为重新输入确认密码做准备。

脚本文件引用和函数调用如下。

在页面文件 zhuce.html 的<head>…</head>之间使用代码<script type= "text/JavaScript" src="zhuce.js"></script>引用脚本文件，之后在<form>标记内部增加代码 onsubmit="return validate();"即可完成函数的调用过程。

5.1.3 服务器端获取并输出注册数据

创建文件 zhuce.php，编写代码获取 zhuce.html 页面中 emailaddr 文本框、psd1 密码框、phoneno 文本框提交的数据，分别使用变量$emailaddr、$psd 和$phoneno 保存，最后使用 echo 语句按照如下格式输出获取的数据。

尊敬的用户您好，您注册的信息如下：

邮箱地址是：×××

密码是：×××

手机号是：×××

代码如下。

```
<?php
```

```
$emailaddr = $_POST['emailaddr'];
$psd = $_POST['psd1'];
$phoneno = $_POST['phoneno'];
echo "尊敬的用户您好，您注册的信息如下：<br />";
echo "邮箱地址是：$emailaddr<br />";
echo "密码是：$psd<br />";
echo "手机号是：$phoneno<br />";
?>
```

修改 zhuce.html，在<form>标记中增加 action="zhuce.php"代码，将 zhuce.php 文件关联到 zhuce.html 文件中，以便在单击“立即注册”按钮时运行 zhuce.php 文件。

5.2 使用图片验证码

需要解决的核心问题

- PHP 中完成创建图像、调配颜色、填充图像、设置像素颜色、画直线等操作的图像处理函数分别是什么？各自需要几个参数？
- 如何创建并输出包含指定个数的随机字符的图片验证码？
- 如何将图片验证码插入页面指定位置并根据需要进行刷新？
- session 机制的作用是什么？如何启用 session？如何使用 session？
- 判断验证码的正确性需要在浏览器端还是服务器端进行？需要注意什么问题？
- 如何实现表单数据的回填？
- 一个 PHP 文件中如何引用另一个 PHP 文件或者 HTML 文件？

不少网站为了防止用户利用机器人自动注册、登录、灌水，都采用了验证码技术。所谓验证码，就是将一串随机产生的数字或符号，生成一幅图片，图片里加上一些干扰像素或者干扰直线，由用户肉眼识别其中的验证码信息，输入表单元素中提交给服务器进行验证，验证成功后才能使用某项功能。

在 PHP 中提供了大量的图像处理函数，可以使用这些函数直接创建并输出验证码图片。

5.2.1 PHP 的图像处理函数

PHP 的图像处理函数都封装在一个函数库中，即 GD 库，GD 库默认存放在 PHP 安装目录的 ext 子目录下，名为 php_gd2.dll，在 PHP 7 中，php_gd2.dll 默认已经自动载入，不需要专门配置。

PHP 提供的图像处理函数有 100 多个，此处只介绍其中几个用于生成图片验证码的函数。

1. imagecreatetruecolor()函数

作用：创建一幅真彩色图像。

格式：imagecreatetruecolor (int w_size, int h_size)。

说明：imagecreatetruecolor()函数返回一个图像标识符，代表了一幅宽为 w_size、高为 h_size 的黑色图像。

例如，imagecreatetruecolor (100, 50)表示创建一幅宽 100px、高 50px 的图像，图像的背

景默认为黑色。

2. imagecreate()函数

作用：新建一个基于调色板的图像。

格式：imagecreate (int w_size, int h_size)。

说明：imagecreate()返回一个图像标识符，代表了一幅宽 w_size、高 h_size 的空白图像。

3. imagecolorallocate()函数

作用：为一幅图像分配颜色。

格式：imagecolorallocate (image, int red, int green, int blue)。

参数说明：

参数 image 表示使用 imagecreate()函数或者 imagecreatetruecolor()函数创建返回的图像标识符。

参数 red、green 和 blue 分别代表红绿蓝三原色分量值，取值范围为十进制 0 ~ 255 的数字，或者十六进制 0x00 ~ 0xFF 的数值。

该函数返回一个标识符，代表了由给定的红绿蓝颜色分量组成的颜色。

imagecolorallocate()函数用于设置在指定的图像中可以使用的颜色，在创建图像的 PHP 文件中会多次出现，若生成图像时使用的是函数 imagecreate()，则 imagecolorallocate()函数第一次出现时除了创建指定的颜色之外，还要将该颜色设置为图片的背景色，之后可随意设置要用于文本或图形元素的颜色。

例如，$white = imagecolorallocate($img1 , 255 , 255 , 255)表示为图像$img1 创建的颜色为白色，并且使用变量$white 表示。

4. imagefill()函数

作用：使用指定的颜色填充指定的区域。

格式：imagefill (resource image, int x, int y, int color)。

说明：imagefill()在指定图像的坐标 *x*, *y*（图像左上角坐标 0, 0）处用 color 颜色填充区域。

例如，imagefill($img1, 0, 0, $white)表示使用白色填充图像$img1 的整个区域。

5. imagesetpixel()函数

作用：设置一个单一像素的颜色。

格式：imagesetpixel (resource image, int x, int y, int color)。

说明：imagesetpixel()在 image 图像中用 color 颜色设置 *x*，*y* 坐标位置指定的像素。

例如，imagesetpixel($img1, 2, 3, $black)把图像$img1 中坐标(2, 3)位置上的像素设置为黑色，$black 是事先使用 imagecolorallocate()函数创建的黑色标识符。

6. imageline()函数

作用：画一条线段。

格式：imageline (resource image, int x1, int y1, int x2, int y2, int color)。

说明：imageline()用 color 颜色在图像 image 中从坐标 (*x*1, *y*1)到(*x*2, *y*2)画一条线段。

例如，imageline (resource image, 1, 1, 15, 18, $black)在图像$img1 中从（1, 1）坐标开始到（15, 18）坐标处画一条黑色直线。

7. imagettftext()函数

作用：用于在指定的图像中输出任意字符，可以是数字、字母或汉字。

格式：imagettftext (resource image, int fontsize, int angle, int x, int y, int color, string fontfile, string text)

参数说明：

参数 fontsize 定义要显示的字符的字号。

参数 angle 定义要显示的字符的角度，0 度为从左向右阅读文本（3 点钟方向），更高的值表示逆时针方向（即如果值为 90 则表示从下向上阅读文本）。

参数 x 和 y 是字符的坐标（该坐标表示的是字符的左下角坐标值）。

参数 color 定义字符的颜色。

参数 fontfile 指定选用的字体。

参数 text 指定即将输出的字符。

8. imagepng()函数

作用：以 PNG 格式将图像输出到浏览器或文件。

格式：imagepng (resource image [, string filename])。

说明：imagepng()将指定的图像 image 以 PNG 格式输出到标准输出设备（通常为浏览器），或者如果用 filename 给出了文件名，则将其输出到该文件。

另外，将指定的图像以 GIF 格式输出到标准输出设备，使用函数 imagegif()，以 JPEG 格式输出，则使用函数 imagejpeg()。

9. imagedestroy()函数

作用：销毁一幅图像。

格式：imagedestroy (resource image)。

说明：imagedestroy()释放与 image 关联的内存。

5.2.2 创建图片验证码

1. 创建字符图片验证码

微课 5-1 产生字符创建图像

微课 5-2 处理字符并输出

创建一幅宽 100px、高 25px 的图像，设置图像的背景为白色，在图像中通过随机产生坐标的方式设置 100px 为黑色作为干扰像素，通过随机产生起始和结束坐标的方式输出两条黑色直线作为干扰直线，图像中要显示 4 个验证码字符，包括 26 个大写英文字母和 10 个数字字符的任意组合；每个字符都以随机产生的角度（这里要求是–45° ~ 45° 的范围）、随机产生的颜色以及随机产生的位置输出到图像中。

不同角度输出字符的效果如图 5-3 所示。

–45°的倾斜效果

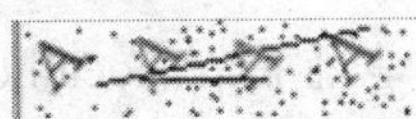
45°的倾斜效果

0°的倾斜效果

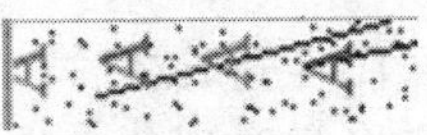
90°的倾斜效果

图 5-3 不同角度输出字符的效果

创建文件 yzm.php，代码如下。

```
<?php
 header('Content-type:image/png');
 $image_w = 100;
 $image_h = 25;
 $number = range(0,9);
 $character = range("Z" , "A");
 $result = array_merge($number , $character);
 $string = "";
 $len = count($result);
 for ($i = 0; $i < 4; $i++) {
     $index = rand(0, $len - 1);
     $string = $string.$result[$index];
 }
 $img1 = imagecreatetruecolor($image_w, $image_h);
 $white = imagecolorallocate($img1, 255, 255, 255);
 $black = imagecolorallocate($img1, 0, 0, 0);
 imagefill($img1, 0, 0, $white);
 $fontfile = "times.ttf";
 for ($i = 0; $i < 100; $i++) {
     imagesetpixel($img1, rand(0, $image_w), rand(0, $image_h), $black);
 }
 for ($i = 0; $i < 2; $i++) {
     imageline($img1, mt_rand(0, $image_w), mt_rand(0, $image_h),
     mt_rand(0, $image_w), mt_rand(0, $image_h), $black);
 }
 for ($i = 0; $i < 4; $i++) {
   $x = $image_w / 4 * $i + 8;
   $y = mt_rand(16, 19);
   $color = imagecolorallocate($img1, mt_rand(0, 180), mt_rand(0, 180),
   mt_rand(0, 180));
  imagettftext($img1, 14, mt_rand(-45, 45), $x, $y, $color, $fontfile, $string[$i]);
 }
 imagepng($img1);
 imagedestroy($img1);
?>
```

上面代码完成之后，在浏览器地址栏中输入地址 http://localhost/email/ yzm.php 运行该页面文件，将会看到独立的图片验证码效果，若是不断刷新页面，会发现图片中的验证码字符不断发生变化。

注意：

（1）关于 header('Content-type:image/png')。在该页面代码开始处需要使用该函数提示用户即将生成并保存一个 png 文件，而必须在任何实际的输出发送之前调用该函数，因此 yzm.php 文件中不可以在开头和结尾处增加<html>…</html>一类的标记，否则会出现问题，导致无法输出图像效果。

（2）该文件中不可以使用 echo 输出任何字符，否则会与 imagepng()函数产生输出冲突，若是 echo 语句出现在 imagepng()函数之前，会导致两者都无法输出；反之则只能输出图像而无法输出 echo 语句的内容。

代码解释：

第 5 行和第 6 行，使用 range()函数创建了包含数字字符 0 ~ 9 的数组$number 和包含大写英文字母 A ~ Z 的数组$character。

range()函数用于创建一个指定范围的数组，需要指定两个参数，分别表示范围中的最小值和最大值。

第 7 行，使用 array_merge()函数将数组$number 和$character 联合起来，生成包含 36 个字符的数组$result。

array_merge()函数的作用是将一个或多个数组合并成一个大数组，函数的参数是需要合并在一起的一个个数组的名称。

第 8 行，定义字符串变量$string，初始值为空串，用于存放验证码图片中的 4 个字符。

第 10 ~ 13 行，使用循环结构逐个随机生成验证码字符并连接到$string 变量中，其中第 11 行使用函数 rand(0, $len-1)产生 0 ~ 35 的随机整数，并将该数作为$result 数组的数字索引来使用，获得其中一个字符，即随机产生的是字符的数字索引值，例如在上面定义的数组中，若产生的随机数是 34，则得到的字符是“Y”。

rand()函数是 PHP 中提供的用来产生随机数的函数，函数中必须给定两个参数，分别指定产生的随机数所在范围的最小值和最大值。

第 14 行，使用 imagecreatetruecolor()函数创建宽 100px、高 25px 的图像，保存为图像标识$img1。

第 15 行和第 16 行，使用 imagecolorallocate()函数创建在图像中将要使用的白色和黑色两种颜色，分别使用变量$white 和$black 表示。

第 17 行，使用 imagefill()函数将整个图像区域填充为白色（可以看作是白色背景）。

第 18 行，设置输出字符时使用的字体，使用前需要打开系统盘符的 windows/fonts 文件夹，找到 Times New Roman 之后，复制到 yzm.php 文件所在的文件夹中，复制之后文件名称自动变为 times.ttf。

第 19 ~ 21 行，使用循环语句在图像中将 100px 设置为黑色，其中使用 rand(0, $image_w)随机产生 0 ~ 100 的数字作为像素的横坐标，使用 rand(0, $image_h)随机产生 0 ~ 25 的数字作为像素的纵坐标，其中设置的横坐标范围和纵坐标范围是为了保证只对图像内部的像素设置颜色。

第 22 ~ 24 行，使用循环语句在图像中产生两条用于干扰的黑色直线，其中每条线的起始坐标和终止坐标都是随机产生的，并且要约束在画布内部。

第 25 ~ 30 行，使用循环结构逐个输出生成的字符。

第 26 行，用$image_w / 4 * $i + 8 生成字符的横坐标，$image_w / 4 先将整个画布按照宽度划分为 4 个区域，每个区域 25px 宽，使用 25 * $i 之后得到 4 个区域的起点横坐标分别是 0、25、50、75，一个区域中输出一个字符，因为每个字符的输出角度都为−45° ~ 45°，为了保证左侧字符能够完整地显示在画布中，而不会被截去一部分，同时也为了保证字符在倾斜时不会与其左右的字符重叠，需要将每个字符的起点横坐标右移几 px，这里需要右移 8px，因此 4 个字符的起点横坐标分别是 8，33，58 和 83。

第 27 行，用 rand()函数随机生成字符的纵坐标，生成的随机数的范围为 16 ~ 19，即将纵坐标范围控制在 16 ~ 19，将字符的左下角纵坐标约束在这个范围之后，即便字符倾斜显示，也能保证整个字符能够在 25px 高度的区域内完整显示出来。

4 个字符的左下角可使用的坐标区域如图 5-4 中加粗部分所示。

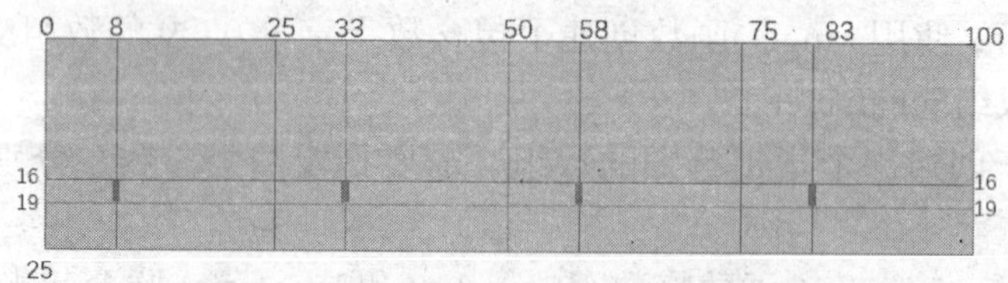

图 5-4　字符的左下角可用的坐标区域

第 28 行，随机生成将要输出的字符的颜色，使用的三原色颜色取值都为 0 ~ 180，这样设计的目的是保证输出的字符颜色不会太浅，避免在白色背景中看不清。

第 29 行，使用 imagettftext()在画布上输出字符，字号 14px，角度为–45° ~ 45° 的随机数，坐标采用第 26 行和第 27 行中生成的坐标值，颜色采用第 28 行生成的颜色值，字体采用第 18 行设置的字体。

第 31 行，使用 imagepng()函数输出生成的图像。

第 32 行，使用 imagedestroy()函数销毁图像，释放内存。

2. 创建汉字图片验证码

一个汉字在 UTF-8 编码下占用 3 个字符的宽度，而在 GB2312 编码下占用 2 个字符的宽度，因此创建汉字验证码时，必须考虑页面中使用的字符集编码的问题，以防出现乱码问题。

使用下面代码前，需要从系统盘符 windows/fonts 文件夹下复制 simhei.ttf 字体文件。

```
<?php
  header("Content-Type: text/html;charset=utf8");
  $result = "国灿吉渗瑞惊顿挤秒悬空烂森糖圣留动闪词迟蚕亿矩";
  $encode = mb_detect_encoding($result,
array("ASCII", "UTF-8", "GB2312", "GBK", "BIG5") );
  if ( $encode != "UTF-8" ) {
      $result = iconv($encode, "UTF-8", $result);
  }
  $string = "";
  $len = strlen($result);
  for ( $i = 0; $i < 4; $i++) {
    $index = rand(0, $len / 3 - 1 ); //随机产生汉字在列表中的序号
    $word[$i] = substr($result, $index * 3, 3);
    $string = $string . $word[$i];
  }
  $_SESSION['string'] = $string;
```

```
16:  header('Content-type:image/gif;');
17:  $w = 100;
18:  $h = 30;
19:  $img = imagecreatetruecolor($w, $h);
20:  $white = imagecolorallocate($img, 255, 255, 255);
21:  $black = imagecolorallocate($img, 0, 0, 0);
22:  imagefill($img, 0, 0, $white);
23:  $fontfile = "simhei.ttf";
24:  for ( $i = 0; $i < 100; $i++ ) {
25:    imagesetpixel( $img, rand(0, $w), rand(0, $h), $black );
26:  }
27:  for ( $i = 0; $i < 2; $i++ ) {
28:    imageline($img, mt_rand(0, $w), mt_rand(0, $h), mt_rand(0, $w), mt_rand(0, $h), $black);
29:  }
30: for ( $i = 0; $i < 4; $i++ ) {
31:    $x = $w / 4 * $i + 6;
32:    $y = rand(18, 22);
33:    $color = imagecolorallocate($img, mt_rand(0, 180), mt_rand(0, 180), mt_rand(0, 180));
34:    imagettftext($img, 14, mt_rand(-45,45), $x, $y, $color, $fontfile, $word[$i]);
35:  }
36:  imagegif($img);
37:  imagedestroy($img);
38: ?>
```

代码解释：

第 2 行，使用 header()设置页面使用的字符集编码是 UTF-8。

第 3 行，定义可以在图片验证码中显示的汉字集合，可以随意增加。

第 4 行，获取当前页面文件采用的字符集编码。

第 5～7 行，判断页面中使用的字符集，若不是 UTF-8，则使用函数将汉字集合转化为 UTF-8 编码形式。

第 9 行，获取$result 中指定的汉字占用的字符宽度（每个汉字占据 3 个字符的宽度）。

第 11 行，随机产生汉字在变量$result 中的序号（从 0 开始），因为在 UTF-8 编码下，每个汉字占据 3 个字符的宽度，所以其序号范围为变量$len 除以 3 之后减去 1。

第 12 行，使用 substr()函数从$result 中获取指定索引的汉字，索引变量$index 代表汉字的序号，乘以 3 之后得到实际的存储位置，从当前位置取 3 个字符，即可得到一个汉字。

5.2.3 图片验证码的插入与刷新

需要解决的问题如下。

（1）生成的图片验证码文件如何插入注册界面中验证码文本框的右侧？

（2）单击“看不清楚？换一张”之后，如何实现验证码的刷新？

1. 图片验证码的插入

图片验证码是以文件的形式保存的，创建时使用的文件名称是 yzm.php，该文件中保存的是已经创建的图片，因此在插入图片验证码时，只需要使用 HTML 中的<img>图像元素即可，具体代码为<img src="**yzm.php**" name="yzm" id="yzm" align="top" />，将这行代码插入页面文件 zhuce.html 代码<input type="text" name="useryzm" id="useryzm" />后面。

因为在刷新验证码时，需要使用脚本获取该图片元素，所以元素的 name 和 id 至少要定义其中一个。

元素<img>中设置的 align="top"，是为了保证与验证码图片在同一行中的文本框能够与图片的顶端对齐，使页面比较美观，也可以使用样式代码设置：#yzm{vertical-align:top;}。

2. 图片验证码的刷新

刷新图片验证码必须在重新运行 yzm.php 文件之后才能完成，使用 http://localhost/email/yzm.php 单独运行该文件时，可以不断单击刷新按钮完成其刷新变化过程，把该文件加载到页面文件 zhuce.html 内部之后，因为页面上可能已经输入了大量其他信息，不能再通过单击刷新按钮刷新 zhuce.html 文件来刷新验证码，因此图片验证码的刷新需要借助于 JavaScript 脚本函数来实现。

在脚本文件 zhuce.js 中新增函数 yzmupdate()，代码如下。

```
1: function yzmupdate(){
2:  document . yzm . src = "yzm.php?" + Math . random();
3: }
```

代码解释：

第 2 行代码中，yzm 是图片元素的 name，使用 document.yzm 可以获取到显示验证码的图片元素，然后设置该元素的 src 属性即可修改所显示的图片内容；此处也可将 document.yzm 更换为 document.getElementById("yzm")，此时引号中的 yzm 是图片元素的 id 属性取值。

代码"yzm.php?" + Math.random()的作用是每次单击“看不清楚？换一张”时都重新加载 yzm.php 文件，通过 Math.random()函数随机产生的数字激活 yzm.php 文件的重新运行，从而获得新的验证码字符并输出。这里强调的是每次加载 yzm.php 文件时都重新激活，相当于独立运行 yzm.php 文件时单击刷新按钮一样。

函数调用：

在页面文件 zhuce.html 代码“<span>看不清楚？换一张</span>”的<span>标记内部增加代码 onclick="yzmupdate();"完成函数的调用过程，当单击文本时，执行函数。

5.2.4 Session 机制的原理与应用

1. zhuce.php 文件的核心问题

zhuce.php 文件的核心问题是判断用户输入的验证码，并根据判断结果完成相应的操作。

注意：判断用户输入的验证码这个过程需要在服务器端完成，而不是在浏览器端完成。

若用户输入的验证码正确，则在页面文件 zhuce.php 中获取并显示用户提交的注册信息（把注册数据插入数据库中的相关知识稍后讲解）。

若输入的验证码错误，则需要在 zhuce.php 文件中实现如下功能。

（1）重新运行页面文件 zhuce.html。

（2）回填邮件地址文本框、密码框、确认密码框和手机号文本框的数据。

（3）在输入验证码的文本框中用红色文本显示提示信息“验证码输入错误，请重新输入”。

验证码输入错误之后的页面效果如图 5-5 所示。

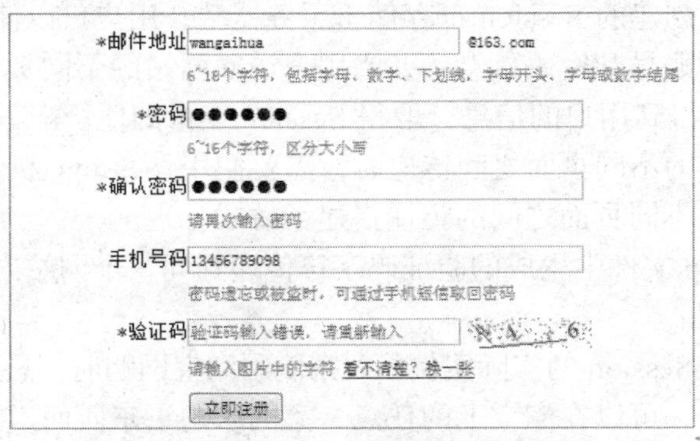

图 5-5 验证码输入错误后的页面效果

思考问题：

在判断验证码时，参与比较的两个数据分别是什么？这两个数据分别从哪里获取到？

解答：

参与比较的两个数据分别是：系统生成的验证码图片中的字符和用户输入的字符；其中验证码图片中的字符要从 yzm.php 文件中获取，而用户输入的验证码字符则是从系统数组 $_POST 中获取。

获取用户输入的验证码字符：

修改 zhuce.php 文件，在获取手机号的代码后面增加代码$useryzm=$_POST ['useryzm']，获取用户输入的验证码字符。

获取 yzm.php 中生成的验证码字符：

yzm.php 中生成的验证码字符存放在变量$string 中。

思考问题：

能否将 yzm.php 文件中存放验证码字符的变量$string 直接应用到 zhuce.php 文件中？为什么？

解答：

不可以将 yzm.php 文件中的$string 变量直接应用到 zhuce.php 文件中，每个变量都有自己的生存环境，它们的生存环境是创建了这个变量的文件，只要脱离了这个文件，变量就不复存在，即变量就失去了自己的生命，是毫无意义的。

例如，若是在 yzm.php 文件中生成的验证码字符是 A4UJ，则变量$string 的取值为 A4UJ，但是当我们在 zhuce.php 文件中试图使用变量$string 中存储的数据时，该变量将被告知是不存在的。

要想在 zhuce.php 文件中得到生成于 yzm.php 文件中的验证码字符，必须使用动态网站技术中的 session 机制。

2. Session 机制的原理与应用

Session 可以简单理解为用户访问某个网站的一次会话过程，用户开始访问该网站时，会话开始，Session 开始产生，用户完成访问关闭网站的所有页面时会话结束，Session 也就消失。

Session 机制的原理是：服务器为每个访问者创建一个唯一的 ID，并基于这个 ID 来识别每个用户并存储用户的变量信息，也就是说，任何用户访问任何网站，无论用户是否直接使用，服务器都会为该用户创建一个唯一的 Session。

服务器为所有用户创建的 Session 都存储于服务器端，用户可以使用 Session 保存自己的私密数据，如登录时的账号和密码信息等，当用户访问网站的不同页面时，服务器将根据客户端提供的 Session ID 得到用户的信息，取得 Session 变量的值。

用户的信息在网站的不同页面之间传递时，需要使用 Session 机制，也就是说，Session 为用户数据在同一网站不同页面之间的传递搭建了桥梁。

例如，要将 yzm.php 文件中生成的验证码字符传递到同一个网站内部的 zhuce.php 文件内就属于这种情况的应用。

再如，网络中应用 Session 的实际案例：大家使用淘宝网购时，只要在登录界面中输入了账号密码登录成功之后，可以在淘宝上的任意一家网店购买东西而不需要反复登录；使用邮箱时，经常要接收邮件，也要发送邮件，只要登录成功打开了邮箱，用户就可以随意完成收发邮件的操作。

总之，Session 在动态网站中是一种不可或缺的机制。

那么，如何在页面中使用 Session 机制完成数据的传递呢？

Session 机制中传递数据的功能需要通过系统数组$_SESSION 体现出来，使用该数组时，数组元素要由开发人员自己确定，使用的键名也由开发人员自己指定，数组元素的取值是需要在不同页面中传递的数据，需要使用的数组元素的个数则由需要传递的数据个数来确定。通常的做法是：在网站的一个文件中生成一个数组元素，在该网站的其他页面中使用该数组元素。

例如，在 yzm.php 文件中生成验证码字符 UA3E 保存在变量$string 中，使用代码 **$_SESSION['string'] = $string** 生成系统数组$_SESSION 的一个元素，元素的键名是 string，保存的内容是 UA3E。

更形象一些，可以将 Session 看作是一个管道，在该管道下面挂着本网站的多个 PHP 页面文件（最少需要两个，无上限），每个页面文件都可以使用$_SESSION 系统数组向管道提供需要传递的数据，其他文件则可以使用$_SESSION 系统数组从管道中取用数据，如图 5-6 所示。

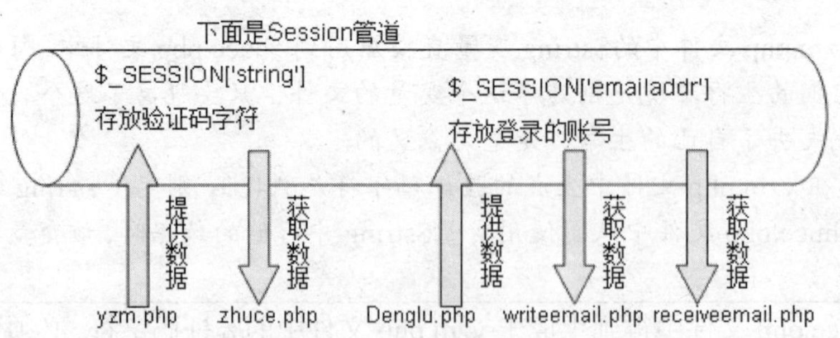

图 5-6　使用 Session 管道传递数据

图 5-6 中的 Session 管道下面共挂有 4 个 PHP 文件，其中 yzm.php 文件通过数组元素 $_SESSION['string']向管道中提供系统生成的验证码字符，之后 zhuce.php 文件再通过

$_SESSION['string']从管道中取用验证码字符；denglu.php 文件通过数组元素$_SESSION['emailaddr']向管道中提供用户登录时使用的账号信息，之后 writeemail.php 和 receiveemail.php 文件再通过数组元素$_SESSION['emailaddr']从管道中取用用户账号信息，其中 denglu.php 文件是输入登录信息之后运行的文件，writeemail.php 是写邮件页面文件，receiveemail.php 是收邮件页面文件。

说明：一旦将数据放入 Session 管道中，隶属本网站的所有 PHP 文件都可以在启用 Session 之后取用这个数据。

3. 启用 Session

在页面中使用$_SESSION 系统数组之前，必须使用 session_start()函数启动会话，该函数需要在使用 Session 的每个页面中应用，否则 Session 不起作用；除了这种启用方式之外，还可以直接在 php.ini 文件中设置 session.auto_start=1，这样设置之后不需要在每个文件中使用 Session_start()函数来启用 Session。

本书在需要的页面中使用 session_start()函数启用 Session。

5.2.5 实现图片验证码的验证功能

1. 修改 yzm.php 文件，向 Session 管道提供数据

需要对 yzm.php 文件进行如下两个方面的修改。

（1）在开始处增加代码 session_start();，启动本页面对 Session 机制的应用。

（2）在生成验证码字符串之后，增加代码$_SESSION['string'] = $string;，使用系统数组$_SESSION 保存生成的验证码字符串，从而向 Session 管道提供数据。

2. 修改 zhuce.php 文件，完成验证码的判断

（1）在文件开始处使用代码 session_start()启动本页面对 Session 机制的应用。

（2）在获取邮件地址、密码、手机号等表单元素数据之后增加代码，用变量$useryzm 存放 zhuce.html 页面中输入的验证码信息，即$useryzm = $_POST['useryzm']。

（3）用变量$yzmchar 存放$_SESSION 数组中保存的原始验证码信息，即$yzmchar = $_SESSION['string']。

（4）将变量$useryzm 保存的用户输入的验证码字符串中的小写字母使用函数 strtoupper()转换为大写字母，然后与变量$yzmchar 保存的系统生成的验证码字符串进行比较，如果输入的验证码正确，则显示用户注册时输入的所有信息。

完成上述修改之后，zhuce.php 文件的代码如下。

```
<?php
 session_start();
 $emailaddr = $_POST['emailaddr'];
 $psd = $_POST['psd1'];
 $phoneno = $_POST['phoneno'];
 $useryzm = $_POST['useryzm'];
 $yzmchar = $_SESSION['string'];
 if (strtoupper($useryzm) == $yzmchar) {
   echo "尊敬的用户您好，您注册的信息如下：<br />";
```

```
10:    echo "邮箱地址是: $emailaddr<br />";
11:    echo "密码是: $psd<br />";
12:    echo "手机号是: $phoneno<br />";
13:  }
14:  else{
15:    echo "验证码输入错误，本次注册没有成功";
16:  }
17: ?>
```

思考问题：

第 8 行中将用户输入验证码与系统生成的验证码字符进行比较之前，为何需要将用户输入的验证码字符串中的字母转换为大写状态？

解答：

系统生成的验证码图片中的字母固定为大写状态，而用户输入验证码时大小写状态是随意的，为了保证正确比较用户输入的验证码字符串与系统生成的验证码字符串，需要先将用户输入验证码字符串中的字母转换为大写状态再进行比较。

3. 大小写字母转换函数

（1）小写字母转换为大写字母

函数 strtoupper()专门用于将小写字母转换为大写字母。

函数格式：strtoupper(string)。

作用说明：将参数 string 中存在的小写字母都转换为大写字母，其余非小写字母保持不变。例如，代码 echo strtoupper("Hello 123!");，输出结果为 HELLO 123!。

（2）大写字母转换为小写字母

函数 strtolower()专门用于将大写字母转换为小写字母。

函数格式：strtolower(string)。

作用说明：将参数 string 中存在的大写字母都转换为小写字母，其余非大写字母保持不变。例如，代码 echo strtolower("Hello 123!");，输出结果为 hello 123!。

4. 验证码输入错误之后需要完成的功能

在验证码输入错误之后，需要完成如下功能。

（1）重新运行页面文件 zhuce.html。

（2）将用户填写好的数据（邮件地址、密码、手机号）重新回填到注册界面中。

（3）在验证码文本框中使用红色文本显示提示信息“验证码错误，请重新输入”。

为了使用红色文本显示提示信息，需要在 zhuce.css 文件中增加如下样式代码。

```
1:  .inp::-webkit-input-placeholder {color:#f00;} /* WebKit browsers */
2:  .inp:-moz-placeholder {color:#f00;} /* Mozilla Firefox 4 to 18 */
3:  .inp::-moz-placeholder {color:#f00;} /* Mozilla Firefox 19+ */
4:  .inp:-ms-input-placeholder {color:#f00;} /* Internet Explorer 10+ */
```

上面的样式代码用于设置表单元素属性 placeholder 设置的提示信息颜色为红色。

代码解释：

第 1 行，兼容 webkit 内核浏览器。

第 2 行，兼容火狐 4 ~ 18 版本浏览器。

第 3 行，兼容火狐 19 及以上浏览器。

第 4 行，兼容 IE10 及以上浏览器。

对于要实现的功能（1）~（3），需要将 zhuce.php 文件中代码 else{ echo "验证码输入错误，本次注册没有成功";}替换为如下代码（此处为描述方便，对增加的代码行仍旧从行号 1 开始编号）。

```
1: else {
2:     include 'zhuce.html';
3:     echo "<script>";
4:     echo "document . getElementById('emailaddr') . value = '$emailaddr';";
5:     echo "document . getElementById('psd1') . value = '$psd';";
6:     echo "document . getElementById('psd2') . value = '$psd';";
7:     echo "document . getElementById('phoneno') . value = '$phoneno';";
8:     echo " document . getElementById('useryzm') . placeholder = '验证码输入错误，请重新输入';";
9:     echo "document . getElementById('useryzm') . className = 'inp';";
10:    echo "</script>";
11: }
```

代码解释：

第 2 行，使用 include 'zhuce.html';设置在 zhuce.php 文件中包含 zhuce.html 文件，即重新运行 zhuce.html 文件。

第 3 行，输出<script>标记，用以定界接下来要输出的脚本代码。

第 4 行，输出脚本代码 document.getElementById('emailaddr').value= '$emailaddr';，若用户输入的邮件地址是“liminghua”，则变量$emailaddr 中存放的内容是 liminghua，所以传送到浏览器端的代码是 document.getElementById ('emailaddr'). value='liminghua';，通过该代码设置邮件地址文本框的内容为用户之前输入的邮件地址信息，即回填邮件地址。

第 5 行，输出脚本代码 document.getElementById('psd1').value='$psd';，若用户之前输入的密码是 123456，则变量$psd 中存放的内容是 123456，所以传递到浏览器端的代码是 document.getElementById('psd1').value='123456';，通过该代码设置密码框的内容是用户之前输入的密码信息，即回填密码。

第 7 行，输出脚本代码 document.getElementById('phoneno').value='$phoneno';，若用户输入的手机号是 13467890987，则变量$phoneno 中存放的内容是 13467890987，所以传递到浏览器端的代码是 document.getElementById ('phoneno').value='13467890987';，通过该代码设置手机号文本框的内容为用户之前输入的手机号信息，即回填手机号。

第 8 行，输出脚本代码 document.getElementById('useryzm').placeholder='验证码输入错误，请重新输入';，通过该代码设置验证码文本框属性 placeholder 的提示信息。

第 9 行，输出脚本代码 document.getElementById('useryzm').className='inp';";，通过该代码设置验证码文本框应用类名 inp，设置提示信息文本颜色为红色。

第 10 行，输出</script>，用于结束第 3 行输出的<script>标记。

5.2.6 在 PHP 中引用外部文件

PHP 程序的特色之一是它的文件引用，用这种方法可以将常用的功能或代码写成一个文件，也可以将一个内容非常多的页面文件分割成几个页面文件，在需要的地方直接引用即可，这种方法既可以简化程序流程，又可以实现代码的复用。

引用文件的方法有两种：include 和 require。

这两种方法除了在处理引用失败时的方式不同之外，其余功能完全相同。使用 include() 引用文件，在引用失败时将产生一个警告，然后页面代码会继续执行下去；而使用 require() 在引用失败时则导致一个致命错误，将停止处理页面内容。

假设要引用的文件名是 zhuce.html，则使用 include 引用时可以采用以下 4 种形式。

（1）include("zhuce.html")

（2）include "zhuce.html"

（3）include('zhuce.html')

（4）include 'zhuce.html'

使用 require 引用时同样可以使用上面 4 种形式中的任意一种。

5.3 PHP 操作 MySQL 数据库

需要解决的核心问题

- mysqli_connect()函数的作用是什么？参数有哪几个？返回值如何？
- mysqli_select_db()函数的作用是什么？参数是什么？返回值如何？
- mysqli_query()函数的作用是什么？参数是什么？返回值如何？
- mysqli_num_rows()函数的作用是什么？参数是什么？返回值如何？
- mysqli_real_escape_string()函数的作用是什么？参数是什么？返回值如何？
- mysqli_close()函数的作用是什么？参数是什么？

在邮箱项目中，需要创建数据库 email，在库中创建数据表 usermsg 保存注册信息，创建数据表 emailmsg 保存邮件信息。本节将完成数据库 email 的创建、数据表 usermsg 的创建等操作，数据表 emailmsg 的创建将在任务 7 中完成。

PHP 提供了完美的 MySQL 数据库支持，用于操作 MySQL 的函数都是 PHP 标准内置函数。

PHP 中提供的访问 MySQL 数据库的函数有很多，任务 5 中只介绍几个最常用的函数。

5.3.1 mysqli_connect()及相关函数

在 PHP 程序中操作 MySQL 数据库中的数据，首要操作就是连接到数据库服务器，也就是建立一条 PHP 程序到 MySQL 数据库之间的通道，完成该功能需要使用 mysqli_connect()函数。

微课 5-3 mysqli_connect()及相关函数

函数格式：mysqli_connect(host, username, password, dbname, port, socket)。

参数说明：

参数 host，可选，规定主机名或 IP 地址。

参数 username，可选，规定 MySQL 用户名。

参数 password，可选，规定 MySQL 密码。

参数 dbname，可选，规定默认使用的数据库。

参数 port，可选，规定尝试连接到 MySQL 服务器的端口号。

参数 socket，可选，规定 socket 或要使用的已命名 pipe。

该函数在应用之后会返回一个代表到 MySQL 服务器的连接的对象。

连接成功之后，可以使用函数 mysqli_get_server_info(connection)获取 MySQL 服务器版本信息，可以使用函数 mysqli_get_host_info(connection)返回 MySQL 服务器主机名和连接类型。若是连接失败，则可以使用函数 mysqli_connect_errno()获取错误编号，可以使用函数 mysqli_connect_error()获取错误信息。

【例 5-1】创建 mysql.php 文件，编写代码连接 MySQL 数据库，同时打开 phpStudy 中 MySQL 系统自带的数据库 mysql，若是操作成功，则输出“数据库连接成功”，同时输出服务器主机名称、连接类型和 MySQL 服务器版本信息，否则输出“数据库连接失败，错误编号是：xxx，错误信息是：xxx”。

代码如下。

```
<?php
  $conn = mysqli_connect('localhost', 'root', 'root', 'mysql');//数据库 mysql 存在
  if ( !$conn ) {
      die("数据库连接失败，错误编号是：" . mysqli_connect_errno() . "<br />错误信息是：" . mysqli_connect_error());
  }
  else {
      echo "数据库连接成功，主机信息是：" . mysqli_get_host_info($conn);
      echo "<br />MySQL 服务器版本是：" . mysqli_get_server_info($conn);
  }
?>
```

数据库连接成功时，运行结果如图 5-7 所示。

图 5-7　mysql.php 数据库连接成功运行效果

若是将第一个参数 localhost 改成错误的写法，如改为“**localhst**”，则运行效果如图 5-8 所示。

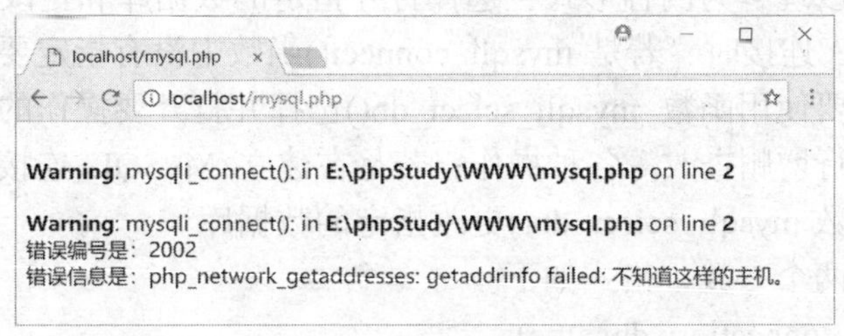

图 5-8　mysql.php 主机名称错误时的运行效果

若是将第二个参数 root 改成错误的写法，如改为“rot”，则运行效果如图 5-9 所示。

图 5-9　mysql.php 根用户名称错误时的运行效果

错误信息“Access denied for user 'rot'@'localhost'”的含义是用户 rot 访问 localhost 操作被拒绝。

若是将第三个参数密码 root 改成错误的密码，如改为 rot，则运行效果如图 5-10 所示。

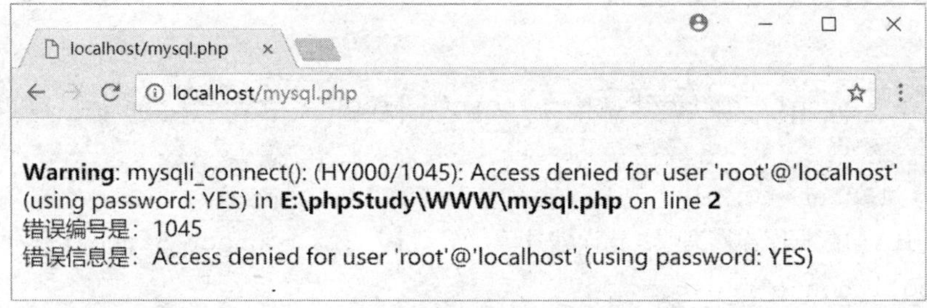

图 5-10　mysql.php 根用户密码错误时的运行效果

密码错误和用户名错误，提示信息基本相同。

若是将第 4 个参数数据库名称改成不存在的库名，如改成 **test**，则会提示“不知道的数据库 test”，运行效果如图 5-11 所示。

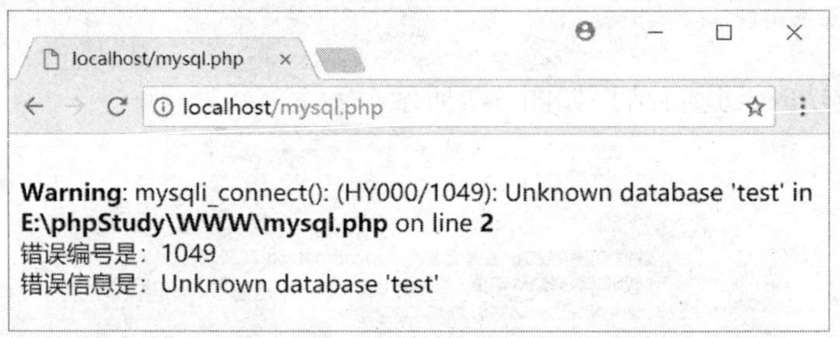

图 5-11　mysql.php 数据库名称错误时的运行效果

5.3.2　mysqli_select_db()函数

该函数的功能可以理解为两种形式：选择打开指定的数据库和更改已经选择的数据库。在建立 MySQL 数据库连接时，若是 mysqli_connect()函数中没有指定要访问的数据库名称，在连接成功之后，需要使用函数 mysqli_select_db()选择并打开要操作的数据库，之后才能对这个库中的数据表进行增删查改等各种操作；若是在建立 MySQL 连接时指定了要访问的数据库，则可以使用函数 mysqli_select_db()更改指定的数据库。

该函数需要使用两个参数，格式如下。

mysqli_select_db(connection, dbname)。

参数说明：

参数 connection，必需，规定要使用的 MySQL 连接。

参数 dbname，必需，表示要打开的数据库。

该函数使用之后，返回一个布尔值，若是打开数据库成功则返回 true，否则返回 false。

【例 5-2】修改 mysql.php 文件，在连接 MySQL 时不指定要访问的数据库，连接成功之后，选择打开指定的数据库 mysql，若打开成功，则输出“打开数据库 mysql 成功”，否则输出“打开数据库 mysql 失败”。

修改后的 mysql.php 文件代码如下。

```
1: <?php
2:   header("Content-Type:text/html;charset=utf8");
3:   $conn = mysqli_connect('localhost', 'root', 'root');
4:   if( !$conn ) {
5:       die("错误编号是：" . mysqli_connect_errno() . "<br />错误信息是：" . mysqli_connect_error());
6:   }
7:   else {
8:       if (mysqli_select_db($conn,'mysql')) {
9:           echo "打开数据库 mysql 成功<br />";
10:      }
11:      else {
12:          echo "打开数据库 mysql 失败<br />";
13:      }
14:   }
15: ?>
```

代码解释：

第 8 行，将 mysqli_select_db()函数的运行结果直接作为条件进行判断，该行代码的执行过程是先执行 mysqli_select_db($conn,'mysql')，再执行条件判断语句。对于已经存在的数据库 mysql，运行效果如图 5-12 所示。

图 5-12　mysql.php 运行效果

5.3.3　mysqli_query()函数

连接 MySQL 成功之后，需要完成的操作通常包含如下几个方面。

（1）创建一个 MySQL 数据库。

（2）创建一个 MySQL 数据表。

（3）定义访问数据表的增删查改操作语句，并执行。

完成其中任何一种操作，都需要定义并执行 SQL 语句，要执行这些 SQL 语句，需要使用 mysqli_query()函数，该函数中通常需要使用两个参数，格式如下。

mysqli_query(connection, SQL)。

参数说明：

参数 connection，必需，规定要使用的 MySQL 连接。

参数 SQL，必需，表示定义的 SQL 语句。

该函数的返回结果说明如下。

若操作失败，则返回 false；若是成功执行 SELECT、SHOW、DESCRIBE 或 EXPLAIN 查询，则会返回一个 mysqli_result 对象，即查询结果记录集；若成功执行其他操作，则返回真值 true。

下面分别从创建数据库 email、在数据库 email 中创建数据表 usermsg、向数据表 usermsg 中插入指定的数据等三个方面应用函数 mysqli_query()，观察函数的执行效果。

1. 创建数据库 email

【例 5-3】创建 create_DB_email.php 文件，在连接 MySQL 成功之后，定义 SQL 语句，创建数据库 email，若是创建成功，则输出“成功创建数据库 email”，否则输出“创建数据库 email 失败”。

代码如下。

```
1: <?php
2:   header("Content-Type:text/html;charset=utf8");
3:   $conn = mysqli_connect('localhost', 'root', 'root');
4:   if ( !$conn ) {
5:       die("错误编号是：".mysqli_connect_errno() . "<br />错误信息是：" .
mysqli_connect_error());
6:   }
7:   else {
8:      $sql = "CREATE DATABASE email default charset = utf8";
9:      if ( mysqli_query($conn, $sql) ) {
10:          echo "成功创建数据库 email<br />";
11:     }
12:     else {
13:          echo "创建数据库 email 失败<br />";
14:     }
15:  }
16: ?>
```

代码解释：

第 8 行，定义 SQL 语句，创建数据库 email，同时设置在该数据库中使用的字符集是 UTF-8，这是为了保证能够在数据库中正确存储中文数据。

第 9 行，将 mysqli_query()函数的运行结果直接作为条件进行判断，该行代码的执行过程是先执行函数 mysqli_query($conn,$sql)，再执行条件判断语句。运行效果如图 5-13 所示。

图 5-13 create_DB_email.php 文件运行效果

2. 创建数据表 usermsg

数据表 usermsg 用于保存用户注册时输入的邮件地址、密码、手机号和注册日期信息，数据表中对应的列名、类型和长度等信息要求如表 5-1 所示。

表 5-1 数据表 usermsg 的结构

保存的信息	列名	类型和长度	是否允许为空	是否为主键
邮件地址	emailaddr	varchar(18)	not null	是
密码	psd	varchar(16)	not null	
手机号	phoneno	varchar(11)		
注册日期	zhucedate	datetime	not null	

注意：因为用户注册时可以不输入手机号，所以数据表中的 phoneno 列允许为空。

思考问题：

数据表 usermsg 中的邮件地址、密码和手机号为什么都使用 varchar 类型，而不使用 char 类型？

解答：

因为不同用户注册时，使用的邮件地址和密码长度并不固定，若是使用 char 类型，则无论实际数据的长度是多少，都要占用固定的长度，造成存储资源浪费，因此，为了节约数据库服务器的存储空间，选用 varchar 类型。

手机号本身虽然是固定长度的，但是因为允许不输入手机号，所以也将其定义为 varchar 类型。

【例 5-4】创建 create_usermsg.php 文件，在连接 MySQL 成功并打开数据库 email 之后，定义 SQL 语句，创建数据表 usermsg，若是创建成功，则输出“数据表 usermsg 创建成功”，否则输出“数据表 usermsg 创建失败”。

代码如下。

```
<?php
 header("Content-Type:text/html;charset=utf8");
 $conn = mysqli_connect('localhost', 'root', 'root');
 if ( !$conn ) {
     die("错误编号是：" . mysqli_connect_errno() . "<br />错误信息是：" . mysqli_connect_error());
 }
 else {
     mysqli_select_db($conn, 'email');
```

```
9:     $sql = "CREATE TABLE usermsg(emailaddr VARCHAR(18) NOT NULL PRIMARY KEY, ";
10:    $sql=$sql . "psd VARCHAR(16) NOT NULL, phoneno VARCHAR(11), ";
11:    $sql=$sql . "zhucedate DATETIME NOT NULL)";
12:    if ( mysqli_query($conn, $sql) ) {
13:        echo "数据表usermsg创建成功<br />";
14:    }
15:    else {
16:        echo "数据表usermsg创建失败<br />";
17:    }
18:  }
19: ?>
```

代码解释：

可以去掉第 8 行代码，在第 2 行代码 mysqli_connect()函数最后增加参数 email，指定要访问的数据库。

第 9 行，定义创建数据表 usermsg 的 SQL 语句，指定列 emailaddr 的宽度最多 18 个字符，不允许为空且为主键。

第 10 行，指定列 psd 的宽度最多为 16 个字符，不允许为空；指定列 phoneno 的宽度最多为 11 个字符。

第 11 行，指定列 zhucedate 为日期时间型，不允许为空。

第 12 行，执行 SQL 语句，并判断执行是否成功。

创建数据表成功时，运行效果如图 5-14 所示。

图 5-14　create_usermsg.php 文件运行效果

3. 向数据表 usermsg 中插入一条记录

【例 5-5】创建文件 insert_usermsg.php，在连接打开数据库 email 之后，定义插入语句向数据表 usermsg 中插入一条记录，4 个字段列值分别为“zhangpeipei”“peipei11”“13876521342”“2018-04-09 10:04”。

代码如下。

```
<?php
 header("Content-Type:text/html;charset=utf8");
 $conn = mysqli_connect('localhost', 'root', 'root', 'email');
 if ( !$conn ) {
     die("错误编号是: " . mysqli_connect_errno() . "<br />错误信息是: " . mysqli_connect_error());
 }
 else {
```

```
        $sql = "insert into usermsg value('zhangpeipei', 'peipei11', '13876521342', '2018-04-09 10:04')";
        if ( mysqli_query($conn, $sql) ) {
            echo "向数据表 usermsg 插入记录成功<br />";
        }
        else {
            echo "向数据表 usermsg 插入记录失败<br />";
        }
    }
?>
```

记录插入成功时的运行效果如图 5-15 所示。

图 5-15　insert_usermsg.php 文件运行效果

5.3.4　mysqli_num_rows()函数

对数据表进行查询操作之后，通常需要获取查询结果记录集中的记录数，用于判断查询结果是否存在，或者用于控制输出查询结果数据的次数，获取查询结果记录集中的记录数需要使用 mysqli_num_rows()函数，该函数只需要一个参数，格式如下。

mysqli_num_rows(resultset)

参数 resultset 表示查询结果记录集。

mysqli_num_rows()函数应用举例：

【例 5-6】创建 get_rows_usermsg.php 文件，连接 MySQL 并打开数据库 email 之后，设计查询语句，查询数据表 usermsg 中的全部记录，并输出记录个数。代码如下。

```
<?php
 header("Content-Type:text/html;charset=utf8");
$conn=mysqli_connect('localhost', 'root', 'root', 'email');
 if ( !$conn ) {
     die("错误编号是：" . mysqli_connect_errno() . "<br />错误信息是：" . mysqli_connect_error());
 }
 else {
     $sql = "select * from usermsg";
     if ( $res = mysqli_query($conn,$sql) ) {
         echo "查询数据表 usermsg 成功<br />";
         $rows = mysqli_num_rows($res);
         echo "数据表 usermsg 中的记录数为$rows<br />";
     }
     else {
```

```
15:         echo "查询数据表 usermsg 失败<br />";
16:     }
17:  }
18: ?>
```

因为在示例 insert_usermsg.php 中已经向数据表 usermsg 中插入一条记录，里面的记录数为 1，所以当查询成功时，代码运行结果如图 5-16 所示。

若是代码第 8 行的 SQL 语句存在问题，如将关键字“from”误写为“**form**”，则代码运行结果如图 5-17 所示。

图 5-16　get_rows_usermsg.php 文件的运行效果

图 5-17　查询数据表失败时运行效果

如果文件 get_rows_usermsg.php 中代码第 9～16 行被换成如下形式：

```
$res = mysqli_query($conn, $sql);
$rows = mysqli_num_rows($res);
echo "数据表 usermsg 中的记录数为$rows<br />";
```

即不判断 mysqli_query()函数的执行结果，直接获取查询结果记录集中的记录数并输出，此时，若是代码第 8 行的 SQL 语句存在问题，则运行效果如图 5-18 所示。

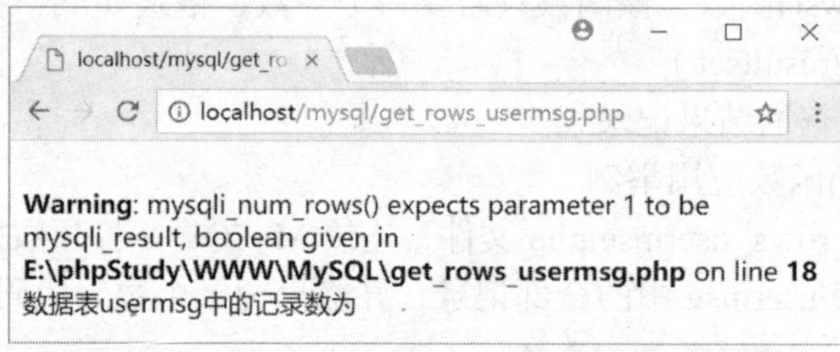

图 5-18　使用 mysqli_num_rows()函数常见的错误

若是运行界面中出现图 5-18 所示的错误信息，通常是因为设计的查询语句有错误，错误的查询语句无法执行得到查询结果记录集，导致执行函数 mysqli_num_rows()时需要的参数不存在，所以提示该函数需要一个参数。

注意：在 mysqli 系列函数中还存在一个 mysqli_real_query()函数，该函数也是用于执行 SQL 语句，但是无论执行的是何种操作的 SQL 语句，函数的返回结果都只是 true 或 false，所以若要得到查询结果记录集，并在此基础上进行其他操作，则必须使用函数 mysqli_query()执行查询操作。

5.3.5　mysqli_real_escape_string()函数

应用该函数的目的是防止 SQL 注入攻击。

SQL 注入攻击是黑客对数据库进行攻击的常用手段之一。在编写代码时，如果没有判断用户输入数据的合法性，使得应用程序存在安全隐患，恶意用户就可以提交一段数据库查询代码，根据程序返回的结果，获得某些他想恶意获取的数据，这就是所谓的 SQL 注入攻击。

例如，邮箱登录时进行身份验证的 SQL 语句如下。

```
$sql="select * from usermsg where (emailaddr = '$emailaddr') and (psd = '$psd')"
```

若用户恶意填写的邮件地址如下。

```
$emailaddr = " ' OR ' '=' ";
```

恶意填写的密码信息如下。

```
$psd = " ' OR ' '=' ";
```

此时得到的 SQL 语句如下。

```
$sql="select * from usermsg where ( emailaddr = ' ' OR ' '=' ' ) and ( psd =
' ' OR ' '=' ' ) "
```

此时查询条件是成立的，这意味着任何用户都无需输入合法的账号和密码即可登录。

在 PHP 中可以通过函数 mysqli_real_escape_string()有效防止 SQL 注入攻击，做法是将 SQL 语句中的特殊字符进行转义，转义时受影响的字符包括\x00、\n、\r、\、'、"、\x1a。

函数格式如下。

```
mysqli_real_escape_string(connection, string)。
```

参数说明：

参数 connection，必需，规定要使用的 MySQL 连接。

参数 string，必需，规定要转义的字符串。

使用函数 mysqli_real_escape_string(" ' **OR** ' '=' ") 转义字符串之后的结果为 "\' OR \' \'=\'"，此时得到的查询条件 where (emailaddr = '\' OR \' \'=\'') and (psd = '\' OR \' \'=\'')不成立。

5.3.6 mysqli_close()函数

任何 PHP 文件中访问数据库完成之后都需要关闭当前的数据库连接，这时需要使用 mysqli_close()函数，其中只需要一个参数，格式如下。

mysqli_close(connection)。

参数 connection：必需，表示规定要使用的 MySQL 连接。

本小节只介绍上述几个函数，其他几个常用的函数会在后续章节中需要时再详细讲解。

5.4 使用数据库保存注册信息

需要解决的核心问题

- 注册邮件地址时使用何种技术完成邮件地址的查重问题？这种技术的核心是什么？
- 创建 XMLHttpRequest 对象实例时需要考虑什么问题？
- XMLHttpRequest 对象有哪些属性？各种取值的意义如何？
- XMLHttpRequest 对象对象有哪些事件？各在什么时候被触发？
- XMLHttpRequest 对象有哪些方法？各自作用是什么？
- 服务器端如何确定某个邮件地址是否已经被使用？
- md5()加密函数的格式和返回值如何？

微课 5-4

XMLHttpRequest 对象

5.4.1 使用 Ajax 检查邮件地址的唯一性

所有用户注册的邮件地址在数据库中要求必须是唯一的，对这种唯一性的检测，需要访问数据库来完成，因此必须由服务器进行，检测的时间是在用户改变邮件地址文本框内容之后立即完成，而不必将表单所有元素数据都提交到服务器之后再进行，为了满足这种检测需求，需要使用 Ajax 技术完成。

邮件地址重复注册时的运行效果如图 5-19 所示。

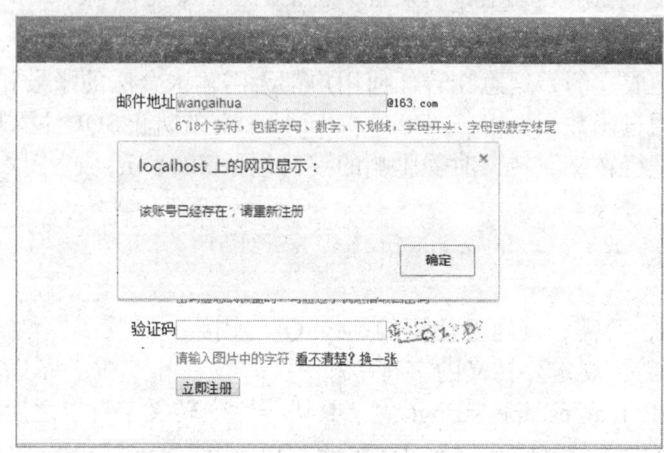

图 5-19　邮件账户重复注册后的页面运行效果

Ajax 是异步 JavaScript 和 XML，是一种创建交互式网页应用的网页开发技术，核心是 JavaScript 中的 XMLHttpRequest 对象，该对象用于在后台与服务器交换数据，这意味着可以在不重新加载整个网页的情况下，对网页中某个部分的内容进行更新。

1．创建 XMLHttpRequest 对象

XMLHttpRequest 对象在不同浏览器中的实现方式分为两种情况：IE 浏览器把 XMLHttpRequest 实现为一个 ActiveX 对象（ActiveXObject）；其他浏览器则把它实现为一个本地的 JavaScript 对象——XMLHttpRequest。因此在创建对象实例时，必须考虑不同浏览器的兼容性问题。

在 zhuce.js 中定义函数 createXML()，用于创建 XMLHttpRequest 对象实例，若创建成功，则直接返回对象实例，否则返回 false。代码如下。

```
function createXML() {
  var xml = false;
  if ( window.ActiveXObject ) {
    try {
      xml = new ActiveXObject("Msxml2 . XMLHTTP");
    }
    catch (e) {
      try {
        xml = new ActiveXObject("Microsoft . XMLHTTP");
      }
```

```
11:     catch (e) {
12:       xml = false;
13:     }
14:   }
15: }
16: else if ( window . XMLHttpRequest) {
17:   xml = new XMLHttpRequest();
18: }
19: return xml;
20: }
```

代码解释：

第 2 行，变量 xml 表示要创建的 XMLHttpRequest 对象实例，初始值设置为 false，若是函数结束时，没有成功创建对象实例，则直接返回该 false 取值。

第 3 行，若 window . ActiveXObject 条件成立，则说明当前使用的是 IE 浏览器，支持 ActiveX 控件。

第 4 ~ 14 行，通过嵌套的 try{…}catch(e)结构尝试在 IE 浏览器中创建 XMLHttpRequest 对象实例，若创建不成功，则使用 catch(e)捕获错误，并使用后续代码进行错误处理。

第 5 行，xml = new ActiveXObject("Msxml2 . XMLHTTP")，在较高版本的 IE 浏览器中使用该代码创建 XMLHttpRequest 对象实例。

第 7 行 catch(e)，若是第 5 行代码创建 XMLHttpRequest 对象实例没有成功，则使用 catch(e)捕获错误，并使用第 8 ~ 13 行代码进行处理。

第 9 行，xml = new ActiveXObject("Microsoft . XMLHTTP")，在 IE 7 之前的浏览器中使用该代码创建 XMLHttpRequest 对象实例。

第 16 行，若 window . XMLHttpRequest 条件成立，则说明当前使用的是非 IE 浏览器。

第 17 行，在非 IE 浏览器中创建 XMLHttpRequest 对象实例。

2. XMLHttpRequest 对象的属性和事件

XMLHttpRequest 对象拥有多个属性、方法和事件，以方便进行脚本处理和控制 HTTP 请求与响应。

（1）readyState 属性

当 XMLHttpRequest 对象把一个 HTTP 请求发送给服务器时将要经历 5 种状态，之后才能接收一个响应。每种状态都有一个取值，分别是 0、1、2、3、4，这些状态值要通过属性 readyState 获取，对 Ajax readyState 的 5 种状态的说明如下。

- 0：未初始化，还没有调用 send()方法。
- 1：载入，已调用 send()方法，正在发送请求。
- 2：载入完成，send()方法执行完成，已经接收到全部响应内容。
- 3：交互，正在解析响应内容。
- 4：完成，响应内容解析完成，可以在客户端调用了。

（2）readystatechange 事件

无论 readyState 值何时变化，XMLHttpRequest 对象都会触发一个 readystatechange 事件，当该事件被激活时，使用代码 xml.onreadystatechange=function(){...}执行匿名回调函数。每次

执行都要判断属性 readyState 是否为 4，属性 status 是否为 200，若这两个条件同时成立，则表示此次交易成功，浏览器端将获取并处理服务器端的应答信息。

（3）responseText 属性

该属性包含客户端接收到的 HTTP 响应的文本内容。

当 readyState 值为 0、1 或 2 时，responseText 包含一个空字符串。当 readyState 值为 3（正在接收）时，响应中包含客户端还未完成的响应信息。当 readyState 值为 4（已加载）时，该 responseText 包含完整的响应信息。

（4）status 属性

该属性描述了 HTTP 状态代码（一共有 41 个状态码，本书不做详细介绍），而且其类型为 short。仅当 readyState 值为 3（正在接收中）或 4（已加载）时，该属性才可用。当 readyState 的值小于 3 时，如果存取 status 的值将会引发一个异常。

3. XMLHttpRequest 对象的方法

XMLHttpRequest 对象提供了各种方法用于初始化和处理 HTTP 请求。

（1）open()方法

功能说明：该方法用于初始化请求参数，供 send()方法稍后使用。

格式：open(method, url, boolean)。

参数说明：

参数 method 常用取值是 POST 或者 GET，两者传递数据的方式不同（具体格式稍后结合 send()方法进行说明）。

参数 url 指定请求服务器端要执行的文件。

参数 boolean 指定此请求是否为异步方式，默认为 true，请求是异步的，表示脚本执行 send()方法后不等待服务器的执行结果，而是继续执行脚本代码；若是设置为 false，则服务器请求是同步进行的，也就是脚本执行 send()方法后等待服务器返回执行结果，若等待超时，则不再等待，继续执行后面的脚本代码。

在调用 open()方法后，XMLHttpRequest 对象把它的 readyState 属性设置为 1，并且把其他属性复位到它们的初始值。

（2）send()方法

功能说明：在通过调用 open()方法准备好一个请求之后，需要使用 send()方法把该请求发送到服务器。

格式：send(null || data)。

参数是使用 null 还是 data，取决于 open()方法中的 method 参数取值是 GET 还是 POST。

- mthod 参数取值为 GET 方法时，要提交检测的数据需要写到 open()方法的 url 参数中，此时 send()方法的参数设置为 null。例如下面的代码片段。

```
var url = "check.php? emailaddr = " + emailAddr;
xml = createXML();
xml . open("GET", url, true);
xml . send (null );
```

在 url 指定的文件 check.php 之后以问号?开始跟随要提交检测的数据，格式为“?键名 = 键值”，键名为 emailaddr，键值则是 JavaScript 脚本变量 emailAddr 的取值；在设定 open()方法的 method 参数取值为 GET 之后，使用 send()方法时参数为 null。

- method 参数取值为 POST 时，要提交的数据将作为 send()方法的参数传递给服务器，此时需要设定 Content-Type 头信息，这样服务器才会知道如何处理上传的内容，设置头信息前必须先调用 open()方法。例如下面的代码片段。

```
var url = "check.php";
var postStr = "emailaddr = " + emailAddr;
var xml = createXML();
xml . open("POST", url, true);
xml.setRequestHeader("Content-Type","application/x-www-form-urlencoded;
charset=utf8");
xml.send(postStr);
```

注意：仅当 readyState 值为 1 时，才可以调用 send()方法，否则，XMLHttpRequest 对象将引发一个异常。

4．发送请求获取响应

（1）定义函数 check()

在 zhuce.js 中定义函数 check()，为要与之通信的服务器资源创建一个 URL，执行回调函数，取得返回数据，并在指定位置显示该数据。具体功能描述如下。

① 获取浏览器端要上传的数据。

② 调用函数 createXML()得到 XMLHttpRequest 对象的实例。

③ 通过实例应用方法 open()，这里 method 参数取值设置为 POST。

④ 通过实例应用 setRequestHeader()方法，设置请求的头信息。

⑤ 通过实例应用 send()方法，将请求发送给服务器。

⑥ 在事件 readystatechange 的匿名处理函数中判断交易是否成功，成功后要通过实例的 responseText 属性获取服务器返回的响应信息，然后判断响应信息，若是为空，则说明请求检测的数据是可以使用的，否则要弹出消息框提示用户需要重新注册，将光标放入文本框并清空内容。

微课 5-5 发送请求获取响应

函数代码如下。

```
function check() {
  var emailTxt = document . getElementById('emailaddr');
  var emailAddr = emailTxt . value;
  var url = "check.php";
  var postStr = "emailaddr = " + emailAddr;
  var xml = createXML();
  xml.open("POST", url, true);
 xml.setRequestHeader("Content-Type","application/x-www-form-urlencoded;
charset=utf8");
  xml.send(postStr);
  xml.onreadystatechange = function() {
     if ( xml.readyState == 4 && xml.status == 200 ) {
         var res = xml . responseText;
```

```
13:         if ( res != " " ) {
14:             alert(res);
15:             emailTxt . focus();
16:             emailTxt . value='';
17:         }
18:     }
19:   }
20: }
```

代码解释：

第 2 行，获取输入邮件地址的文本框，保存在变量 emailTxt 中。

第 3 行，获取用户输入的邮件地址，保存在变量 emailAddr 中。

第 4 行，指定服务器端将要执行的 PHP 文件，保存在变量 url 中。

第 5 行，定义要发送给服务器的请求信息，要将用户输入的邮件地址发送给服务器，在服务器端通过键名 emailaddr 获取用户输入的邮件地址。

第 6 行，执行函数 createXML()，创建 XMLHttpRequest 对象，保存在变量 xml 中。

第 7 行，使用 xml 的 open()方法初始化 XMLHttpRequest 对象，为发送请求做好准备。

第 8 行，设置 xml 请求的头部信息。

第 9 行，使用 send()方法将请求信息发送到服务器端。

第 10 ~ 19 行，触发 readystatechange 事件时，执行匿名回调函数。每次执行都要判断属性 readyState 是否为 4，属性 status 是否为 200，满足条件时，执行第 12 ~ 18 行代码。

第 12 行，将 check.php 文件的响应结果使用代码 var res = xml.responseText; 从属性 responseText 中送入变量 res 中。

第 13 行，判断响应结果是否为空，若是，则执行第 14 ~ 16 行代码，使用 alert()消息框显示返回的文本，当用户单击“确定”按钮后，将光标放入邮件地址文本框，同时清空文本框内容。

（2）调用函数 check()

函数 check()需要在用户输入邮件地址之后调用，即改变 id 为 emailaddr 的文本框内容之后调用，因此要在该文本框中使用代码 onchange="check()"完成函数的调用。

此时调用函数，无法实现功能，必须在创建其中指定的服务器端文件 check.php 之后，才能真正实现 Ajax 的功能。

5. 创建服务器端 check.php 文件

文件 check.php 用于检查数据库中是否存在已经注册的账号，若存在，则返回文本“该账号已经存在，请重新注册”。

注意：因为 Ajax 中默认的返回字符编码是 UTF-8，如果后台处理时字符集为 GB2312，返回的数据为中文时，则会显示为乱码。

解决方案有两种形式，第一种形式，直接将 check.php 文件的编码设置为 UTF-8，即后台处理字符集时直接使用 UTF-8，此时直接使用下面代码即可。

```
<?php
  $emailaddr = $_POST['emailaddr'];
  $conn = mysqli_connect('localhost', 'root', 'root');
```

```
4:  mysqli_select_db($conn , 'email');
5:  $sql = "select * from usermsg where emailaddr = '$emailaddr'";
6:  $res = mysqli_query($conn , $sql);
7:  $rownum = mysqli_num_rows($res);
8:  if( $rownum == 1 ) {
9:      echo "该账号已经存在，请重新注册";
10: }
11:  mysqli_close($conn);
12: ?>
```

代码解释：

第 2 行，获取用户通过 XMLHttpRequest 对象 send()方法发送的请求，保存在变量$emailaddr 中。

第 3 行，连接数据库，生成标识符变量$conn。

第 4 行，打开数据库 email。

第 5 行，设计查询语句，使用变量$sql 保存，查询 usermsg 表中 emailaddr 列值为用户注册的邮件地址$emailaddr 的记录。

第 6 行，执行查询语句，将查询结果放在变量$result 中保存。

第 7 行，获取$result 记录集中的记录个数，使用变量$rownum 保存。

第 8 行，判断$rownum 中的取值是否是 1，若是 1，则说明$emailaddr 中保存的账号已经被注册过，执行代码第 9 行，输出文本“该账号已经存在，请重新注册”，该文本将作为 XMLHttpRequest 对象属性 responseText 的取值返回到浏览器端。

解决 Ajax 返回中文乱码的第二种形式：将 check.php 文件编码设置为 UTF-8，在文件开始使用代码 **header("content-Type:text/html; charset=utf8");**将返回的字符编码改为 UTF-8。两种解决方案的共同目的都是将 Ajax 返回字符编码与后台处理字符编码设置为一致。

思考问题：

第 7 行中获取的结果记录集中的记录数只可能是哪几个取值？为什么？

解答：

只可能是 0 或者 1，若是该账号没有注册过，记录数一定是 0；若是注册过，因为账号不能重复存在，所以也只能使用一次，记录数一定是 1。

5.4.2 保存注册信息

修改 zhuce.php 文件，在判断验证码之前增加代码，获取用户注册时的日期时间信息，然后在验证码判断正确之后增加代码，完成如下功能。

（1）连接 MySQL 数据库。

（2）打开 email 数据库。

（3）定义插入语句，将用户的注册信息以及注册的日期时间信息保存到 usermsg 表中。

修改之后，**完整的 zhuce.php** 文件代码如下，其中斜体部分是在当前子任务中增加的代码。

```
<?php
  session_start();
  $emailaddr = $_POST['emailaddr'];
  $psd = $_POST['psd1'];
```

```
5:  $phoneno = $_POST['phoneno'];
6:  $useryzm = $_POST['useryzm'];
7:  $yzmchar = $_SESSION['string'];
8:  $zhucedate = date('Y-m-d H:i');
9:  if (strtoupper($useryzm) == $yzmchar ) {
10:     $conn = mysqli_connect('localhost' ,'root' ,'root');
11:     mysqli_select_db($conn, 'email');
12:     $sql="insert into usermsg values('$emailaddr', '$psd', '$phoneno',
'$zhucedate')";
13:     mysqli_query($conn, $sql);
14:    mysqli_close($conn);
15:    echo "尊敬的用户您好，您注册的信息如下：<br />";
16:    echo "邮箱地址是：$emailaddr<br />";
17:    echo "密码是：$psd<br />";
18:    echo "手机号是：$phoneno<br />";
19:  }
20:  else {
21:      include 'zhuce.html';
22:      echo "<script>";
23:      echo "document.getElementById('emailaddr').value = '$emailaddr';";
24:      echo "document.getElementById('psd1').value = '$psd';";
25:      echo "document.getElementById('psd2').value = '$psd';";
26:      echo "document.getElementById('phoneno').value = '$phoneno';";
27:      echo "document.getElementById('useryzm').placeholder = '验证码输入错误，
请重新输入';";
28:      echo "document.getElementById('useryzm').className = 'inp';";
29:      echo "</script>";
30:  }
31: ?>
```

代码解释：

第 8 行，在 date()函数中使用格式串'Y-m-d H:i'获取当前服务器中的日期时间信息，例如，获取到的信息是“2018-06-12 09:32”，使用变量$zhucedate 保存。

第 9 行和第 19 行是判断验证码输入正确时代码块开始与结束的位置。

第 12 行，定义插入语句，使用变量$sql 保存，将用户的注册信息插入数据表 usermsg 中。

第 13 行，执行插入语句。

第 15～18 行，输出用户的注册信息。

5.4.3　md5()函数加密

1．md5()函数

当前很多网站中提供的一些功能，用户若是想使用，都必须注册，按照 5.4.2 节中的做法保存用户注册信息时存在这样一个问题：只要有人能够打开数据库 email，就能够很轻松地获取到用户邮箱的账号和密码，很轻松地登录到用户的邮箱中随意窃取数据，例如网管就有这个特权。为了避免这种问题发生，在注册之后保存数据时，都需要将密码数据进行加密之后再保存到数据库中，PHP 中可以使用函数 md5()来完成这一功能。

函数格式：md5(string, raw)。

参数说明：

参数 string，必需，指定要进行计算转换的字符串。

参数 raw，可选，规定十六进制或二进制输出格式，取值为 true 时，输出格式为原始 16 个字符的二进制数，取值为 false 时，设置为 32 个字符的十六进制数，false 为默认取值。

md5()函数是进行单向加密的，有两个特性很重要，第一个特性是任意两段明文数据，加密以后的密文不能是相同的；第二个特性是任意一段明文数据经过加密以后，其结果必须是永远不变的。前者的意思是不可能有任意两段明文数据加密以后得到相同的密文，后者的意思是任何时候加密一段特定的数据，得到的密文一定是相同的。

2. 修改 usermsg 表和 zhuce.php 文件

（1）修改 usermsg 表

在 usermsg 表中，初始定义的密码列 psd 的最大长度为 16 个字符，使用 md5()加密处理之后，得到的结果取用的是 32 个字符的十六进制数，因此需要将该列的最大长度修改为 32。

【例 5-7】创建文件 update_usermsg.php，修改列 psd 的宽度为 32 个字符。代码如下。

```
1: <?php
2:   header("Content-Type:text/html;charset=utf8");
3:   $conn = mysqli_connect('localhost', 'root', 'root');
4:   if ( !$conn ) {
5:     die("错误编号是：" . mysqli_connect_errno() . "<br />错误信息是：" .
mysqli_connect_error());
6:   }
7:   else {
8:     mysqli_select_db($conn, 'email');
9:     $sql = "alter table usermsg modify column psd VARCHAR(32)";
10:    if ( mysqli_query($conn, $sql) ) {
11:       echo "数据表 usermsg 修改成功<br />";
12:    }
13:    else {
14:       echo "数据表 usermsg 修改失败<br />";
15:    }
16:  }
17: ?>
```

代码解释：

第 9 行，在 MySQL 数据库中，更改数据表列的属性，需要使用“alter table 表名 modify column 列名属性”的格式完成。

程序运行结果如图 5-20 所示。

图 5-20　文件 update_usermsg.php 运行效果

（2）修改 zhuce.php 文件

在 zhuce.php 文件的第 4 行代码$psd = $_POST['psd1']; 后面增加代码$psd1=md5($psd);，将原来第 12 行代码（插入数据的 SQL 语句）$sql="insert into usermsg values('$emailaddr','$psd','$phoneno','$zhucedate')"; 中的变量$psd 换为$psd1 即可。

完成上述修改之后，若是用户注册时输入的密码是 dong11%，则加密后得到的密码串是 4bf9df247a49fd6f21d224469a2fa2e7。

5.5 小结

任务 5 包含了邮箱注册界面的设计，注册界面中表单数据的验证功能实现，图片验证码的创建、插入、刷新以及验证码的验证过程功能、数据库的创建、判断和保存用户注册数据等功能的实现，创建的文件如下。

（1）用于设计注册界面的样式文件 zhuce.css 和页面文件 zhuce.html。

（2）用于进行表单数据验证的脚本文件 zhuce.js。

（3）用于生成图片验证码的 PHP 文件 yzm.php。

（4）用于服务器端接收处理注册数据的 PHP 文件 zhuce.php。

（5）用于判断邮件地址重复性的 PHP 文件 check.php。

整个任务结束后，要注册账号时，只需要输入 http://localhost/email/zhuce.html 地址运行 zhuce.html 文件即可，剩余 5 个文件中除 check.php 之外，都要关联到 zhuce.html 文件中。

任务 5 除了使用 MySQL 数据库操作函数，也使用了字符串的大小写转换函数，更多的数据库操作函数和字符串操作函数可以扫码查阅。

扫码查阅 MySQL 数据库操作函数

扫码查阅常用的字符串操作函数

5.6 习题

一、选择题

1．用于创建一幅真彩色图像的函数是________。

A．imagecreatetruecolor()　　B．imagecreate()

C．imagecolorallocate()　　D．imagefill()

2．用于为指定图像分配颜色的函数是________。

A．imagecreatetruecolor()　　B．imagecreate()

C．imagecolorallocate()　　D．imagefill()

3．下面哪一个不是函数 imagettftext()的参数？_______

A．字号　　B．输出字符的角度

C．输出字符的颜色　　D．加粗输出的字符

4．函数 imagesetpixel()的作用是_______。

A．在指定位置画一条直线　　B．设置指定位置的单一像素

C．使用指定的颜色填充指定的区域　　D．新建一个基于调色板的图像

5．函数 array_merge()的作用是_______。

A．定义一个指定内容范围的数组　　B．定义一个数组

C．将指定的多个数组合并为一个大数组　　D．以上说法都不正确

6．下列各种描述中，说法正确的是_______。

A．PHP 中生成的图片验证码是以 jpg、png 或 gif 文件的形式保存的

B．在生成验证码图片的文件中也可以使用 echo 输出其他字符

C．生成验证码图片的 PHP 文件直接作为<img>标记的 src 属性值使用，即可将验证码插入页面中

D．只能通过刷新整个页面来刷新页面中的验证码

7．下面哪行代码可以完成图片验证码的刷新？_______

A．document.yzm.src = "yzm.php" + Math.random();

B．document.yzm.src = "yzm.php?" + Math.random();

C．document.yzm.src = "yzm.php?" + math.random();

D．document.yzm.src = "yzm.php";

8．下面哪一项不是系统数组？_______

A．$_FILE　　B．$_POST　　C．$_SESSION　　D．$_GET

9．下面关于系统数组的描述中，错误的是_______。

A．我们已经接触过的所有系统数组都是通过键名来访问的

B．系统数组$_SESSION 的键名来自于表单元素 name 属性的取值

C．$_SESSION 数组中的元素，通常是在一个文件中定义，在另一个文件中访问

D．$_SESSION 数组中元素的键名是由用户在编写代码时根据需要独立定义的，与其他元素无关

10．关于 session 机制的描述中错误的是_______。

A．服务器可以通过 sessionID 来区分各个不同用户

B．一旦某个页面向 session 管道中提供了数据，当前网站中在该页面之后执行的页面文件都可以根据需要从管道中获取该数据

C．不同网站的页面之间可以通过 session 机制来传递数据

D．要提供数据的页面和要获取数据的页面都要启用 session

11．使用 include 引用外部文件时，下列哪种做法是错误的？_______

A．include("zhuce.html")　　B．include"zhuce.html"

C．include 'zhuce.html'　　D．include zhuce.html

12．PHP 中将小写字母转换为大写字母的函数是_______。

A．strtoUpper()　　B．strtoupper()　　C．strToUpper()　　D．strToupper()

13．关于 PHP 访问 MySQL 数据库的各种方法，下列说法中正确的是______。

A．在使用 mysqli_connect()连接 MySQL 时，不能同时完成数据库的选择与打开操作

B．mysqli_num_rows()的作用是获取查询结果记录集中记录的个数，其参数可以省略

C．mysqli_select_db()的作用是选择打开指定的数据库，必需指定两个参数

D．mysqli_query()函数只能执行查询语句，不能执行插入、删除、更新语句

二、填空题

1．能够在同一网站不同页面之间传递数据的机制是____________，在程序代码开始处启用该机制时需要使用的代码是____________。

2．使用脚本设置验证码文本框中的文本为红色，需要的代码是 document.getElementById ('useryzm').________.________='#f00'。

3．Ajax 的全称是____________，用于在后台与服务器交换数据的对象是____________，open()方法中的参数 method 取值为 GET 时，send()方法中的参数是____________。

任务 6　163 邮箱登录功能实现

完成邮箱注册拥有账号、密码之后，需要登录进入邮箱系统才能完成邮件的读写操作。实现登录功能的任务中需要完成如下两个子任务。

- 设计用于登录的表单界面。
- 设计接收并处理登录账号和密码的 PHP 文件，判断用户登录的账号和密码是否存在，若不存在，则给予错误提示，存在则进入邮箱界面。

6.1 设计登录界面

需要解决的核心问题

- “账号或者密码错误，请重新输入”提示信息的初始样式效果如何？该信息何时显示？怎样显示？
- 如何设计包含用户名登录和手机号登录两个选项卡的登录界面？
- 如何实现选项卡的显示与隐藏功能？

本节提供了两种登录界面的设计方案：第一种是只能以用户名和密码方式登录的普通登录界面；第二种是能够选择以用户名登录或手机号登录的 tab 选项卡式登录界面。

6.1.1 设计普通的登录界面

创建页面文件 denglu.html，设计图 6-1 所示的普通登录界面。

若输入的用户名或者密码有问题，无法正常登录，则显示图 6-2 所示的界面效果。

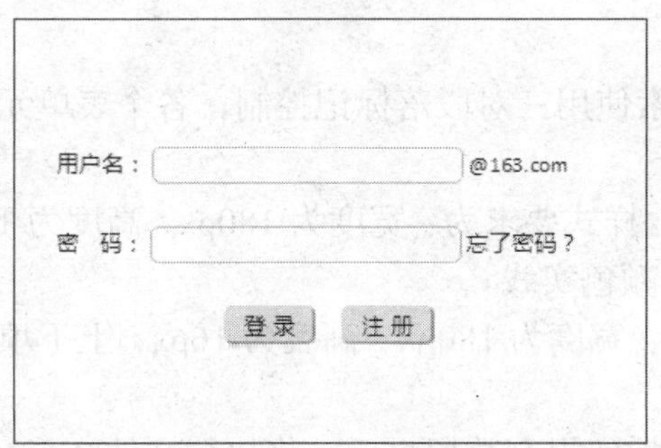

图 6-1　邮箱登录界面

图 6-2　登录失败之后的界面

1. 界面布局及样式要求

登录界面中需要使用的盒子及盒子的排列关系如图 6-3 所示。

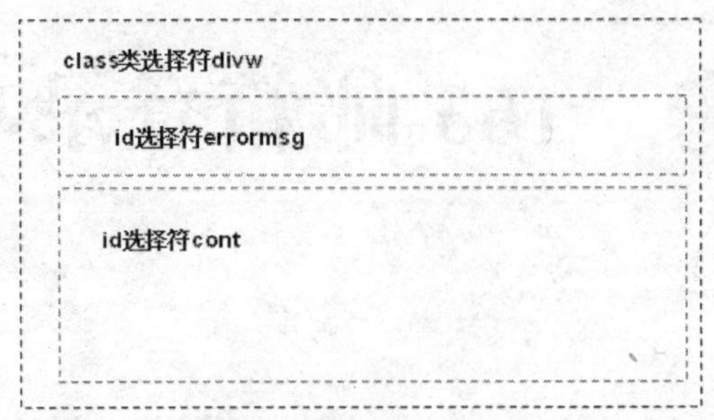

图 6-3 登录界面中使用的盒子布局关系

各个盒子的内容及样式要求如下。

（1）类选择符.divw 样式要求

宽度为 370px，高度为 200px，上填充为 50px，其余填充为 0，上下边距为 0，左右边距为 auto（设置盒子在浏览器窗口中居中），边框为 1px 蓝色实线。

在元素<div class="divw">中包含上下两个 div，上面 div 的内容是设置了账号或者密码输入错误时要显示的错误提示信息，使用 id 选择符#errormsg 定义，下面的 div 用于存放表单元素，使用 id 选择符#cont 定义。

（2）选择符#errormsg 的样式要求

宽度为 200px，高度为 40px，填充为 0，上下边距为 0，左右边距为 auto（设置 div 在父元素<div class="divw">中水平居中），div 的初始状态为隐藏，div 中的文本字号为 10pt，文本行高为 40px，文本颜色是红色。

（3）选择符#cont 的样式要求

宽度为 300px，高度为 160px，填充为 0，上下边距为 0，左右边距为 auto，div 中的文本字体为 calibri（使用该字体是为了保证在各种不同的浏览器中，4 个空格占用的宽度都能等同于一个汉字占用的宽度），字号为 10pt。

在元素<div id="cont">内部使用段落标记控制表单元素的布局（也可以使用表格单元格控制布局），采用包含选择符#cont p 定义段落标记的样式为：上下边距为 25px，左右边距为 0。

说明：隐藏元素<div id="errormsg">的初始状态使用 display:none;实现，将元素隐藏之后，被隐藏的元素不占用页面中的空间。

---

2. 表单元素要求

页面中需要定义的表单元素有 4 个，4 个元素使用三对段落标记控制，各个表单元素的 name、id 及样式要求如下。

用户名文本框 name 和 id 都定义为 emailaddr，样式要求为：宽度为 180px，高度为 16px，上下填充为 2px，左右填充为 0，边框为 1px #aaf 颜色实线。

密码框 name 和 id 都定义为 psd，样式要求为：宽度为 180px，高度为 16px，上下填充为 2px，左右填充为 0，边框为 1px #aaf 颜色实线。

“登录”按钮的类型是 submit，单击“登录”按钮提交数据之后，将执行文件 denglu.php 获取并处理登录信息。

“注册”按钮的类型是 button，是普通按钮，单击“注册”按钮之后，打开 zhuce.html 页面进行用户注册，需要在生成按钮的<input>标记内部使用代码 onclick="window.open('zhuce.html');"实现。

代码 window.open('zhuce.html')的作用是，使用 window.open()函数在新窗口中打开并运行页面文件 zhuce.html。

所有表单元素边框都是圆角边框，圆角半径为 5px。

3. 样式代码

创建样式文件 denglu.css，代码如下。

```
.divw{width:370px; height:200px; padding:50px 0 0 0; margin:0 auto;
border:1px solid #00f;}
#cont{width:320px; height:160px; padding:0; margin:0 auto; font-family: Calibri;
font-size:10pt;}
#cont p{margin:25px 0;}
#emailaddr, #psd{width:180px; height:16px; padding:2px 0; border:1px solid
#aaf;}
#errormsg{width:200px; height:40px; margin:0 auto; display:none; font-size:10pt;
color:#f00;}
input{border-radius:5px; }
```

4. 页面代码

创建页面文件 denglu.html，代码如下。

```
<!DOCTYPE html PUBLIC "-//W3C//DTD XHTML 1.0 Transitional//EN"
"http://www.w3.org/TR/xhtml1/DTD/xhtml1-transitional.dtd">
<html xmlns="http://www.w3.org/1999/xhtml">
<head>
<meta http-equiv="Content-Type" content="text/html; charset= utf-8" />
<title>邮箱登录界面</title>
<link type="text/css" rel="stylesheet" href="denglu.css" />
</head>
<body>
  <div class="divw">
     <div id="errormsg">账号或者密码错误，请重新输入</div>
     <div id="cont">
       <form id="form1" name="form1" method="post" action=" ">
         <p>用户名：<input name="emailaddr" id="emailaddr" />@163.com</p>
         <p>密    码：<input type="password" name="psd"
id="psd" />忘了密码？</p>
         <p align="center">
           <input type="submit" value=" 登 录 " />  
           <input type="button" value=" 注 册 " onclick="window.open('zhuce.
html');"/>
         </p>
       </form>
    </div>
```

```
    </div>
  </body>
  </html>
```

6.1.2 设计 Tab 选项卡式登录界面

创建 denglu-tab.html 文件，设计图 6-4 所示的登录界面。

在图 6-4 中单击“手机号登录”选项卡时，显示图 6-5 所示的界面。

图 6-4　Tab 选项卡用户名登录界面

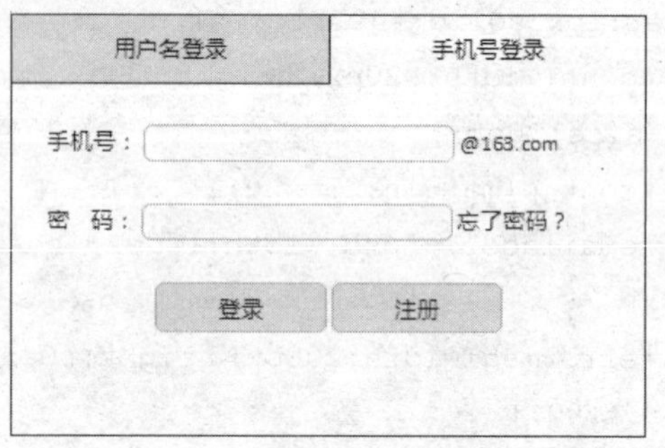

图 6-5　Tab 选项卡手机号登录界面

在图 6-5 中单击“用户名登录”选项卡时，将回到图 6-4 所示的界面。

在图 6-4 中，若输入的账号或者密码错误，则弹出图 6-6 所示的界面。

图 6-6　账号或者密码错误提示信息显示界面

1. 关于 Tab 选项卡

Tab 是一个常见的交互元素，用户通过鼠标单击或指向内容区对应的标签，来请求显示该层内容区。

Web 界面的设计趋势是缩短页面屏长，降低信息的显示密度，但同时又不能牺牲可视的信息量。在这种趋势下，Tab 交互元素成为了一个越来越普遍的应用。

Tab 选项卡结构包括上下两层：上层为 Tab 选项卡区，选项卡有选中和未选中两种状态，选中者通常为亮色显示；鼠标指针移动到选项卡上时最好显示手状以提示用户；下层为内容区（是重叠区域），内容区中的内容根据选中的选项卡来变化。

选项卡的文字标识必须能准确描述出它对应的内容区的信息特征；选项卡与对应的内容看上去是一个整体。

选项卡区设计：选项卡区中的多个选项卡使用超链接元素设计，超链接元素需要定义为**浮动块元素**，超链接元素的个数由选项卡的个数来决定，多个超链接元素中只有一个是亮色的。

内容区设计：每个选项卡都对应自己独特的内容，因此重叠的内容区块个数由选项卡个数来决定。

2. 界面布局及样式要求

页面中使用的所有 div 元素的布局关系如图 6-7 所示。

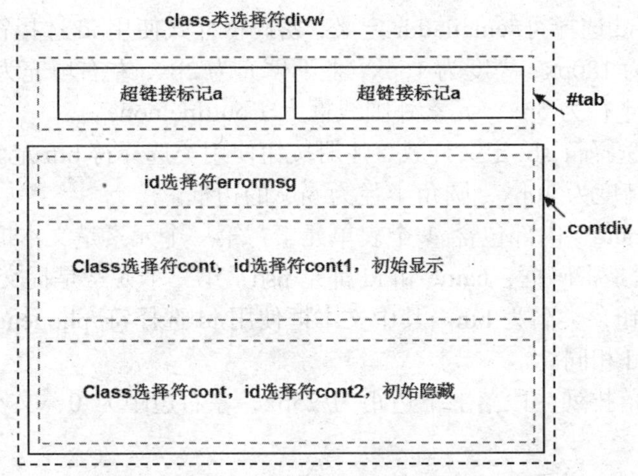

图 6-7 使用 Tab 选项卡的登录界面布局结构

外围层使用 class 类选择符.divw：宽度为 371px，高度为 270px，填充为 0，上下边距为 0，左右边距为 auto，边框为 1px 蓝色实线。

图 6-7 中的 id 选择符#tab 表示选项卡区，类选择符.contdiv 表示内容区。

（1）tab 选项卡区的设计要求

选项卡区#tab：宽度为 371px，高度为 40px，填充为 0，边距为 0。

选项卡区内部使用块元素形式的超链接元素，超链接元素样式要求：宽度为 185px，高度为 40 px，填充为 0，边距为 0，向左浮动，文本字号为 14pt，颜色为黑色，文本居中，文本行高为 40px，无下画线。

两个选项卡中，右侧选项卡需要使用左边框、下边框和#ccf 颜色的背景，使用类选择符.tab2 定义；左侧选项卡需要使用右边框、下边框和#ccf 颜色的背景，使用类选择符.tab1 定义。

若选中左侧选项卡，第一个超链接元素 a 不应用任何样式，第二个超链接元素 a 应用选择符.tab2 设置的暗色左边框下边框效果如图 6-4 所示；若选中右侧选项卡，则第二个超链接元素 a 不应用任何样式，第一个超链接元素 a 应用选择符.tab1 设置的暗色右边框下边框效果如图 6-5 所示。

（2）内容区的设计要求

内容区使用类选择符.contdiv 定义，样式要求为：宽度为 330px，高度为 160px，填充为 0，上边距为 10px，下边距为 0，左右边距为 auto。

内容区包含一个登录账号密码错误提示信息层和需要切换的两个内容层。

登录账号密码错误提示信息层用 id 选择符#errormsg 定义，样式要求为：宽度为 200px，高度为 40px，填充为 0，上下边距为 0，左右边距为 auto，初始状态为隐藏，div 中的文本字号为 10pt，文本行高为 40px，文本颜色为红色。

两个内容层分别使用 id 选择符#cont1 和#cont2 定义，二者共同样式要求为：宽度为 330px，高度为 160px，填充为 0，上下边距为 0，左右边距为 auto。

#cont1 初始状态显示，#cont2 初始状态隐藏。

元素<div id="#cont1">内部包含 4 个表单元素，第一个元素是文本框，name 和 id 都是 emailaddr；第二个元素是密码框，name 和 id 都是 psd；第三个元素是提交按钮，类名为 sbt；第 4 个元素是注册按钮，类名为 btn。

文本框样式使用 id 选择符#emailaddr 定义，密码框样式使用 id 选择符#psd 定义，两者的样式要求相同：宽度为 180px，高度为 16px，上下填充为 2px，左右填充为 0，边框为 1px #aaf 颜色实线，边框圆角半径为 5px，元素外围线框无（outline:none）。

提交按钮使用类选择符.sbt 定义样式，注册按钮使用类选择符.btn 定义样式，两者样式相同：宽度为 100px，高度为 30px，圆角半径为 5px 的边框。

元素<div id="#cont2">内部包含 4 个表单元素：第一个元素是文本框，name 和 id 都是 phoneno；第二个元素是密码框，name 和 id 都是 psd；第三个元素是提交按钮，类名为 sbt；第 4 个元素是注册按钮，类名为 btn。其中文本框使用 id 选择符#phoneno 定义样式，样式要求与#emailaddr 和#psd 相同。

表单元素使用段落排列，段落上下边距为 25px，左右边距为 0，文本字体为 calibri，字号为 10pt。

3. 样式代码

创建样式文件 denglu-tab.css，代码如下。

```
.divw{width:371px; height:270px; margin:0 auto; border:1px solid #00f; padding:0;}
#tab{width:100%; height:41px; margin:0; padding:0;}
#tab a{ width:185px; height:40px; padding:0; margin:0; float:left; font-size:14pt; line-height:40px; text-align:center; text-decoration:none; color:#000;}
.tab1{background:#ccf; border-right:1px solid #00f; border-bottom:1px solid #00f;}
.tab2{background:#ccf; border-left:1px solid #00f; border-bottom:1px solid #00f;}
.contdiv{width:330px; height:160px; margin:0; padding:20px 10px 0;}
.cont{width:330px; height:160px; margin:0 auto; padding:0;display:none;}
#cont1{display:block;}
.divw>div>div p{margin:25px 0; font-size:10pt; font-family:Calibri;}
#emailaddr, #psd, #phoneno{width:180px; height:16px; padding:2px 0; border:1px solid #aaf; border-radius:5px; outline:none;}
#errormsg{width:200px; height:40px; color:#f00; font-size:10pt; margin:0 auto; display:none;}
.sbt, .btn{width:100px; height:30px; border-radius:5px;}
```

4. 页面文件代码

denglu-tab.html 页面文件的代码如下。

```
1: <!DOCTYPE html PUBLIC "-//W3C//DTD XHTML 1.0 Transitional//EN"
```

```
"http://www.w3.org/TR/xhtml1/DTD/xhtml1-transitional.dtd">
<html xmlns="http://www.w3.org/1999/xhtml">
<head>
<meta http-equiv="Content-Type" content="text/html; charset=utf-8" />
<title>无标题文档</title>
<link type="text/css" rel="stylesheet" href="denglu-tab.css" />
<script type="text/JavaScript" src="denglu-tab.js"></script>
</head>
<body>
 <div class="divw">
   <div id="tab">
     <a href="JavaScript:void(0)">用户名登录</a>
      <a href="JavaScript:void(0)" class="tab2">手机号登录</a>
   </div><!--<div id="tab">的结束-->
   <div class="contdiv">
     <div id="errormsg">账号或者密码错误，请重新输入</div>
     <div id="cont1" class="cont">
       <form id="form1" name="form1" method="post" action="denglu.php">
         <p>用户名：<input name="emailaddr" id="emailaddr" type="text" />@163.com</p>
        <p>密    码：<input name="psd" id="psd" type="password" />忘了密码？</p>
        <p align="center"><input type="submit" class="sbt" value="登录" /><input type="button" class="btn" value="注册" onclick="window.open('zhuce.html');"/></p>
      </form>
    </div><!--<div id="cont1" class="cont">的结束-->
     <div id="cont2" class="cont">
      <form id="form1" name="form1" method="post" action="">
         <p>手机号：<input name="phoneno" id="phoneno" type="text" />@163.com</p>
         <p>密    码：<input name="psd" id="psd" type="password" />忘了密码？</p>
         <p align="center"><input type="submit" class="sbt" value="登录" /><input type="button" class="btn" value="注册" onclick="window.open('zhuce.html');"/></p>
      </form>
    </div><!--<div id="cont2" class="cont">的结束-->
   </div><!--<div class="contdiv">的结束-->
 </div><!--<div class="divw">的结束-->
</body></html>
```

代码解释：

第 12 行和第 13 行，代码<a href="JavaScript:void(0)">表示单击超链接时执行一个 js 函数，而 void(0)表示不做任何操作，这样会防止链接跳转到其他页面，这样设计的目的是保留链接的样式，但不让链接执行实际的链接操作。

5. 脚本部分功能实现

Tab 选项卡中的每个选项卡在需要时都可以通过单击操作来选择，也可以设置为鼠标指向时选择，被选中的选项卡要显示为亮色效果，与其关联的内容区块要同时显示，而原来为亮色的选项卡要设置为暗色带边框效果，与其关联的内容区块则要同时隐藏。

上述功能需要使用脚本代码来实现，创建脚本文件 denglu-tab.js，代码如下。

```
1: window.onload=function(){
2:   var a = document . getElementsByTagName('a');
3:   a[0] . onclick = function() {
4:       this . className = " ";  //设置为空，不应用任何样式
5:       document . getElementById('cont1') . style . display = 'block';
6:       a[1] . className = "tab2";
7:       document . getElementById('cont2') . style . display = 'none';
8:   }
9:   a[1] . onclick = function() {
10;      this . className = " ";
11:      document . getElementById('cont2') . style . display = 'block';
12:      a[0] . className = "tab1";
13:      document . getElementById('cont1') . style . display = 'none';
14:   }
15: }
```

代码解释：

第 1 ~ 15 行，定义页面加载后执行的匿名函数。

第 2 行，通过标记名 a 获取页面中的所有超链接元素，使用数组 a 表示，本页面中只有两个作为选项卡的超链接，a[0]表示第一个选项卡，a[1]表示第二个选项卡。

第 3 ~ 8 行，当用户单击选择第一个选项卡时，执行匿名函数，设置该选项卡不应用任何样式，显示 id 为 cont1 的 div，设置 a[1]选项卡应用 tab2 定义的暗色左边框下边框样式，隐藏 id 为 cont2 的 div。

第 9 ~ 14 行，当用户单击选择第二个选项卡时，执行匿名函数，设置该选项卡不应用任何样式，显示 id 为 cont2 的 div，设置 a[0]选项卡应用 tab1 定义的暗色右边框下边框样式，隐藏 id 为 cont1 的 div。

可以将第 3 行和第 9 行中的 click 事件换作 mouseover 事件，实现鼠标指向即切换选项卡的效果。

脚本文件的引用如下。

在 denglu-tab.html 页面代码的首部，使用代码<script type="text/JavaScript" src="denglu-tab.js"></script>将脚本文件引用到页面文件中。

6.2 完成登录功能

需要解决的核心问题

- 服务器端如何判断用户输入的账号密码是否正确？若是错误，如何返回登录界面并显示错误提示信息？若是正确，如何进入邮箱主窗口界面？
- 如何使用 sprintf()函数格式化实现登录操作的 SQL 语句？这样做的意义是什么？

登录功能是指将用户登录时输入的账号、密码信息提交给服务器，对其进行正确性判断，然后确定是否能够成功登录，若不能成功登录，则给予用户相应的提示。

本节创建文件 denglu.php 完成上述功能。

6.2.1 创建 denglu.php 文件

创建 denglu.php 文件，完成如下功能。

（1）获取 denglu.html 页面中提交的账号和密码信息，并将账号信息保存到$_SESSION 系统数组中，这是因为在完成登录之后，打开写邮件页面文件 writeemail.php 或者收邮件页面文件 receiveemail.php 时，都需要在页面中使用该账号信息：当用户要发送邮件时，该账号信息直接作为发件人信息来使用，当用户接收邮件时，则将该账号信息作为收件人信息使用，因此必须在登录完成时，将账号信息保存到系统数组$_SESSION 中。

（2）连接打开 email 数据库，在 usermsg 表中查询是否存在相应的账号密码，如果不存在，则使用 include "denglu.html"包含文件的方式重新运行 denglu.html 文件，使用 echo 语句输出脚本代码，显示 id 为 errormsg 的错误提示信息层。

（3）如果存在相应的账号密码，则使用 include 包含文件 email.php，打开邮箱主窗口界面，准备编辑发送或者接收阅读邮件。

说明：这里采用的设计方法是只要登录成功，就直接打开邮箱界面。

代码如下。

```
<?php
  session_start();
  $emailaddr = $_POST['emailaddr'];
  $_SESSION['emailaddr'] = $emailaddr;
  $conn = mysqli_connect('localhost','root','root');
  mysqli_select_db($conn, 'email');
  $emailaddr = mysqli_real_escape_string($conn, $emailaddr);
  $psd = mysqli_real_escape_string($conn, $_POST['psd']);//若是任务五中使用了加密算法，这里要改为$psd = md5(mysqli_real_escape_string($conn, $_POST['psd']));
  $sql = "select * from usermsg where emailaddr = '$emailaddr' and psd = '$psd'";
  $result = mysqli_query($conn, $sql);
  $datanum = mysqli_num_rows($result);
  if ($datanum == 0) {
      include 'denglu.html';
```

```
14:     echo "<script>";
15:     echo "document . getElementById('errormsg') . style . display =
'block';";
16:     echo "</script>";
17: }
18: else {
19:     include 'email.php';
20: }
21: mysqli_close($conn);
22: ?>
```

代码解释：

第 2 行，在 denglu.php 文件中启用 session。

第 3 行，获取用户输入的登录账号信息，使用变量$emailaddr 存放。

第 4 行，使用数组元素$_SESSION['emailaddr']存放变量$emailaddr 的值。

第 5 行，将邮件地址中的特殊字符进行转义，防止 SQL 注入攻击。

第 6 行，获取用户输入的登录密码信息，转义之后使用变量$psd 存放。

第 7 行，连接 MySQL 数据库，返回标识符$conn。

第 8 行，选择打开数据库 email。

第 9 行，设计查询语句，以用户输入的账号和密码作为查询条件查询 usermsg 表。

第 10 行，执行查询语句，使用变量$result 保存查询结果。

第 11 行，使用 mysqli_num_rows()函数获取查询结果记录集$result 中的记录数，使用$datanum 变量保存。

第 12 行，判断$datanum 变量的值是否是 0，若是 0，则说明没有查询到用户输入的账号和密码，执行第 13 ~ 16 行代码块，否则执行第 19 行代码。

第 13 行，使用 include 语句包含 denglu.html 页面文件，使账号或者密码输入错误时能够重新打开 denglu.html 文件，为重新输入账号密码做准备。

第 14 行，输出脚本代码的起始定界标记<script>。

第 15 行，输出脚本代码，将 denglu.html 页面中隐藏的 id 为 errormsg 的错误提示信息层显示出来。

第 16 行，输出脚本代码结束的</script>标记。

第 17 行，使用 include 语句包含 email.php 页面文件，当用户输入的账号密码正确时直接运行 email.php 文件。

denglu.php 文件创建完毕，需要将该文件关联到 denglu.html 文件中。

在 denglu.html 页面代码的<form>标记中设置 action="denglu.php"，建立两个文件之间的关联。

说明：denglu.php 文件也可以直接关联到 denglu-tab.html 文件中运行，只是本书中没有实现接收手机号登录时的手机号和密码信息，有兴趣的读者可自行加入。

6.2.2　使用 sprintf()函数格式化 SQL 语句

在 denglu.php 文件中查询账号密码的正确性时使用的操作语句为$sql = "select * from usermsg where emailaddr = '$emailaddr' and psd = '$psd'";，该语句将变量$emailaddr 和变量$psd

直接放在相应列的取值位置，这种表现方式从一定程度上会稍显混乱，较为规范的方式是使用格式化函数将变量和 SQL 语句分离开来，在 PHP 中提供这种功能的函数是 sprintf()。

sprintf()函数把格式化的字符串替换成一个作为参数的变量，函数格式如下。

sprintf(format, arg1, arg2, ……)。

参数 format：必需，规定使用的字符串以及如何格式化其中的变量，格式字符以%为前缀。

格式字符及含义如表 6-1 所示。

表 6-1　格式字符及含义

格式字符	含　义	格式字符	含　义
%%	返回一个百分号%	%G	较短的%E 和%f
%b	二进制数	%o	八进制数
%c	ASCII 值对应的字符	%s	字符串
%d	带符号的十进制数（负数、0、正数）	%u	不带符号的十进制数（大于等于 0）
%E	大写的科学计数法（例如 1.2E+2）	%e	小写的科学计数法（例如 1.2e+2）
%f	浮点数（本地设置）	%x	十六进制数（小写字母）
%F	浮点数（非本地设置）	%X	十六进制数（大写字母）
%g	较短的 %e 和 %f		

参数 arg1：必需。规定插到 format 字符串中第一个%符号处的参数。

参数 arg2：可选。规定插到 format 字符串中第二个%符号处的参数。

在验证登录身份的 SQL 语句中，邮件地址和密码都是字符串的形式，因此，使用 sprintf()函数格式化该 SQL 语句时，需要使用的格式字符都是%s，格式化之后的 SQL 语句为：$sql = sprintf("select * from usermsg where emailaddr = '%s' and psd = '%s' ", $emailaddr, $psd);，实际执行时，第一个%s 使用变量$emailaddr 的值替换，第二个%s 使用变量$psd 的值替换。

6.3 小结

任务 6 首先设计了一个普通登录界面和一个选项卡登录界面，进而实现了登录功能，设计的文件一共有 6 个，分别是普通登录界面需要的 denglu.css 和 denglu.html，选项卡登录界面的 denglu-tab.css、denglu-tab.html 和 denglu-tab.js，服务器端实现登录功能的 denglu.php。

6.4 习题

一、选择题

1．要通过脚本代码设置 id 为 div1 的 div 为显示状态，需要使用的代码是________。

A．document . getElementById('div1') . display = 'block'

B．document . getElementById('div1') . style . display = 'none'

C．document . getElementById(div') . style . display = 'block'

D．document . getElementById('div1') . style . display = 'block'

2．单击“注册”按钮在新窗口中打开文件 zhuce.html，需要使用代码______实现。

A．onsubmit = "window . open(zhuce.html);"

B．onsubmit = "window . open('zhuce.html');"

C．onclick = "window . open('zhuce.html');"

D．onclick = "window . open(zhuce.html);"

3．假设用户在登录时，输入的用户名信息保存在变量$emailaddr 中，密码保存在变量$psd 中，查询数据表 usermsg 中是否存在该用户名和密码信息，需要定义的查询语句是______。

A．select * from usermsg where emailaddr = '$emailaddr' or psd = '$psd'

B．select * from usermsg where emailaddr = '$emailaddr' and psd = '$psd'

C．select * from usermsg where emailaddr = $emailaddr and psd = $psd

D．select * from usermsg where emailaddr = $emailaddr or psd = $psd'

4．查询用户名和密码信息是否存在时，关于查询结果记录集$result 的说法错误的是______。

A．该记录集中的记录数只能是 0 或者 1

B．该记录集中的记录数无法预知

C．若记录数是 0，则说明用户输入的账号或者密码信息有误

D．若记录数是 1，则说明用户输入的账号和密码信息正确

5．要获取记录集$result 中的记录数，需要使用代码______。

A．count($result)

B．mysqli_num_row($result)

C．mysqli_nums_rows($result)

D．mysqli_num_rows($result)

6．关于盒子的显示或隐藏的样式定义，下列说法正确的是______。

A．若是使用样式属性 display 定义，则隐藏盒子时，该盒子不占用页面空间

B．若是使用样式属性 display 定义，则隐藏盒子时，该盒子仍旧占用页面空间

C．若是使用样式属性 visibility 定义，则隐藏盒子时，该盒子不占用页面空间

D．使用样式属性 visibility 定义时，则隐藏盒子时取值要使用 none

二、填空题

1．使用 visibility 设置盒子显示时，使用的取值是______________，使用 display 设置盒子显示时，使用的取值是______________。

2．在 denglu.php 文件中获取用户输入的用户名信息之后，需要将其保存到系统数组______________中。

3．格式化带有变量的 SQL 语句时，使用的函数是______________。

任务 7 163 邮箱写邮件功能实现

写邮件并发送邮件是邮箱项目中的核心功能之一，本任务需要完成的功能如下。

- 设计邮箱的主窗口界面。
- 设计写邮件的表单界面。
- 设计添加附件的界面，实现附件的添加与删除。
- 完成发送邮件和系统退信的功能。

7.1 设计邮箱主窗口界面

需要解决的核心问题

- 如何在主窗口界面或写邮件界面的文本框中显示用户登录时的账号信息？
- 如何使用 JavaScript 代码获取浏览器窗口的宽度？
- 如何使用 JavaScript 代码获取浮动框架内部页面文件的高度？
- 浏览器窗口大小变化之后触发的是哪个事件？

用户登录成功之后，打开的是一个包含了浮动框架子窗口的界面文件，在该文件内部的浮动框架子窗口中可以运行写邮件页面文件、收邮件页面文件、查阅邮件页面文件及已删除邮件页面文件等。

本节要设计的主窗口界面文件 email.php，就是指在登录完成之后进入的页面，页面的宽度始终与浏览器窗口的宽度保持一致，页面运行效果如图 7-1 所示。

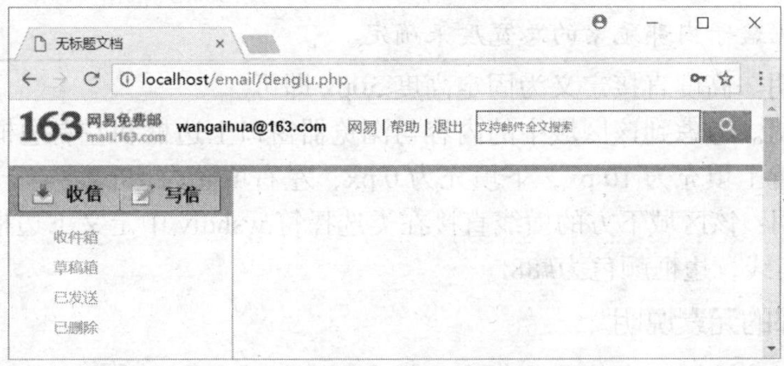

图 7-1 email.php 文件运行界面

注意：图 7-1 中地址栏显示运行的文件是 denglu.php 而不是 email.php，这是因为 email.php 文件是在 denglu.php 文件中采用 include 包含的方式加载进来的，这种方式把 email.php 文件的所有代码作为 denglu.php 文件代码的一部分，因此地址栏中不会显示文件名称 email.php。

图 7-1 是在登录界面中输入正确的账号密码之后得到的界面，该页面的整体布局分为上下两个区域，布局结构如图 7-2 所示。

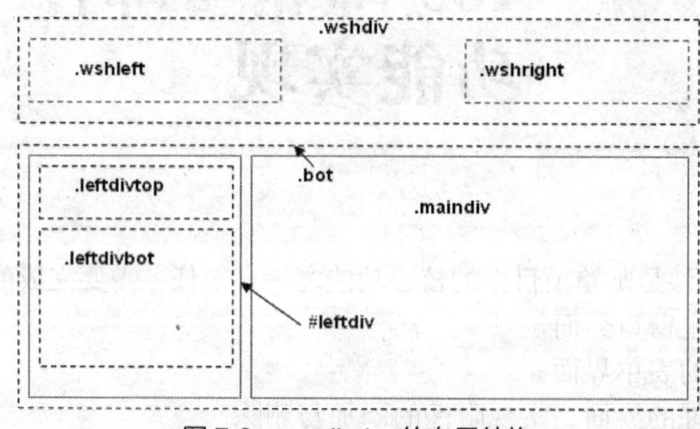

图 7-2　email.php 的布局结构

上面区域中的内容除了用户账号信息会因为登录用户的不同而不同外，其他内容都是固定的。

下面区域又分为左右两个部分，左边内容是几个固定的超链接，右边则设计了一个浮动框架，浮动框架的内容将跟随所单击的超链接的变化而变化，写邮件、收邮件、阅读邮件等操作过程都在浮动框架中完成。

整个页面功能的实现包含了样式代码、页面文件代码和脚本代码三个部分，分别对应 email.css、email.php 和 email.js 三个文件。

7.1.1　设计顶部区域

1．整个区域的样式说明

整个区域定义为一个盒子，这里采用类选择符.wshdiv 定义样式，样式要求如下。

（1）**宽度与边距说明**。该页面运行之后，页面宽度与浏览器窗口的宽度保持一致，而且需要随着窗口大小变化而变化，因此该区域的宽度需要取用浏览器窗口宽度，具体做法是设置 width 为 auto，左右边距取值为 0，上下边距设置为 0。

注意：若设置某个盒子的 width 为 auto，左右边距为 0，并且设置向左或向右浮动，则该盒子的宽度将根据盒子内部元素的总宽度来确定。

（2）**高度说明**。高度直接定义为固定高度 50px 即可。

（3）**填充说明**。考虑到该区域中的内容与浏览器窗口上边框和左右边框之间要留有一定的空白，因此设置上填充为 10 px，下填充为 0 px，左右填充为 10px。

（4）**边框说明**：该区域下方的横线直接在类选择符.wshdiv 中定义下边框实现，边框宽度为 6px，线型为实线，边框颜色为#88f。

2．区域内部的元素说明

元素<div class="wshdiv">内部有靠左和靠右的两部分内容，靠左者使用向左浮动，靠右者使用向右浮动，分别使用类选择符.wshleft 和.wshright 定义样式。

（1）类选择符.wshleft 的样式要求。边距为 0，向左浮动，内部文本字号为 10pt。

类名为 wshleft 的 div 内容依次为：图片 163logo.gif、文本框、超链接。

其中，文本框使用类选择符.emailaddr 定义样式，宽度为 150px，无边框，内部字体加粗，文本框中使用属性 readonly 设置为只读状态，文本框内容为用户登录时使用的账号信息；超链接所有状态都按照颜色#555、无下画线样式显示，单击超链接“退出”时需要返回登录界面，其他几个超链接的 href 属性设置为#即可。

注意：要保证图片 163logo.gif 右侧的文本框和超链接都与图片的中线对齐，需要使用图片的属性 align="middle"进行设置，也可以在样式中设置图片的垂直对齐为居中。

（2）类选择符.wshright 的样式要求。向右浮动，边距为 0。

类名为 wshright 的 div 内容包括一个文本框和图片 search.png。

其中，文本框使用类选择符.search 定义样式，宽 200px，高 26px，边框宽度为 1px，线型为实线，边框颜色为灰色#ddd，文本颜色为灰色#ccc，字号为 8pt，为保证框内文本在文本框中垂直居中对齐，设置文本行高为 26px；图片元素中使用 align="top"属性设置文本框与其顶端对齐。

3．设计顶部区域的代码

（1）样式文件 email.css 代码如下。

```
1: body{margin:0px;}
2: .wshdiv{width:auto; height:50px; padding:10px 10px 0; margin:0; border-bottom:6px solid #88f;}
3: .wshleft{width:auto; height:auto; padding:0; margin:0; float:left; font-size:10pt; }
4: .wshright{width:auto; height:auto; padding:0; margin:0;float:right; }
5: .emailaddr{width:150px; border:0; font-weight:bold;}
6: .wshleft  a{color:#555; text-decoration:none;}
7: .search{ width:200px; height:26px; border:1px #ddd solid; font-size:8pt; color:#ccc; line-height:26px;}
```

代码解释：

第 6 行代码，使用包含选择符.wshleft　a 定义了超链接所有状态的共同样式。

（2）页面文件 email.php 代码

首先在页面首部增加代码<link type="text/css" rel="stylesheet" href="email.css" />引用样式文件，然后在主体部分增加下面的代码。

```
<div class="wshdiv">
  <div class="wshleft">
    <img src="images/163logo.gif"  align="middle" />  
    <input name="emailaddr" type="text" class="emailaddr" value="<?php echo "$emailaddr@163.com"; ?>" readonly="readonly" />  
    <a href="#">网易</a> | <a href="#">帮助</a> | <a href="denglu.html">退出</a>
  </div><!--<div class="wshleft">的结束-->
  <div class="wshright">
    <input type="text" name="search" class="search" placeholder="支持邮件全文搜索" /><img src="images/search.png" align="top" />
  </div><!--<div class="wshright">的结束-->
</div><!--<div class="wshdiv">的结束-->
```

代码解释：

第 4 行代码中，使用 value="<?php echo "$emailaddr@163.com"; ?>" 将用户登录时使用的账号信息与@163.com 连接之后设置为文本框 emailaddr 的值，用户登录时的账号信息在 denglu.php 文件中使用变量$emailaddr 保存，而 email.php 文件从代码结构上隶属于 denglu.php 文件（denglu.php 中 include "email.php"），因此可以在 email.php 文件中直接使用变量$emailaddr。

因为账号信息是存储在服务器端的，所以需要使用 PHP 中的 echo 语句将存储于服务器端的账号信息输出到浏览器端，然后再作为文本框中 value 属性的值。

由此也可以看出，PHP 文件中的任何位置都可以根据需要随时嵌入<?php…?>标记插入需要的 PHP 代码。

第 8 行代码中，使用 placeholder="支持邮件全文搜索"设置提示文本，当用户开始在文本框中输入内容时，提示文本自动消失，用户删除输入的内容后，自动显示提示文本。

7.1.2 设计左下部区域

左下部分和右下部分都包含在下方区域的大盒子中，下方的 div 使用类选择符.bot 定义样式，具体样式要求为：宽度自动、高度自动、填充为 0，边距为 0，样式代码如下。

```
.bot{width:auto; height:auto; margin:0; padding:0;}
```

1. 左下区域的样式与功能说明

整个左下方区域设计为一个 div，采用 id 选择符#leftdiv 定义样式，具体样式要求为：宽度为 200px，高度为 600px，填充为 0，边距为 0，右边框和下边框宽度为 1px，线型为实线，边框颜色为#aaf，背景色为#eef，向左浮动。

思考问题：

id 为 leftdiv 的 div 总宽度是多少？

解答：

总宽度为 201px，包括宽度 200px 和 1px 的右边框。

说明：此处强调该宽度值，是为了在后面计算浮动框架宽度时使用。

在元素<div id="leftdiv">的内部包含了上下两个 div，分别使用类选择符.leftdivtop 和.leftdivbot 定义样式。

类选择符.leftdivtop 的样式要求为：宽度为 200px，高度为 40px，填充为 0，边距为 0。元素<div class="leftdivtop">的内容是图片 writereceive.jpg，对于图片 writereceive.jpg 需要做两个区域的图像映射。

类选择符.leftdivbot 的样式要求为：宽度为 160px，高度为 auto，左填充为 40px，其余填充为 0，边距为 0。

类选择符.leftdivbot 的宽度与填充的说明：这里考虑到 div 中“收件箱、草稿箱、已发送、已删除”4 个导航都没有靠左对齐，也并不是居中对齐，而是偏离了 div 左边框一定的距离，因此设置左填充为 40px，其余填充为 0，对应的盒子的宽度 width 取值为 160px，而不是 200px。

元素<div class="leftdivbot">的内部可以使用多种不同的方案排列各个链接热点，本书中使用段落来排列，使用 margin-top 设置段前间距为 10px，使用 margin-bottom 设置段后间距为 0，段落中的字号为 10pt；超链接初始状态和访问过状态都是灰色#999，没有下画线，鼠标悬停时为蓝色#ddf、显示下画线。

元素<div class="leftdivtop">中的“收信”和元素<div class="leftdivbot">中的“收邮件”超链接的href属性都设置为receiveemail.php,“写信”超链接的href属性设置为writeemail.php,“已删除”超链接的href属性设置为deletedemail.php，这几个超链接的target属性都设置为main（main是接下来要设置的右侧浮动框架name属性的取值），“草稿箱”和“已发送”功能在本书中没有实现，对应超链接的href属性设置为#即可。

2. 设计左下部区域的代码

（1）样式代码

在email.css文件中增加下面的代码。

```
1: #leftdiv{width:200px; height:600px; padding:0; margin:0; border-right:1px solid #aaf;
border-bottom:1px solid #aaf; background:#eef; float:left;}
2: .leftdivtop{width:200px; height:40px; padding:0; margin:0; }
3: .leftdivbot{ width:160px; height:auto; padding:0 0 0 40px; margin:0;}
4: .leftdivbot p{ margin-top:10px; margin-bottom:0; font-size:10pt;}
5: .leftdivbot a:link, .leftdivbot a:visited{color:#66f; text-decoration:none;}
6: .leftdivbot a:hover{color:#00f; text-decoration:underline;}
```

代码解释：

第5行，使用群组选择符和包含选择符定义超链接的初始状态和访问过状态的样式，两个并列的包含选择符.leftdivbot a:link和.leftdivbot a:visited使用逗号间隔之后组成了群组选择符，也就是这两个选择符之间的逗号将其分为前后两个部分，后面选择符中的.leftdivbot不可省略。

（2）页面内容代码

在email.php文件的主体部分增加下面的代码。

```
1: <div class="bot">
2:  <div id="leftdiv">
3:   <div class="leftdivtop">
4:     <img src="images/writereceive.jpg" width="200" height="40" border="0" usemap="#Map" />
5:     <map name="Map" id="Map">
6:      <area shape="rect" coords="8,5,98,37" href="receiveemail.php" target="main" />
7:      <area shape="rect" coords="99,4,190,37" href="writeemail.php" target="main" />
8:     </map>
9:   </div><!--<div class="leftdivtop">的结束-->
10:  <div class="leftdivbot">
11:    <p><a href="receiveemail.php" target="main">收件箱</a></p>
12:    <p><a href="#">草稿箱</a></p>
```

```
13:     <p><a href="#">已发送</a></p>
14:     <p><a href="deletedemail.php" target="main">已删除</a></p>
15:   </div><!--<div class="leftdivbot">的结束-->
16:  </div><!--<div id="leftdiv">的结束-->
17: </div><!--<div class="bot">的结束-->
```

代码解释：

第 5 ~ 8 行是在 dreamweaver 设计视图中使用图像映射创建超链接之后生成的代码。

第 6 ~ 7 行代码中的属性 shape="rect"表示热点区域为矩形，coords 属性的 4 个取值分别表示矩形左上角的横坐标和纵坐标以及矩形右下角的横坐标和纵坐标。

因为单击元素<div id="leftdiv">内部的所有超链接，都要从右侧 name 为 main 的框架区域中打开链接的页面，所以需要在超链接中设置 target="main"。

7.1.3 设计右下部区域

1. 整个右下部区域的设计要求

整个区域设计为一个 div，使用类选择符.maindiv 定义样式。这个区域的宽度与高度都不是固定的，宽度要取用区域中浮动框架窗口的宽度，高度要取用浮动框架内部加载的页面文件的高度，宽度和高度的设置都需要通过脚本来实现。

类选择符.maindiv 具体的样式要求为：宽度和高度都是 auto，填充为 0，边距为 0，向左浮动。

元素<div class="maindiv">的内容是浮动框架，浮动框架的 name 和 id 属性取值都设置为 main，初始高度和宽度都是自动，在页面运行时将使用脚本函数设置相应的高度和宽度取值，边框设置为 0，滚动条为 no，初始加载的页面文件是 writeemail.php。

思考问题：

这里为什么将浮动框架中的滚动条设置为 no?

解答：

因为浮动框架的高度将跟随内部加载的页面文件内容的高度来确定，也就是说，浮动框架中任何时候都不需要使用滚动条来查看所加载页面的内容，为了不留下滚动条的痕迹，将滚动条设置为 no。

---

2. 设置右下部区域的样式代码和页面代码

（1）样式代码

在 email.css 文件中增加如下代码。

```
.maindiv{width:auto; height:auto; padding:0; margin:0; float:left;}
```

（2）页面代码

在 email.php 文件中元素<div id="leftdiv">的结束标记</div>之后增加如下代码。

```
<div class="maindiv">
   <iframe src="writeemail.php" name="main" id="main" width="auto"
height="auto" frameborder="0" scrolling="no"></iframe>
</div>
```

接下来需要设计用于设置浮动框架宽度和高度的脚本代码，需要创建脚本文件 email.js，在 email.php 的首部增加代码<script type="text/JavaScript" src="email.js"></script>来引用脚本文件。

3. 设置浮动框架的宽度

整个邮箱主窗口界面 email.php 的宽度始终与浏览器窗口宽度保持一致，在元素<div class="bot">的内部，左侧元素<div id="leftdiv">的总宽度固定为 201px，右侧元素<div class="maindiv">的宽度为自动，因此要求在元素<div class="maindiv">内部的浮动框架的宽度必须能够适应浏览器窗口的变化，若窗口变宽，浮动框架宽度要变宽，若窗口变窄，浮动框架宽度要变窄，从而做到由浮动框架窗口的宽度来决定元素<div class="maindiv">的宽度。

具体实现方法是：用浏览器窗口宽度减去元素<div id="leftdiv">的总宽度 201，将结果作为浮动框架的宽度。

接下来要讨论的关键问题是：要如何获取浏览器窗口的宽度？

获取浏览器窗口宽度时需要考虑当前页面文件在创建时是否使用了 xhtml 标准，若是没有使用 xhtml 的相关标准，即在页面代码开始时直接使用标记<html>，需要使用代码 document.body.clientWidth 获取到浏览器窗口中可见区域的宽度；若是使用了 xhtml 标准，即在页面代码开始时使用<!DOCTYPE html .../xhtml1-transitional.dtd">，需要使用代码 document.documentElement.clientWidth 获取到浏览器窗口中可见区域的宽度。

在脚本文件 email.js 中定义函数 iframeWidth()实现上面的功能。

定义函数及调用函数的代码如下。

```
1: function iframeWidth() {
2:   if ( document . body ) {
3:       windowWidth = document . body . clientWidth;
4:   }
5:   else if ( document . documentElement ) {
6:       windowWidth = document . documentElement . clientWidth;
7:   }
8:   document . getElementById('main') . width = windowWidth - 201;
9: }
10: window . onload = iframeWidth;
11: window . onresize = iframeWidth;
```

代码解释：

第 2 行和第 3 行，关于条件 document.body，若是在页面文件中没有使用 xhtml 标准，该条件就是成立的，之后使用代码 document.body.clientWidth 获取到浏览器窗口中可见区域的宽度，保存在变量 windowWidth 中。

第 5 行和第 6 行，关于条件 document. documentElement，只要在页面中使用了 xhtml 标准，该条件就是成立的，之后使用代码 document. documentElement.clientWidth 获取到浏览器窗口中可见区域的宽度，保存在变量 windowWidth 中。

第 8 行，将 windowWidth 中保存的宽度值减去 201 之后设置为 id 为 main 的浮动框架的宽度值。

第 10 行，页面文件 email.php 加载完成后即刻调用函数 iframeWidth，页面加载完成时触发的是 window 对象的 load 事件。

第 11 行，窗口大小发生变化时即刻调用函数 iframeWidth，窗口大小变化时触发的是 window 对象的 resize 事件。

第 10 行和第 11 行中调用函数时采用的做法是“**对象名.事件属性=函数名;**”。

4. 设置浮动框架的高度

在一个使用了浮动框架子窗口的页面中，因为加载到浮动框架中的页面高度并不固定，因此要求浮动框架的高度能够随着加载进来的页面内容高度的变化而变化，这样能够避免出现以下两个问题。

（1）若浮动框架初始高度小于加载进来的页面内容高度，在内部需要出现滚动条，因此存在内外双滚动情况，会影响页面的美观性。

（2）若浮动框架初始高度高于加载进来的页面内容高度，浮动框架底部页面内容下方将出现大片的空白区域，也会影响页面的美观性。

接下来要讨论的关键问题是：要如何获取加载到浮动框架中的页面内容的高度?

获取页面内容高度时，需要考虑运行页面文件时使用的浏览器，获取不同浏览器下面运行页面的高度的方法并不完全相同，主要分为 IE 内核和 webkit 内核两种情况：若浏览器内核为 IE，要使用代码“iframe1.contentWindow.document.body.scrollHeight”获取页面的高度；若浏览器内核为 webkit，要使用代码 iframe1.contentDocument. documentElement.scrollHeight 获取页面的高度，其中 iframe1 是变量，表示浮动框架元素。

另外，考虑到页面的美观性，在浮动框架窗口高度超过 600px 时，需要同步调整左侧元素<div id="leftdiv">的高度，保证该 div 的高度与浮动框架窗口高度一致。

在 email.js 文件中定义函数 iframeHeight()，代码如下。

```
1: function iframeHeight() {
2:  var iframe1 = document . getElementById('main');
3:  if ( iframe1 . contentWindow ) {
4:     height1 = iframe1 . contentWindow . document . body . scrollHeight;
5:  }
6:  else  if ( iframe1 . contentDocument ) {
7:     height1 = iframe1 . contentDocument . documentElement . scrollHeight;:
8:  }
9:  iframe1 . height = height1;
10: var leftdiv = parent . document . getElementById( 'leftdiv' );
11: if( height1 < 600 ){
12:     leftdiv . style . height = 600 + "px";
13: }
14: else{
15:     leftdiv . style . height = height1 + "px";
16: }
17: }
```

代码解释：

第 2 行，使用 document.getElementById('main') 获取到指定的浮动框架元素，使用变量 iframe1 表示。

第 3 行，关于条件 iframe1.contentWindow，若页面文件是在 IE 内核的浏览器中运行，则该条件一定成立，之后可以使用第 4 行代码获取浮动框架中正文内容的高度，保存在变量

height1 中。

第 6 行，关于条件 iframe1.contentDocument，若页面文件是在 webkit 内核的浏览器中运行，则该条件一定成立，之后可以使用第 7 行代码获取浮动框架中正文内容的高度，保存在变量 height1 中。

第 9 行，将保存在变量 height1 中的页面内容的高度作为浮动框架 iframe1 的高度。

第 11 ~ 13 行，若是获取到的浮动框架页面内容的高度低于 600px，则保持元素<div id="leftdiv">的高度为 600px。

第 14 ~ 16 行，若是获取到的浮动框架页面内容的高度高于 600px，则设置元素<div id="leftdiv">的高度与浮动框架高度一致。

注意：在脚本中设置 div 的高度或宽度时，务必要在取值之后增加量度单位 px，否则在浏览器中运行时会因为使用默认的量度单位而出现问题。

调用函数 iframeHeight()：在浮动框架中加载新页面时调用该函数，因此需要在 email.php 文件浮动框架标记<iframe>内部使用代码 onload="iframeHeight();" 完成调用。

7.1.4　email.php 的完整代码

```
<!DOCTYPE html PUBLIC "-//W3C//DTD XHTML 1.0 Transitional//EN"
"http://www.w3.org/TR/xhtml1/DTD/xhtml1-transitional.dtd">
<html xmlns="http://www.w3.org/1999/xhtml"><head>
<meta http-equiv="Content-Type" content="text/html; charset=utf-8" />
<title>无标题文档</title><link type="text/css" rel="stylesheet" href="email.
css" />
<script type="text/JavaScript" src="email.js"></script></head>
<body>
 <div class="wshdiv">
   <div class="wshleft">
     <img src="images/163logo.gif" align="middle" />  
     <input name="emailaddr" type="text" class="emailaddr" value="<?php echo
"$emailaddr@163.com"; ?>" readonly="readonly" />  
     <a href="#">网易</a> | 
     <a href="#">帮助</a> | 
     <a href="denglu.html">退出</a>
   </div>
   <div class="wshright">
     <input name="search" class="search" placeholder="支持邮件全文搜索" />
     <img src="images/search.png" align="top" />
   </div>
  </div>
  <div class="bot"> <div id="leftdiv"> <div class="leftdivtop">
   <img src="images/writerecieve.JPG" width="200" height="40" border="0"
usemap="#Map" />
   <map name="Map" id="Map">
```

```
        <area shape="rect" coords="8,5,98,37" href="receiveemail.php" target=
"main" />
        <area shape="rect" coords="99,4,190,37" href="writeemail.php" target=
"main" />
       </map>
     </div>
     <div class="leftdivbot">
        <p><a href="receiveemail.php" target="main">收件箱</a></p>
        <p><a href="#">草稿箱</a></p>
        <p><a href="#">已发送</a></p>
        <p><a href="deletedemail.php" target="main">已删除</a></p>
     </div></div>
     <div class="maindiv">
       <iframe src="writeemail.php" name="main" id="main" width="auto"
height="auto" frameborder="0" scrolling="no" onload="iframeHeight();"></iframe>
     </div></div>
   </body>
   </html>
```

7.2 实现写邮件页面功能

需要解决的核心问题

- 如何保证表单元素的宽度能够自适应窗口宽度？
- 如何根据文本区域中内容的多少动态决定滚动条的显示与隐藏？
- 如何实现某个 div 根据指定操作动态显示或隐藏？

本节实现的写邮件功能不包含附件的添加与删除，只是设计包含发件人、收件人、主题、内容等信息以及发送、取消等按钮的表单界面，效果如图 7-3 所示。

图 7-3　写邮件界面

7.2.1　布局、样式及页面元素插入

1. 页面的布局及元素样式定义

整个页面的边距设置为 0。

整个页面使用的 div 及各个 div 的排列关系如图 7-4 所示。

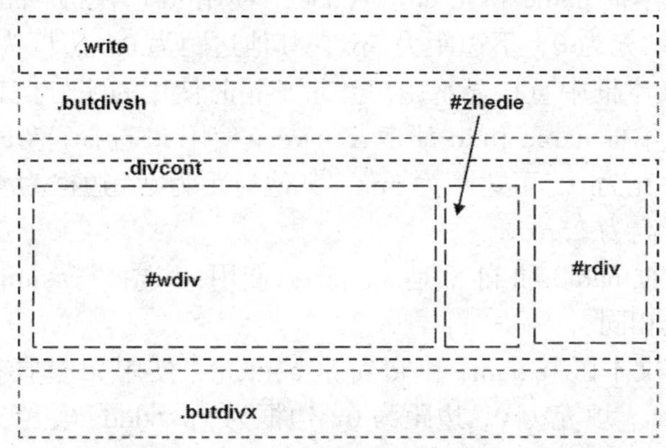

图 7-4　写邮件界面使用的 div 排列关系

下面是各个 div 的内容及样式定义要求。

（1）类选择符.write

宽度为 120 px，高度为 20px，填充为 0，边距为 0，背景图为 writebg.jpg，字号为 10pt，文本在水平方向居中，文本行高为 20px（该行高用于设置垂直方向居中）。

（2）类选择符.butdivsh

宽度自动（该 div 的宽度与浮动框架窗口宽度一致，使用宽度自动来实现），高度为 28px，上填充为 8px，左右填充为 10px，下填充为 0，边距为 0，背景为浅灰色#eee，下边框为 1px#aaf 颜色实线。

元素<div class="butdivsh">的内部包含 5 个按钮，“发送”按钮为 submit 类型，“取消”按钮为 reset 类型，其他 3 个按钮都是 button 类型，所有按钮的样式定义要求为：高度为 25px，文本字号为 10pt。

（3）类选择符.divcont

宽度自动（该 div 的宽度与浮动框架窗口宽度一致），高度自动（高度根据内部表单元素的总高度来确定），填充为 0，上下边距为 10px，左右边距为 0。

元素<div class="divcont">的内部包含了横向排列的三个 div，分别使用 id 选择符#wdiv、#zhedie 和#rdiv 定义样式。

Id 选择符#wdiv：宽度为 300px（初始设为 300px，后面需要使用脚本函数重新设置，保证其能够随着窗口宽度的变化而变化，脚本内容完成之后，可以将#wdiv 的宽度修改为 auto），高度自动，填充为 0，边距为 0，向左浮动。

元素<div id="wdiv">的内部使用 4 行 2 列的表格排列了发件人、收件人、主题和内容 4 个表单元素。

表格宽度需要与元素<div id="wdiv">的宽度一致，因此设置为 100%，单元格内容不允许换行，这是为了保证用户将窗口变得非常窄之后，显示在左侧列中的提示文本不会被换行，这需要为表格标记 table 设置样式 table-layout:fixed;来实现。

表格所有单元格中的文本字号都是 10pt，文本在垂直方向顶端对齐；表格左侧列宽度为 60px，文本在水平方向靠右对齐；表格右侧列宽度为自动（在左侧列宽度固定的基础上，必须设置右侧列宽自动，这样才能保证表格总宽度能适应父元素<div id="wdiv">宽度的变化，最终适应浏览器窗口宽度的变化）。

表单元素发件人文本框 name 和 id 都是 sender，使用 id 选择符#sender 定义样式：宽度为 200px，高度为 25px，填充为 0，下边距为 5px，其他边距为 0，边框为 0，文本字号为 12pt，文本行高为 25px；该文本框中直接显示用户登录邮箱时使用的账号信息，设置为只读。

表单元素收件人文本框 name 和 id 都是 receiver，使用 id 选择符#receiver 定义样式：宽度自动，高度为 25px，填充为 0，下边距为 5px，其他边距为 0，边框为 1px#ddd 颜色实线，文本字号为 12pt，文本行高为 25px。

表单元素主题文本框 name 和 id 都是 subject，使用 id 选择符#subject 定义样式，样式与收件人文本框样式完全相同。

表单元素邮件内容文本区域 name 和 id 都是 content，使用 id 选择符#content 定义样式：宽度自动，高度为 350px，填充为 0，边距为 0，边框为 1px#ddd 颜色实线，文本字号为 10pt，文本行高为 25px。

Id 选择符#zhedie 的样式要求：宽度为 10px，高度为 60px，上下填充为 193px，左右填充为 0，边距为 0，向左浮动；元素<div id="zhedie">的内容是图片 zhedieright.jpg，当用户单击图片时可以完成右侧元素<div id="rdiv">的显示或隐藏。

元素<div id="zhedie">的上下填充及高度说明：高度 60px 是直接取用了 div 内部要放置的图片 zhedieright.jpg 的高度；上下填充为 193px 则是根据 4 个表单元素占据的高度总和 446px 减去高度 60px 之后平分为上下填充值，目的是设置图片 zhedieright.jpg 在垂直方向居中。

总高度 446px 的计算方法：发件人文本框 height 为 25px，下边距为 5px，共 30px；收件人和主题两个文本框的 height 都是 25px，上下边框各 1px，下边距都是 5px，因此每个文本框总高度为 32px，两个文本框总高度为 64px；邮件内容文本区域 height 为 350px，上下边框各 1px，总高度为 352px；30+64+352 得到 446px。

Id 选择符#rdiv 的样式要求：宽度为 200px，高度为 444px（使用表单元素占据的总高度 446px 减去该元素上下边框各 1px 得到），填充为 0，边距为 0，边框为 1px#ddd 颜色实线，背景为浅灰色#eee，向左浮动；元素<div id="rdiv">的内容为空，读者可以自行对其扩展功能，如在其中显示通讯录等信息。

（4）类选择符.butdivx

宽度自动（该 div 的宽度与浮动框架窗口宽度一致，使用宽度自动来实现），高度为 28px，上填充为 8px，左右填充为 10px，下填充为 0，边距为 0，背景为浅灰色#eee，上边框为 1px#aaf 颜色实线。

元素<div class="butdivxia">的内部包含的所有按钮的样式要求：高度为 25px，文本字号为 10pt。

2. 样式代码

创建样式文件 writeemail.css，定义代码如下。

```
body{margin:0;}
.write{width:120px; height:20px; padding:0; margin:0; background:url
```

```
(images/writebg.jpg); font-size:10pt; text-align:center; line-height:20px;}
3: .butdivsh{width:auto; height:28px; padding:8px 10px 0; margin:0; border-bottom:1px solid #aaf; background:#eee;}
4: .butdivx{width:auto; height:28px; margin:0; padding:8px 10px 0; border-top:1px solid #aaf; background:#eee;}
5: .butdivsh input, .butdivx input{ height:25px; font-size:10pt;}
6: .divcont{width:auto; height:auto; padding:0; margin:10px 0;}
7: #wdiv{ width:300px; height:auto; padding:0; margin:0; float:left;}
8: #zhedie{width:10px; height:60px; padding:193px 0; margin:0; float:left}
9: #rdiv{width:200px; height:444px; padding:0; margin:0; border:1px solid #ddd; background:#eee; float:left;}
10: #wdiv table{width:100%; table-layout:fixed;}
11: #wdiv table  td{ font-size:10pt; vertical-align:top;}
12: #wdiv table  .tdleft{width:60px; text-align:right;}
13: #wdiv table  .tdright{width:auto;}
14: #sender{width:200px; height:25px; padding:0; margin:0 0 5px; border:0; font-size:12pt; line-height:25px; font-weight:bold;}
15: #receiver, #subject{width:auto; height:25px; padding:0; margin:0 0 5px; border:1px solid #ddd; font-size:12pt; line-height:25px;}
16: #content{width:auto; height:350px; padding:0; margin:0; border:1px solid #ddd; font-size:10pt; line-height:25px;}
17: .clear{clear:both;}
```

代码解释：

第 17 行，清除浮动的样式定义用于解决元素<div class="divcont">的高度塌陷问题，该 div 的高度设置为 auto，而且其内部的 id 为 wdiv、zhedie 和 rdiv 的 3 个子元素都是浮动的元素，因此，在大部分浏览器中该 div 高度会塌陷，影响整个页面的运行效果，所以需要为其增加清除浮动的功能设置。

思考问题：

第 16 行，id 为 content 的文本区域元素中能够显示的文本有多少行？如何计算？

解答：

能够显示的文本为 14 行，使用该元素的高度 350px 除以文本的行高 25px 得到。

---

3. 页面元素代码

创建页面文件 writeemail.php，在首部使用代码<link type="text/css" rel="stylesheet" href="writeemail.css" />引用样式文件。

在页面主体中增加如下代码。

```
<?php session_start(); ?>
<form id="form1" name="form1" method="post" action="">
  <div class="write">写 信</div>
  <div class="butdivsh">
    <input name="send" type="submit" value=" 发 送 " />
```

```
    <input name="but1" type="button" value=" 存草稿 " />
    <input name="but2" type="button" value=" 预  览 " />
    <input name="but3" type="button" value=" 查字典 " />
    <input name="rst" type="reset" value=" 取  消 " />
  </div>
  <div class="divcont">
    <div id="wdiv">
      <table border="0" cellpadding="0" cellspacing="0">
        <tr>
          <td class="tdleft">发件人：</td>
          <td class="tdright"><input name="sender" type="text" id="sender" value="<?php echo $_SESSION['emailaddr'].'@163.com'; ?>" readonly= "readonly" /></td>
        </tr>
        <tr>
          <td class="tdleft">收件人：</td>
          <td class="tdright"><input name="receiver" type="text" id="receiver" /></td>
        </tr>
        <tr>
          <td class="tdleft">主题：</td>
          <td class="tdright"><input name="subject" type="text" id="subject" /></td>
        </tr>
        <tr>
          <td class="tdleft">内容：</td>
          <td class="tdright"><textarea name="content" id="content" ></textarea></td>
        </tr>
      </table>
    </div>
    <div id="zhedie"><img src="images/zhedieright.jpg" id="zhedieImg" /></div>
    <div id="rdiv"></div>
    <div class="clear"></div>
  </div>
  <div class="butdivx">
    <input name="send" type="submit" value=" 发  送 " />
    <input name="but1" type="button" value=" 存草稿 " />
    <input name="but2" type="button" value=" 预  览 " />
    <input name="but3" type="button" value=" 查字典 " />
```

```
41:    <input name="rst" type="reset" value=" 取  消 " />
42:  </div>
43: </form>
```

代码解释：

第 1 行，嵌入 PHP 代码 session_start()，启用 session，因为该页面中要使用保存在数组元素$_SESSION['emailaddr']中的用户账号信息，所以需要启用 session 获取数据。

第 2～43 行，整个页面内容都包含在表单容器中。

第 16 行，设置发件人元素的相关信息，因为在页面加载完成后，id 为 sender 的发件人文本框中默认显示用户的登录账号信息，所以使用代码 value="<?php echo $_SESSION ['emailaddr'] . '@163.com'; ?>"，将保存在服务器端系统数组$_SESSION 中的用户账号信息连接上@163.com，输出到浏览器端之后，作为文本框的 value 属性取值。

7.2.2 实现脚本功能

在写邮件界面中需要使用脚本函数实现：表单数据验证、id 为 content 的文本区域中滚动条的显示与隐藏、表单元素的宽度设置、元素<div id="rdiv">的显示与隐藏等功能。

创建脚本文件 writeemail.js，分别定义函数实现上述功能。

在 writeemail.php 首部增加<script type="text/javascript" src="writeemail.js"></script>代码关联脚本文件。

1. 函数 validate()的定义与调用

单击“发送”按钮发送邮件时，需要先判断用户是否输入了收件人和邮件主题信息，若是没有输入收件人信息，则在 id 为 receiver 的收件人文本框中显示红色提示信息“必须要填写收件人信息”，同时返回 false 结果，用于结束函数的执行过程，并阻止发送邮件的过程，效果如图 7-5 所示；若是没有输入邮件主题信息，则在 id 为 subject 的主题文本框中显示红色提示信息“必须要填写邮件主题”，同时返回 false 结果，用于结束函数的执行过程，并阻止发送邮件的过程，效果如图 7-6 所示。

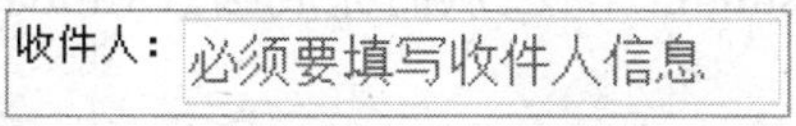

收件人： 必须要填写收件人信息

图 7-5 未填写收件人信息的页面效果

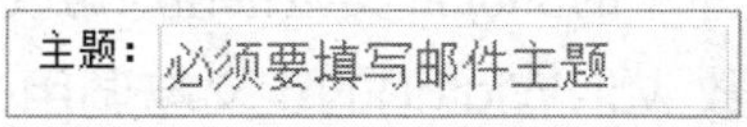

主题： 必须要填写邮件主题

图 7-6 未填写主题的页面效果

说明，相关提示信息使用 HTML5 中表单元素的 placeholder 属性设置，该属性设置的提示文本默认为灰色，为了能够将提示文本设置为红色，需要在 writeemail.css 文件中增加下面的样式代码。

```
.inp::-webkit-input-placeholder {color:#f00;} /* WebKit browsers */
.inp:-moz-placeholder {color:#f00;} /* Mozilla Firefox 4 to 18 */
.inp::-moz-placeholder {color:#f00;} /* Mozilla Firefox 19+ */
.inp:-ms input-placeholder {color:#f00;} /* Internet Explorer 10+ */
```

函数 validate()代码如下。

```
function validate() {
  var receiver = document . getElementById('receiver');
  var subject = document . getElementById('subject');
  if ( receiver . value == '' ) {
```

```
5:      receiver . placeholder = "必须要填写收件人信息";
6:      receiver . className = "inp";
7:      receiver . focus();
8:      return false;
9:   }
10:  if ( subject . value == '') {
11:      subject . placeholder = "必须要填写邮件主题";
12:      subject . className = "inp";
13:      subject . focus();
14:      return false;
15:  }
16: }
```

代码解释：

第 2 行，使用 document.getElementById('receiver')获取到收件人文本框元素，并使用脚本变量 receiver 表示。

第 3 行，使用 document.getElementById(' subject ')获取到主题文本框元素，并使用脚本变量 subject 表示。

第 4 ~ 9 行，若是收件人文本框中的内容为空，则使用第 5 行代码设置提示信息；第 6 行代码在该文本框中设置 className 属性取值为类名 inp，设置提示信息显示为红色；使用第 7 行代码将光标放入收件人文本框中；第 8 行代码返回 false 结果，结束函数的执行过程。

第 10 ~ 15 行，若是主题文本框中的内容为空，则使用第 11 行代码设置提示信息；第 12 行代码在该文本框中设置 className 属性取值为类名 inp，设置提示信息显示为红色；使用第 13 行代码将光标放入主题文本框中；第 14 行代码返回 false 结果，结束函数的执行过程。

函数调用：

在 writeemail.php 文件代码的<form>标记内部增加代码 onsubmit="return validate();"，作用是当单击表单中的 submit 类型按钮时触发表单的 submit 事件，从而完成函数 validate()的调用。

2. 函数 wdivWidth()的定义与调用

元素<div id="wdiv">的宽度在初始状态通过样式设置为 300px，该元素及其内部 id 为 receiver、subject 和 content 的表单元素的宽度都要求能够适应页面文档 writeemail.php 的宽度，并且在单击 id 为 zhedieImg 的折叠图片元素时，能够根据右侧元素<div id="rdiv">的显示与隐藏状态来改变自己的宽度。

若是元素<div id="rdiv">为显示状态，则元素<div id="wdiv">的宽度需要取用页面文档宽度减去元素<div id="rdiv">和<div id="zhedie">的宽度之后的结果。

若元素<div id="rdiv">为隐藏状态，则元素<div id="wdiv">的宽度需要取用页面宽度减去元素<div id="zhedie">的宽度之后的结果。

而 id 为 receiver、subject 和 content 的表单元素的宽度则需要使用元素<div id="wdiv">的宽度减去表格左侧列宽 60px 以及表单元素的左右边框 2px 之后得到。

定义函数 wdivWidth()实现上面功能。函数代码如下。

```
function wdivWidth() {
 var w = window . document . body . offsetWidth ||
```

```
window . document . documentElement . offsetWidth ;
    3:  if ( document . getElementById('rdiv') . style . display == "none" ) {
    4:      leftdivw = w - 10;
    5:  }
    6:  else {
    7:      leftdivw = w - 10 - ( 200 + 2 );
    8:  }
    9:  document . getElementById('wdiv') . style . width = leftdivw + "px";
    10: document . getElementById('receiver') . style . width = (leftdivw - 62) +
"px";
    11: document . getElementById('subject') . style . width = (leftdivw - 62) +
"px";
    12: document . getElementById('content') . style . width = (leftdivw - 62) +
"px";
    13: }
```

代码解释：

第 2 行，获取页面文档 writeemail.php 的可见区域宽度，使用变量 w 表示，若是页面文档中使用了 xhtml 标准，则通过 window.document.documentElement.offsetWidth 来获取页面可见区域宽度，否则就通过 window.document.body.offsetWidth 来获取页面可见区域宽度，使用或运算符连接这两个取值，二者之中有且仅有一个能够成立。

第 3～8 行，使用 document.getElementById('rdiv')获取到元素<div id="rdiv">，判断它是否是隐藏的，若是隐藏的，则使用变量 w 的值减去元素<div id="zhedie">的宽度 10px，结果保存在变量 leftdivw 中；若是显示的，则使用变量 w 的值减去元素<div id="zhedie">的宽度 10px，再减去元素<div id="rdiv">的总宽度 202px（宽度 200+左右边框 2），结果保存在变量 leftdivw 中。

第 9 行，将变量 leftdivw 中保存的值作为元素<div id="wdiv">的宽度值，注意，必须在后面增加单位 px。

第 10～12 行，使用变量 leftdivw 的值减去元素<div id="wdiv">中表格左侧列宽 60px 和表单元素的左右边框 2px 之后，将结果作为表单元素的宽度。

思考问题：

在第 10～12 行中设置表单元素宽度时，为什么必须减去表单元素左右边框占用的 2px?

解答：

假设元素<div id="rdiv">是显示的，而当前获取到的窗口宽度为 600px，此时为元素<div id="wdiv">设置的宽度是 600px–212px 得到 388px，使用 388px 去掉表格左侧列的固定宽度 60px 得到 328px；这一取值要再减去表单元素左右 2px 的边框，得到 326px 作为表单元素 width 属性的取值。

函数调用：

函数 wdivWidth()在页面加载时需要调用，在浏览器窗口大小发生变化时也需要调用，因此直接在函数定义完毕之后增加下面的代码完成函数调用。

```
window . onload = wdivWidth;
window . onresize = wdivWidth;
```

3. 函数 showOrHideRdiv()的定义与调用

若是元素<div id="rdiv">为隐藏的，则单击图片元素<img id="zhedieImg">之后，要将元素<div id="rdiv">设置为显示状态，同时将图片元素<img id="zhedieImg">显示的图片文件修改为 zhedieright.jpg；否则就要将元素<div id="rdiv">设置为隐藏状态，同时将图片元素<img id="zhedieImg">显示的图片文件修改为 zhedieleft.jpg。

定义函数 showOrHideRdiv()实现上述功能。

函数代码如下。

```
function showOrHideRdiv() {
    if(document . getElementById('rdiv') . style . display == "none") {
        document . getElementById('rdiv') . style . display = "block";
        document . getElementById('zhedieImg') . src = "images/zhedieright.jpg";
    }
    else {
        document . getElementById('rdiv') . style . display = "none";
        document . getElementById('zhedieImg') . src = "images/zhedieleft.jpg";
    }
}
```

代码说明：

这里不可以使用样式属性 visible 判断或者设置元素<div id="rdiv">的显示与隐藏，因为当元素隐藏之后，不允许其继续占用页面中的位置，所以必须使用样式属性 display 进行判断或者设置。

函数调用：

当用户单击图片元素<img id="zhedieImg">时调用该函数，需要在 writeemail.php 代码<img… id="zhedieImg" />中增加代码 onclick="showOrHideRdiv();"完成函数的调用。

另外，当用户单击图片元素<img id="zhedieImg">，隐藏或者显示元素<div id="rdiv">之后，还需要调用函数 wdivWidth()重新调整元素<div id="wdiv">和内部各个表单元素的宽度，因此需要将代码 onclick="showOrHideRdiv();"改为 onclick=" showOrHideRdiv(); wdivWidth();"。

强调： 图片元素<img id="zhedieImg">的 click 事件调用的两个函数必须是先调用 showOrHideRdiv()，后调用 wdivWidth()，这是因为需要先设置元素<div id="rdiv">的显示或隐藏之后，再设置元素<div id="wdiv">的宽度。

---

4. 函数 showOrHideScroll()的定义与调用

为了使设计的页面比较美观，要求在任何浏览器中运行页面文件 writeemail.php 时，文本区域中的滚动条在初始状态都要隐藏，在当前的各种主流浏览器中除了 IE 浏览器之外，其余浏览器中显示文本区域时，默认初始状态的滚动条都是隐藏的，当文本区域中的内容超出了指定的行数范围之后，滚动条会自动显示。因此，需要针对 IE 浏览器设置文本区域滚动条在初始状态隐藏。实现方法如下。

在页面文件 writeemail.php 代码首部连接外部样式文件<link…/>之后增加如下代码。

```
<!--[if  IE]>
  <style type="text/css">
    #content{overflow:hidden;}
  </style>
<![endif]-->
```

上面代码在判断是 IE 浏览器之后，为文本区域元素<textarea name="content" id="content">增加样式定义，使用 overflow:hidden;设置滚动条为隐藏状态。

函数 showOrHideScroll()需要实现的功能说明如下。

写邮件内容的文本区域元素在样式定义中定义的高度是 350px，内部文本的行高是 25px，因此可以显示出的文本最多为 14 行，若是文本区域内的文字没有超出 14 行，则设置文本区域的滚动条为隐藏状态，否则设置滚动条为显示状态，并且要保证滚动条随时根据文本行数的变化来显示或隐藏。

函数代码如下。

```
1: function showOrHideScroll() {
2:   var cont = document . getElementById("content");
3:   var txt = cont . createTextRange() . getClientRects();
4:   if ( txt . length > 14 ) {
5:       cont . style . overflowY = 'scroll';
6:   }
7:   else {
8:      cont . style . overflowY = 'hidden';
9:   }
10:  scrollTm = window . setTimeout("showOrHideScroll()", 100);
12: }
```

代码解释：

第 2 行，使用代码 document.getElementById("content") 获取页面中 id 为 content 的文本区域元素，使用变量 cont 表示。

第 3 行，在 cont 中使用函数 createTextRange()创建包含文本的对象，进而使用函数 getClientRects()获取文本对象中的文本，使用变量 txt 表示。

第 4 行，使用 txt.length 获取变量 txt 中文本的行数，判断行数是否超出 14。

第 5 行，若文本行数超出 14，则将变量 cont 表示的文本区域中垂直方向滚动条 overflowY 使用 scroll 设置为显示状态。

第 8 行，若文本行数没有超出 14，则将变量 cont 表示的文本区域中垂直方向滚动条 overflowY 使用 hidden 设置为隐藏状态。

第 10 行，使用 window 对象的定时器函数 setTimeout()设置每间隔 100ms 调用函数 showOrHideScroll()，保证随时监测文本区域中文本的行数，以确定滚动条的显示与隐藏状态，该函数返回一个定时器标识，使用全局变量 scollTm 保存，以便在编辑完邮件内容光标离开文本区域时，用于结束 setTimeout()函数的定时调用函数的过程。

函数初次调用：

当光标聚焦到文本区域时开始调用函数，因此需要在 writeemail.php 页面代码文本区域元素中增加代码 onfocus="showOrHideScroll();"，完成函数的初次调用。

5. 函数 stopscrollTm()的定义与调用

编辑邮件内容时，使用了 window 对象的定时器函数 setTimeout()设置每间隔 100ms 就要调用函数 showOrHideScroll()，这个定时器一旦启用之后就会一直运行下去，直到采用相应的函数来结束它，为了停止定时器的循环定时过程，降低系统的能耗，这里定义函数 stopscrollTm()来结束定时器。

函数代码如下。

```
1: function stopscrollTm() {
2:      window . clearTimeout(scrollTm);
3: }
```

代码解释：

第 2 行，全局变量 scrollTm 在函数 showOrHideScroll()中保存了定时器返回的标识，此处使用 window 对象的 clearTimeout()函数清除 scrollTm 中保存的值，达到结束定时器的目的。

函数调用：

当用户结束邮件内容的编辑过程，将光标离开文本区域时调用函数，因此需要在 writeemail.php 页面代码文本区域元素中增加代码 onblur="stopscrollTm();"，完成函数的调用。

7.2.3 完整的 writeemail.php 代码

```
<!DOCTYPE html PUBLIC "-//W3C//DTD XHTML 1.0 Transitional//EN"
"http://www.w3.org/TR/xhtml1/DTD/xhtml1-transitional.dtd">
<html xmlns="http://www.w3.org/1999/xhtml">
<head>
<meta http-equiv="Content-Type" content="text/html; charset=utf-8" />
<title>无标题文档</title>
<link type="text/css" rel="stylesheet" href="writeemail.css" />
<script type="text/JavaScript" src="writeemail.js"></script>
<!--[if IE]>
  <style type="text/css">
    #content{overflow:hidden;}
  </style>
<![endif]-->
</head><body>
 <?php session_start(); ?>
 <form id="form1" name="form1" method="post" action="storeemail.php"
onsubmit="return validate();" enctype="multipart/form-data">
   <div class="write">写 信</div>
   <div class="butdivsh">
     <input name="send" type="submit" value=" 发  送 " />
```

```
    <input name="but1" type="button" value=" 存草稿 " />
    <input name="but2" type="button" value=" 预 览 " />
    <input name="but3" type="button" value=" 查字典 " />
    <input name="rst" type="reset" value=" 取 消 " />
  </div>
  <div class="divcont"> <div id="wdiv">
      <table border="0" cellpadding="0" cellspacing="0">
        <tr> <td class="tdleft">发件人：</td>
          <td class="tdright"><input name="sender" type="text" id="sender"
value="<?php echo $_SESSION['emailaddr'].'@163.com'; ?>" /></td></tr>
        <tr><td class="tdleft">收件人：</td>
          <td class="tdright"><input name="receiver" type="text" id="receiver"
onfocus="focusCode('receiver');" /></td></tr>
        <tr><td class="tdleft">主题：</td>
          <td class="tdright"><input name="subject" type="text" id="subject"
onfocus="focusCode('subject');" /></td></tr>
        <tr><td class="tdleft">内容：</td>
          <td class="tdright"><textarea name="content" id="content"
onfocus="showOrHideScroll();" onblur="stopscrollTm();"></textarea></td></tr>
      </table></div>
    <div id="zhedie"><img src="images/zhedieright.JPG" id="zhedieImg"
onclick="showOrHideRdiv();wdivWidth();" /></div>
    <div id="rdiv"></div><div class="clear"></div>
  </div>
  <div class="butdivx">
    <input name="send" type="submit" value=" 发 送 " />
    <input name="but1" type="button" value=" 存草稿 " />
    <input name="but2" type="button" value=" 预 览 " />
    <input name="but3" type="button" value=" 查字典 " />
    <input name="rst" type="reset" value=" 取 消 " />
  </div> </form></body></html>
```

7.3 添加附件功能的实现

需要解决的核心问题

- 如何设计用于添加 10 个附件的 10 组元素？
- 继续添加附件时，采取怎样的原则找出一个未使用的文件域元素？显示新元素之后，页面的高度和宽度需要怎样变化？
- 删除附件时如何处理文件域元素？删除附件之后页面的高度和宽度需要怎样变化？
- 在浮动框架内部的文件如何调用父窗口文件中的脚本函数？

添加附件功能包括用于添加附件的初始界面设计、继续添加附件、删除已添加附件等几个方面的功能实现过程。

7.3.1 界面设计

1. 界面设计说明

修改 writeemail.php 文件，在邮件主题信息下面增加表格的一行单元格，用于添加附件。

页面刚刚运行时，显示一个选择附件的文件域元素，界面如图 7-7 所示。

单击图 7-7 所示界面右下方的“删除”文本时，可以将已经选择的附件信息删除，但是要保留文件域元素。若是需要添加多个附件，可以单击“继续添加附件”文本，得到图 7-8 所示的界面。

图 7-7　添加附件界面

图 7-8　添加多个附件界面

单击图 7-8 中的第二个文件域右侧的“删除”文本时，要将已经选择的附件信息删除，同时将文件域元素隐藏。

本页面中要求最多可以添加 10 个附件，采用的方案是在初始状态设计好 10 组元素，每组元素的内容和结构为**<p><span>文件域元素</span><span>删除</span></p>**。具体说明如下。

- 每一组元素使用一个段落标记<P>控制，每个段落标记都要定义 id 属性，取值为 p1 ~ p10，是按规律变化的。
- 每组元素都包含一个文件域元素和一个删除文本元素。
- 每组中的文件域元素都使用标记<span>…</span>控制，为 10 个<span>标记定义的 id 属性取值为 sp1 ~ sp10，是按规律变化的。
- 10 个文件域元素 name 属性的取值为 f1 ~ f10，是按规律变化的。
- 每组中的删除文本使用独立的<span>…</span>标记控制，不需要设置 id 属性。
- 第一个段落初始状态为显示，将第 2 个 ~ 第 10 个段落初始状态都设置为隐藏。

2. 样式定义要求及样式代码

（1）样式定义要求

文件域元素的样式使用类选择符.attachmsg 定义，宽度自动，高度为 25px，填充为 0，边距为 0。

“删除”文本的样式使用类选择符.del 定义，文本颜色为蓝色，带下画线，鼠标指向时显示手状。

“继续添加附件”文本的样式使用类选择符.add 定义，文本颜色为蓝色，带下画线，鼠标指向时显示手状，文本行高为 30px。

控制 10 组元素的段落标记使用包含选择符.tdright　p 定义样式，下边距为 5px，其余边距为 0，初始状态为隐藏。

设置 id 是 p1 的段落初始状态为显示。

（2）样式代码

在 writeemail.css 文件中增加如下样式代码。

```
1: .attachmsg{ width:auto; height:25px; padding:0; margin:0;}
2: .del{color:#00f; text-decoration:underline; cursor:pointer;}
3: .add{color:#00f; text-decoration:underline; cursor:pointer; line-height:30px;}
5: .tdright  p{ margin:0 0 5px 0; display:none;}
6: .tdright  #p1{ display:block;}
```

代码解释：

第 5 行中定义的所有段落初始状态都为隐藏的，第 6 行中则使用优先级较高的 id 选择符定义第一个段落初始状态为显示的。

3. 页面元素代码

在 4.3 文件上传功能实现中已经提到，上传文件时，除了要增加文件域元素外，还必须设置表单标记<form>内部的相关属性，修改 writeemail.php 文件，在<form>标记中增加代码 enctype="multipart/form-data"，然后在邮件主题信息行之后插入如下代码。

```
<tr>
 <td class="tdleft">附件：</td>
 <td class="tdright">
 <p id="p1">
  <span id="sp1"><input type="file" name="f1" class="attachmsg" /></span>
  <span class="del">删除</span>
 </p>
 <p id="p2">
  <span id="sp2"><input type="file" name="f2" class="attachmsg" /></span>
  <span class="del">删除</span>
 </p>
 <p id="p3">
  <span id="sp3"><input type="file" name="f3" class="attachmsg" /></span>
  <span class="del">删除</span>
 </p>
 <p id="p4">
  <span id="sp4"><input type="file" name="f4" class="attachmsg" /></span>
  <span class="del">删除</span>
 </p>
 <p id="p5">
  <span id="sp5"><input type="file" name="f5" class="attachmsg" /></span>
  <span class="del">删除</span>
 </p>
 <p id="p6">
```

```
    <span id="sp6"><input type="file" name="f6" class="attachmsg" /></span>
    <span class="del">删除</span>
   </p>
   <p id="p7">
    <span id="sp7"><input type="file" name="f7" class="attachmsg" /></span>
    <span class="del">删除</span>
   </p>
   <p id="p8">
    <span id="sp8"><input type="file" name="f8" class="attachmsg" /></span>
    <span class="del">删除</span>
   </p>
   <p id="p9">
    <span id="sp9"><input type="file" name="f9" class="attachmsg" /></span>
    <span class="del">删除</span>
   </p>
   <p id="p10">
    <span id="sp10"><input type="file" name="f10" class="attachmsg" /></span>
    <span class="del">删除</span>
   </p>
   <span class="add">继续添加附件</span>
  </td>
  </tr>
```

说明：在页面中增加了添加附件功能，显示一个文件域元素和“继续添加附件”文本之后，表单元素的总高度发生了变化，为了保证页面的美观性，需要重新调整元素<div id="rdiv">的高度和<div id="zhedie">的上填充。

因为文件域元素的高度是 25px，段落的下边距是 5px，而“继续添加附件”文本的行高是 30px，所以增加的总高度是 60px，将 id 选择符#rdiv 原来的高度值 444px 修改为 504px，id 选择符#zhedie 原来的上填充值 193px 修改为 223px 即可。

7.3.2 使用脚本实现多附件添加和删除附件的功能

1. 多附件元素添加

在页面中要添加多个附件时，需要单击文本“继续添加附件”，显示用于添加附件的文件域元素，每单击一次，就从尚未使用的文件域元素中找出序号最小的那个显示出来，同时因为文件域元素的显示，使得页面内容增高，所以需要调整页面中元素<div id="rdiv">的高度、<div id="zhedie">的上填充以及整个浮动框架子窗口的高度，定义脚本函数 addAttach()来实现上述功能。

函数代码如下。

```
function addAttach() {
 for( i = 2; i <= 10; i++ ) {
    if( document . getElementById('p' + i). style. display != 'block'){
```

```
4:        document . getElementById('p' + i). style. display = 'block';
5:        var rdivH = document . getElementById('rdiv') . clientHeight;
6:        rdivH = rdivH + 30;
7:        document . getElementById('rdiv') . style . height = rdivH + "px";
8:        document . getElementById('zhedie') . style . paddingTop = (rdivH - 60) / 2 + "px";
9:        parent . iframeHeight();
10:       parent . iframeWidth();
11:       break;
12:     }
13: }
```

代码解释：

第 2 ~ 13 行，使用循环结构加分支结构判断并显示序号最小的那个文件域元素，实际上显示的是段落元素。

第 2 行，循环变量 i 初值从 2 开始（因为第一个文件域元素在初始状态设置为显示），最多循环 9 次。

第 3 行，判断序号是 i 的段落元素是否是显示状态，若是隐藏状态，则执行第 4 ~ 12 行代码。

第 4 行，设置序号是 i 的段落元素为显示状态。

第 5 行，使用代码 document.getElementById('rdiv').clientHeight 获取页面中元素<div id="rdiv">的当前高度，使用变量 rdivH 表示。

第 6 行，将变量 rdivH 的值增加 30px。

第 7 行，使用代码 document.getElementById('rdiv').style.height=rdivH+"px"，将修改后的变量 rdivH 的值作为元素<div id="rdiv">的新高度值。

第 8 行，代码 document.getElementById('zhedie').style.paddingTop=(rdivH-60)/2+ "px"用来设置元素<div id="zhedie">的上填充值，取用元素<div id="rdiv">的高度值减去图片元素<img… id="zhedieImg" />的高度 60px 之后，将结果除以 2 得到的，目的是保证增加了页面内容高度之后，仍旧能够保证图片元素位于垂直方向的中间位置。

第 9 行，使用代码 parent.iframeHeight()调用父窗口中的 iframeHeight()函数，重新设置 id 为 main 的浮动框架的高度，writeemail.php 文件是在浮动框架中运行的，而要调用的函数 iframeHeight()则属于父窗口（即浏览器窗口）中运行的页面文件 email.php，所以这里必须使用 parent，表示由当前浮动框架子窗口中运行的页面文件来访问父窗口的页面文件。

第 10 行，使用代码 parent.iframeWidth()调用父窗口中的 iframeWidth()函数，重新设置浮动框架的宽度，此处调用的目的是因为显示多个文件域元素之后，页面高度可能会超出浏览器窗口高度导致窗口中出现滚动条，即有滚动条和没有滚动条时浮动框架的宽度是不同的，因此需要重新设置。

第 11 行，使用 break 语句结束当前循环，这说明已经从尚未显示的文件域元素中找到并且显示了序号最小的那个元素，任务已经完成，不需要继续循环下去。

扫码查看函数 addAttach()
思考问题解答

思考问题：

（1）第 5 行中，获取元素<div id="rdiv">的当前高度时，能否将 clientHeight 更换为 style.height？更换之后结果会如何？

（2）在第 9 行和第 10 行中，若是将表示父窗口的对象 parent 去掉，系统将会从哪里寻找函数 iframeHeight()和 iframeWidth()？

（3）在第 11 行中，若是将 break 直接去掉，会出现什么问题？

函数调用：

单击“继续添加附件”文本时调用函数 addAttach()，因此在页面文件 writeemail.php 中代码<span class="add">继续添加附件</span>的<span>标记内部增加代码 onclick="addAttach()"完成函数调用。

2. 删除附件

单击第一个文件域元素右侧的“删除”文本时，将选择的附件信息删除；而单击之后那些文件域元素右侧的“删除”时，除了删除选择的附件信息，还必须将文件域所在的段落元素隐藏，同时因为页面内容高度减小，还需要调整页面中元素<div id="rdiv">的高度、元素<div id="zhedie">的上填充以及整个浮动框架子窗口的高度。

说明：删除选择的附件信息时，采用的做法是通过脚本代码使用一个新的、同名的文件域元素取代原来的文件域元素，即用一个新的 f1 取代原来的 f1，新的 f2 取代原来的 f2……

定义函数 dele()实现附件的删除操作。

函数代码如下。

```
1: function dele(num) {
2:   document . getElementById('sp' + num) . innerHTML = "<input type='file' name='f" + num + "' class='attachmsg' />";
3:   if ( num != 1 ) {
4:      document . getElementById('p' + num) . style . display = 'none';
5:      var rdivH = document . getElementById('rdiv') . clientHeight;
6:      rdivH = rdivH - 30;
7:      document . getElementById('rdiv') . style . height = rdivH + "px";
8:      document . getElementById('zhedie') . style . paddingTop = (rdivH - 60) / 2 + "px";
9:      parent . iframeHeight();
10:     parent . iframeWidth();
11:  }
12: }
```

代码解释：

第 1 行，关于形参 num，单击不同的“删除”文本需要处理不同的文件域元素和不同的段落，此处定义的形参 num 用于表示段落或者文件域元素的 id 取值中的序号，范围是 1 ~ 10，单击第一个段落中的“删除”文本时，传递的实参值是数字 1，单击第二个段落中的“删除”文本时传递的实参值是数字 2，以此类推。

第 2 行，在页面代码中，所有的文件域元素都使用了<span>…</span>标记来定界，使用'sp'+num 得到序号是 num 的<span>标记的 id 属性值。例如，序号若为 3，得到的结果是 sp3，然后使用代码 document.getElementById('sp'+num)获取到 id 为 sp3 的<span>标记，最后使用 innerHTML 属性设置在该标记内部的内容是新的文件域元素，新文件域元素的 name 设置为 'f'+num，若 num=1，则文件域元素 name 为 f1，以此类推，也就是使用新的、同名的文件域元素取代了原来已经选择了附件的文件域元素，从而达到删除附件信息的目的。

强调，代码 name='f"+num+"' class='attachmsg'中，字符 f 前面是单引号，后面是双引号，在 num+后面则是一个双引号和一个单引号。

第 3 行，判断形参 num 得到的实参值是否是数字 1，若不是则执行第 4 ~ 9 行。

第 4 行，隐藏序号是 num 的段落元素。

第 5 ~ 7 行，重新设置元素<div id="rdiv">的高度。

第 8 行，重新设置元素<div id="zhedie">的上填充值。

第 9 行，调用父窗口运行的页面中的函数 iframeHeight()，重新调整浮动框架子窗口的高度。

第 10 行，调用父窗口运行的页面中的函数 iframeWidth()，重新调整浮动框架子窗口的宽度。

函数调用：

（1）在第 1 个段落中控制"删除"文本的<span>标记中增加代码 onclick="dele(1)"。

（2）在第 2 个段落中控制"删除"文本的<span>标记中增加代码 onclick="dele(2)"。

……

（10）在第 10 个段落中控制"删除"文本的<span>标记中增加代码 onclick="dele(10)"。

7.4 发送邮件

需要解决的核心问题

- 数据表 emailmsg 中保存了哪些信息？使用哪个列区分每条记录？
- 一封邮件的附件信息在数据表中如何保存？一个附件文件在服务器文件夹中如何保存？如何解决同名附件的冲突问题？
- 保存邮件信息时设计的插入语句需要注意什么问题？
- explode()函数的作用是什么？需要几个参数？返回结果如何？
- 如何判断指定的收件人账号在 usermsg 表中是否存在？
- 如何实现系统退信？

邮件编辑完成，单击"发送"按钮时必须将邮件信息存入数据库中，若是邮件中包含附件，还需要将附件保存到文件夹 upload 中，这样，发送一封邮件的过程才算完成。

7.4.1 创建数据表 emailmsg

1. 数据表结构说明

在数据库 email 中创建的数据表 emailmsg 专门用于存放邮件信息，在邮箱项目设计中，为了方便实现所有功能，将所有用户发送的所有邮件信息都存储在数据表 emailmsg 中，数据表的列名、长度等结构要求如表 7-1 所示。

表 7-1　数据表 emailmsg 的结构

保存的信息	列名	类型和长度	是否允许为空	其他
邮件序号	emailno	int(10)	not null	自动增长、主键
发件人账号	sender	varchar(30)	not null	
收件人账号	receiver	varchar(1000)	not null	
邮件主题	subject	varchar(200)	not null	
邮件内容	content	text		
收发日期	datesorr	datetime	not null	
附件名称信息	attachment	varchar(1000)		
是否删除邮件	deleted	tinyint(1)	not null	初始值为 0

说明：

（1）邮件序号的定义是为了在以后打开邮件和删除邮件时提供索引值的。

（2）收件人长度定义为 1 000 个字符，允许发送邮件时指定多个用户接收，指定多个用户接收时，每个收件人后面都使用英文分号结束，项目运行中实际操作时，分号需要用户自己输入。

（3）主题长度限制在 200 个字符之内。

（4）邮件内容可以是空的。

（5）附件名称信息，记录当前邮件中包含的所有附件的名称信息，必须允许为空，表示用户可以不用选择上传附件。

（6）是否删除邮件，记录当前邮件是否已经被用户选择了删除，被删除的邮件中该列列值设置为 1 作为标识，可在“已删除”邮件列表中显示，用户可以从已删除邮件列表中再次选择之后将其彻底删除。

2．创建数据表

【例 7-1】创建 create_emailmsg.php 文件，在连接 MySQL 成功并打开数据库 email 之后，定义 SQL 语句，创建数据表 emailmsg，若是创建成功，则输出“数据表 emailmsg 创建成功”，否则输出“数据表 emailmsg 创建失败”。

代码如下。

```
<?php
header("Content-Type: text/html;charset=utf8");
$conn = mysqli_connect('localhost', 'root', 'root');
if ( !$conn ) {
    die("错误编号是: ".mysqli_connect_errno()."<br />错误信息是: ".mysqli_connect_error());
}
else {
    mysqli_select_db($conn, 'email');
    $sql = "CREATE TABLE emailmsg(emailno int(10) NOT NULL AUTO_INCREMENT
```

```
PRIMARY KEY,";
    10:     $sql = $sql . "sender VARCHAR(30) NOT NULL, receiver VARCHAR(1000) NOT
NULL,";
    11:     $sql = $sql . "subject VARCHAR(200) NOT NULL,content TEXT,";
    12:     $sql = $sql."datesorr DATETIME NOT NULL,attachment VARCHAR(1000),";
    13:     $sql = $sql . "deleted TINYINT(1) NOT NULL DEFAULT 0) default
charset=utf8";
    14:     if ( mysqli_query($conn, $sql) ) {
    15:         echo "数据表 emailmsg 创建成功<br />";
    16:     }
    17:     else {
    18:         echo "数据表 emailmsg 创建失败<br />";
    19:     }
    20:   }
    21: ?>
```

代码解释：

第 9 行，关键字 AUTO_INCREMENT 表示自动增长。

第 13 行，关键字 DEFAULT 0 表示设置默认值为 0，最后需要指定在该数据表中使用的字符集是 UTF-8，这是为了保证能够正确存储中文数据。

7.4.2　保存邮件信息

微课 7-1　保存邮件信息

创建页面文件 storeemail.php，用于保存邮件信息，修改 writeemail.php 文件，在<form>标记中设置 action="storeemail.php"关联该文件。

1. storeemail.php 实现的功能步骤说明

第一步，要获取到邮件的全部信息，包括发件人、收件人、主题、内容、收发日期和附件信息。

第二步，获取并处理附件信息，将附件文件保存在与 storeemail.php 文件同级的文件夹 upload 中，同时准备好要保存到数据表 emailmsg 的附件信息列 attachment 中的信息。

本书使用的项目中实现的是简单的保存附件的操作，所有用户发送邮件中的附件文件都保存在同一个 upload 文件夹中，为了尽可能避免不同用户发送的同名附件互相冲突，采取的措施是将附件保存到 upload 文件夹之前，由系统产生一个范围为 0 ~ 100,000 的随机数，将该随机数使用圆括号括起来，放在附件名称开始的位置，如(89345)a.doc，然后将新组成的名称作为附件名称保存到文件夹 upload 中。

保存在 attachment 列中的附件名称信息中包含 3 个部分的内容：在开始处增加的放在圆括号中的随机数标识、附件名称和在结束处放在圆括号中的大小信息，最后再缀上一个分号，如(89345)a.doc(2.1kB);，所以在保存之前，需要将这三部分的内容连接在一起并以分号结束；若是同时有多个附件，则所有附件信息连接在一起放在 attachment 列中，如(89345)a.doc(2.1kB);(6537)b.png(203.5kB);。

第三步，将所有信息保存到数据表 emailmsg 中。

2. storeemail.php 文件代码

storeemail.php 文件代码如下。

```
1: <?php
2:   header("Content-Type: text/html;charset=utf8");
3:   $sender = $_POST['sender'];
4:   $receiver = $_POST['receiver'];
5:   $subject = $_POST['subject'];
6:   $content = $_POST['content'];
7:   $datesorr = date("Y-m-d H:i");
8:   $attachment = '';
9:   for ( $i = 1; $i <= 10; $i++ ) {
10:    $fname = $_FILES['f' . $i]['name'];
11:    if ( $fname != '') {
12:       $tmp_fname = $_FILES['f' . $i]['tmp_name'];
13:       $rndNum = mt_rand(0, 100000);
14:       $fname = "($rndNum)$fname";
15:       $fname1 = iconv("UTF-8", "GB2312", $fname);
16:       move_uploaded_file($tmp_fname, "upload/$fname1");
17:       $fsize = round($_FILES['f' . $i]['size'] / 1024, 2) . "kB";
18:       $attachment = "$attachment$fname ($fsize);";
19:    }
20:  }
21:  $conn = mysqli_connect('localhost', 'root', 'root');
22:  mysqli_select_db($conn, 'email');
23:  $sql = "insert into emailmsg( sender, receiver, subject, content, datesorr, attachment, deleted ) values( '$sender', '$receiver', '$subject', '$content', '$datesorr', '$attachment', '0' )";
24:  mysqli_query($conn, $sql);
25:  echo "邮件已经发送成功";
26:  mysqli_close($conn);
27: ?>
```

代码解释：

第 3 ~ 6 行，从系统数组$_POST 中获取 name 是 sender、receiver、subject 和 content 的表单元素提交的数据，分别使用变量$sender、$receiver、$subject 和$content 保存。

第 7 行，使用函数 date("Y-m-d H:i")获取服务器的日期时间，若系统日期是 2018 年 3 月 20 日上午 9 时 20 分，则得到的结果是“2018-03-20 09:20”，将获取的结果使用变量$datesorr 保存。

第 8 行，设置变量$attachment 初始值为空，该变量将用于保存用户上传的所有附件的名称信息。

第 9 ~ 20 行，使用循环结构来处理 10 个文件域元素上传的附件信息，循环变量从 1 ~ 10

的取值除了用于控制循环的次数为 10 之外，还要用作文件域元素名称 f1 ~ f10 中的序号。

第 10 行，获取当前循环变量所指的文件域元素上传文件的名称，使用变量$fname 保存，其中使用表达式“'f' . $i”得到文件域元素的名称，例如，若$i=3，则得到文件域元素的名称是 f3。

第 11 行，判断变量$fname 中保存的文件名信息是否为空，若是空，则说明相应的文件域元素没有用于上传附件，不需要对其进行其他任何处理操作；不为空，则说明该文件域元素上传了附件，执行第 12 ~ 18 行代码完成相应的处理操作。

第 12 行，获取当前循环变量所指的文件域元素上传文件的临时保存位置和名称信息，使用变量$tmp_fname 保存。

第 13 行，使用 mt_rand(0,100000)产生 0 ~ 100,000 的随机数，保存在变量$rndNum 中。

第 14 行，将保存在变量$rndNum 中的随机数使用圆括号定界后放置到被上传文件名称开始的位置，目的是区分同一个用户或者不同用户上传的同名文件。

第 15 行，使用 iconv()函数处理文件名称的汉字编码问题，将处理后的文件名称信息保存在变量$fname1 中，为函数 move_uploaded_file()做准备。

第 16 行，使用 move_uploaded_file()函数将附件以指定的名称保存到指定的文件夹 upload 中，upload 中文件名称前面带有随机数。

第 17 行，获取上传文件的大小，转换为 KB 后保存在变量$fsize 中。

第 18 行，将包含了随机数的文件名称（注意，此处用的是转换编码之前的文件名）后缀上放在括号中的文件大小和分号之后连接到变量$attachment 中，为在数据表中保存附件信息做准备，保存到数据表中 attachment 列的附件信息包含随机数、原附件名称和括号中的附件大小三个部分。

第 21 行，使用 mysqli_connect()函数创建数据库连接，使用变量$conn 保存连接标识。

第 22 行，使用 mysqli_select_db()函数选择打开数据库 email。

第 23 行，定义插入语句，使用变量$sql 保存，在数据表 emailmsg 中的第一列是自动增长列 emailno，因为该列不需要手工插入数据，所以在定义 insert into 语句时，必须将自动增长列之外的所有列的列名写出来，然后按照列名的顺序将列值逐个写出来。

第 24 行，使用 mysqli_query()函数执行变量$sql 中保存的 SQL 插入语句，将邮件信息插入数据表 emailmsg 中。

第 25 行，当上述功能都实现之后，输出“邮件已经发送成功”用于提示用户。

第 26 行，关闭打开的数据库，释放数据库连接。

7.4.3　实现系统退信功能

在发送邮件之后，若是邮件中指定的某个接收者账号在 usermsg 表的 emailaddr 列中不存在，系统应该自动给发送方退信，用于提示发送方所发送的邮件并没有真正发送成功。

1. 系统退信功能实现说明

因为发送方发送邮件时指定的接收者可能是多个用户，对这些使用英文分号连接在一起的账号，首先要使用英文分号作为分割符，将它们一个个分离，然后使用循环结构分别判断其是否是已经注册过的账号。

另外，因为接收者账号信息中包含了“@163.com”，而存放用户账号信息的 usermsg 表中的 emailaddr 列值内并不包含“@163.com”，所以在判断某个接收者账号是否存在之前，必须将账号信息中包含的“@163.com”信息截取掉。

无论是要分割字符串信息，还是要截取字符串，都需要使用字符串分割函数 explode()完成。

微课 7-2　字符串分割函数 explode()

2．字符串分割函数 explode()

在编程中，经常需要将一个字符串按某种规则分割成多个子串，PHP 提供的 explode()函数专门用于分割字符串，格式如下。

array explode（参数 1，参数 2）。

其中，参数 1 指定用来分割字符串的字符，可以是一个字符，也可以是一个字符串；参数 2 指定被分割的字符串。

explode()函数将一个长的字符串按某个指定的字符（串）分割成多个字符串，并且按照顺序组成一个数组。具体用法有两种。

用法一：

$array = explode（参数 1，参数 2）

返回结果$array 是一个数组，可以使用数字索引访问数组元素，$array[0]表示其中第一个元素。

用法二：

list（变量 1，变量 2，变量 3，…）= explode（参数 1，参数 2）

使用 list（变量列表）形式保存数据，按分割后的顺序将字符串依次保存到指定的变量中，若是变量个数少于分割后字符串的个数，则丢弃后面的字符串，相当于进行字符串的截取操作。

【例 7-2】假设存在字符串变量$str 的内容是“How are you”，要使用空格分割该串，分割后的结果使用数组$strGrp 存放，代码如下。

```
$str = "How are you";
$strGrp = explode(' ', $str);
```

执行上面代码之后，数组元素$strGrp[0]的内容是 How，$strGrp[1]的内容是 are，$strGrp[2]的内容是 you。

若是要将分割后的结果分别使用变量$str1、$str2 和$str3 保存，则修改代码如下。

```
$str = "How are you";
list($str1, $str2, $str3) = explode(' ', $str);
```

【例 7-3】假设存在字符串变量$receiver 的内容为“zhanglihong@163.com; liminghua@163.com; liuyuping@163.com”，将该串使用分号分割之后分行输出每一部分的内容。创建文件 explode.php 完成该功能。

代码如下。

```
<?php
 $receiver = "zhanglihong@163.com;liminghua@163.com;liuyuping@163.com;";
 $receiverAll = explode( ';', $receiver );
 for ( $i = 0; $i < count($receiverAll) - 1; $i++ ) {
     echo $receiverAll[$i]. "<br />";
 }
?>
```

程序运行结果如图 7-9 所示。

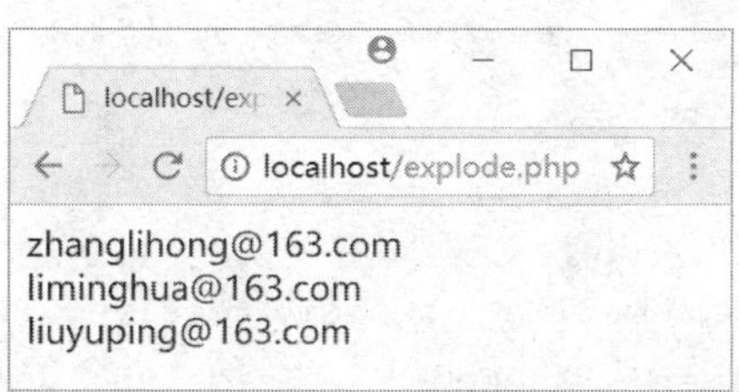

图 7-9　使用 explode()函数的执行结果

代码解释：

第 3 行，使用分号分割字符串$receiver 之后，将结果保存在数组$receiverAll 中。

第 4 行，使用 count($receiverAll)获取数组元素的个数，减去 1 之后，作为循环次数，因为原来的$receiver 中共有 3 个分号，分割之后将得到 4 个子串，所以数组$receiverAll 的元素个数是 4，但是最后一个元素为空，所以进行循环时通过减 1 操作直接去掉即可。

若是要将分割之后每个字符串中的“@163.com”去掉之后再输出，则要使用@符号分割每个子串，使用 list()函数保留分割之后的第一部分结果，修改循环部分的代码如下。

```
for($i=0;$i<count($receiverAll)-1;$i++) {
    list($emailaddr) = explode( '@', $receiverAll[$i] );
    echo "$emailaddr<br />";
}
```

3. 完成系统退信功能的代码

使用下面代码取代 storeemail.php 文件中第 23 ~ 25 行代码。

```
$receivergroup = explode( ';', $receiver );
$receiver = '';
for ( $i = 0; $i < count($receivergroup) - 1; $i++ ) {
  list($uname) = explode( '@', $receivergroup[$i] );
  $sql = "select * from usermsg where emailaddr = '$uname' ";
  $result = mysqli_query($conn, $sql);
  $datanum = mysqli_num_rows($result);
  if ( $datanum == 0 ) {
     $receivertx = $sender;
     $sendertx = 'system';
     $subjecttx = '系统退信';
     $contenttx = '你所指定的接收者账号' . $uname . '不存在，信件退回';
     $datesorrtx = date("Y-m-d H:i");
     $sql = "insert into emailmsg(sender, receiver, subject, content, datesorr, deleted) values('$sendertx', '$receivertx', '$subjecttx', '$contenttx', '$datesorrtx', '0')";
     mysqli_query($conn, $sql);
     echo "你所指定的接收者账号 $uname 不存在，信件退回<br />";
  }
```

```
18:   else{
19:      $receiver =" $receiver$receivergroup[$i];";
20:   }
21: }
22: if ( $receiver != ''){
23:    $sql="insert into emailmsg( sender, receiver, subject, content, datesorr, attachment, deleted ) values( '$sender', '$receiver', '$subject', '$content', '$datesorr', '$attachment', '0' )";
24:     mysqli_query($conn, $sql);
25:     echo "邮件已经发送成功";
26: }
```

代码解释：

第 1 行，使用分号分割保存在变量$receiver 中的收件人信息，将分割之后的结果使用数组$receivergroup 保存，因为每个收件人信息后面都跟随一个分号，所以分割之后数组元素的个数比实际收件人多一个，循环中要去掉。

第 2 行，将变量$receiver 的值设置为空，设置为空之后，再将发件人指定的所有接收者中已经注册存在的账号信息保存到该变量中。例如，若变量$receiver 中初始保存的收件人信息为 zhanglihong@163.com;liminghua@163.com;liuyuping@163.com，分割判断之后，发现第二个收件人 liminghua 在数据表 usermsg 中不存在，其他两个账号信息都存在，那么最后要将 zhanglihong@163.com;liuyuping@163.com;信息再次保存到变量$receiver 中。

第 3～20 行，使用 for 循环结构逐个判断检查保存在数组$receivergroup 中的各个收件人账号信息。

第 4 行，使用@符号对当前正在处理的收件人信息进行分割，使用 list()函数指定变量$uname 保留其中第一部分的用户名信息。

第 5 行，定义查询语句，查询在 usermsg 表中 emailaddr 列的值是$uname 的记录，使用变量$sql 保存该查询语句。

第 6 行，使用 mysqli_query()函数执行查询语句，将返回的查询结果记录集保存在变量$result 中。

第 7 行，使用 mysqli_num_rows()函数获取查询结果记录集中的记录数，使用变量$datanum 保存。

第 8 行，判断变量$datanum 的值是否为 0，若为 0，则说明所查找的账号不存在，执行第 9～15 行代码完成系统退信过程；否则，执行第 18 行，将系统中存在的账号收件人以英文分号结尾连接到变量$receiver 中。

第 9 行，将$sender 变量中保存的原来的发件人信息作为系统退信时的收件人信息，使用变量$receivertx 保存。

第 10 行，将“system”作为系统退信时使用的发件人信息，使用变量$sendertx 保存。

第 11 行，设置系统退信时的邮件主题是“系统退信”，使用变量$subjecttx 保存。

第 12 行，设置系统退信时的邮件内容，在邮件内容中必须包含不存在的收件人的信息，使用变量$contenttx 保存。

第 13 行，获取系统退信时的日期时间，使用变量$datesorrtx 保存。

第 14 行，定义插入语句，将系统退信的信息写入数据表 emailmsg 中，使用变量$sql 保存插入语句。

第 15 行，执行插入语句，完成系统退信功能。

第 22 行，循环语句结束之后，判断$receiver 变量是否为空，不为空，说明指定的收件人账号中存在已经在系统中注册的账号，然后执行第 23 行和第 24 行代码，对这些账号发送邮件。

7.4.4 storeemail.php 文件的完整代码

```
<?php
 header("Content-Type: text/html;charset=utf8");
 $sender = $_POST['sender'];
 $receiver = $_POST['receiver'];
 $subject = $_POST['subject'];
 $content = $_POST['content'];
 $datesorr = date("Y-m-d H:i");
 $attachment = '';
 for ( $i =1; $i <= 10; $i++ ) {
    $fname = $_FILES['f' . $i]['name'];
    if ( $fname != '' ) {
        $tmp_fname = $_FILES['f' . $i]['tmp_name'];
        $rndNum = mt_rand(0, 100000);
        $fname = "($rndNum)$fname";
        $fname1 = iconv("UTF-8", "GB2312", $fname);
        move_uploaded_file( $tmp_fname, "upload/$fname1" );
        $fsize = round($_FILES['f' . $i]['size'] / 1024, 2) . "kB";
        $attachment = "$attachment$fname($fsize);";
    }
 }
 $conn = mysqli_connect('localhost', 'root', 'root');
 mysqli_select_db($conn, 'email');
 $receivergroup = explode(';', $receiver);
 $receiver = '';
 for ( $i = 0; $i < count($receivergroup); $i++ ) {
    list($uname) = explode('@', $receivergroup[$i]);
    $sql = "select * from usermsg where emailaddr = '$uname'";
    $result = mysqli_query($conn, $sql);
    $datanum = mysqli_num_rows($result);
    if ( $datanum == 0 ) {
        $receivertx = $sender;
        $sendertx = 'system';
        $subjecttx = '系统退信';
```

```
            $contenttx = '你所指定的接收者账号'.$uname.'不存在，信件退回';
            $datesorrtx = date("Y-m-d H:i");
            $sql = "insert into emailmsg( sender, receiver, subject, content, 
datesorr, deleted) values('$sendertx', '$receivertx', '$subjecttx', '$contenttx', 
'$datesorrtx', '0')";
            mysqli_query($conn, $sql);
            echo "你所指定的接收者账号 $uname 不存在，信件退回<br />";
        }
        else{
            $receiver = "$receiver$receivergroup[$i];";
        }
    }
    if ( $receiver != '') {
        $sql = "insert into emailmsg(sender, receiver, subject, content, datesorr, 
attachment, deleted)  values('$sender', '$receiver', '$subject', '$content', 
'$datesorr', '$attachment', '0')";
        mysqli_query($conn, $sql);
        echo "邮件已经发送成功";
    }
    mysqli_close($conn);
    ?>
```

7.5 小结

任务 7 完成的第一部分功能是邮箱主窗口界面的设计，创建的文件如下。

样式文件 email.css、页面文件 email.php 和脚本文件 email.js，其中 email.php 文件是在 denglu.php 文件中使用 include 'email.php'代码包含进去执行的，而 email.css 和 email.js 则要关联到 email.php 文件中执行。

完成的第二部分功能是写邮件界面的设计，创建的文件如下。

样式文件 writeemail.css、页面文件 writeemail.php 和脚本文件 writeemail.js，其中 writeemail.php 文件是通过 email.php 文件的浮动框架<iframe src='writeemail.php'>代码加载进去执行的，而 writeemail.css 和 writeemail.js 则要关联到 writeemail.php 文件中执行。

完成的第三部分功能是创建的数据表 emailmsg，并实现了邮件的发送和系统退信功能，创建的文件是 storeemail.php，该文件需要在 writeemail.php 文件中使用<form>标记的 action="storeemail.php"属性关联，当用户单击“发送”按钮时执行。

7.6 习题

一、选择题

1．若是设置某个 div 的宽度为 auto，左右边距为 0，则下列说法正确的是________。

A．该 div 的宽度将由其内部子元素的宽度来确定

B．若 div 中没有内容，则 div 的实际宽度将为 0

C．若该 div 是其他 div 的子元素，则其宽度与父元素宽度一致

D．若该 div 的父元素是浏览器窗口，则其宽度无法确定

2．在 email.php 页面上方图片 163logo.gif 右侧存在文本框和文字两类文本元素，要实现这些元素与图片垂直方向的中线对齐，需要在图片元素中使用代码_______实现。

A．align="top"　　B．align="middle"

C．align="center"　　D．align="bottom"

3．若服务器端变量$emailaddr 的内容为"zhangmanyu"，要将"zhangmanyu@163.com"作为 writeemail.php 中发件人文本框的默认值，需要在该文本框的<input>标记内使用代码_______实现。

A．value="<?php echo $_SESSION['emailaddr'].'@163.com'; ?>"

B．value="$_SESSION['emailaddr'].'@163.com'"

C．value="<?php $_SESSION['emailaddr'].'@163.com'; ?>"

D．value="echo $_SESSION['emailaddr'].'@163.com';"

4．关于 email.php 文件的相关问题，下列说法错误的是_______。

A．必须在文件开始处使用 session_start()启用 session

B．该文件是在 denglu.php 文件中使用代码 include 'email.php'包含执行的

C．执行该文件时，已经在文件 denglu.php 中启用了 session

D．若是在文件中使用 session_start()启用 session，将会造成 session 的重复启用问题

5．使用 JavaScript 时，在窗口大小发生变化时激活的事件是_______。

A．click　　B．submit　　C．load　　D．resize

6．代码$str=explode(" ", "How do you do?")执行之后，数组$str 中元素有_______个。

A．3　　B．4　　C．5　　D．6

二、填空题

1．为了保证表格单元格中的文本不会因为宽度变化而自动换行，需要为<table>标记设置的样式属性及取值是____________________。

2．email.php 页面中包含浮动框架，浮动框架中显示页面文件 writeemail.php，要在属于页面文件 writeemail.php 的脚本函数 addAttch()中调用属于页面文件 email.php 的脚本函数 iframeHeight()，需要在函数 iframeHeight()的前面使用前缀______________。

3．代码 list($y,$m,$d)=explode("-", "2018-10-26")执行之后，变量$y、$m 和$d 中存放的内容分别是______________、______________、______________。

任务 8 接收、阅读、删除邮件功能实现

接收、阅读和删除邮件都是邮箱项目中的核心功能，本任务中需要完成的功能如下。

- 使用分页浏览查看收件箱中的邮件和已删除文件夹中的邮件。
- 单击收件箱中当前页某封邮件的主题或发件人之后，能够打开并阅读邮件。
- 能够根据用户选择的选项将收件箱中的邮件放入已删除文件夹中，也可以将已删除文件夹中的邮件彻底删除。

8.1 分页浏览邮件

需要解决的核心问题

- 如何通过 URL 向服务器提交数据？在服务器端如何获取 URL 提交的数据？
- 如何使用函数 mysqli_fetch_array()获取查询结果记录集中的记录？如何访问记录中的每个列的信息？
- 如何设计分页浏览中使用的首页、上页、下页和尾页超链接？
- 如何获取当前用户收件箱的所有邮件？如何获取邮件总页数？如何获取当前页中的所有记录？
- 为了能够打开邮件，要如何设计收件箱中每封邮件的超链接？
- 分页浏览中的数据验证的作用是什么？如何进行验证？

单击 email.php 页面中左侧的“收信”或者“收件箱”超链接时，要从右侧的浮动框架子窗口中显示图 8-1 所示的页面运行效果。

收件箱(共17封)

删除 刷新 首页 上页 下页 尾页

发件人	主题	日期
wangaihua11	发送大附件邮件	2017年03月30日
wangaihua11	发送较大附件	2017年02月28日
wangaihua11	发送多个附件	2017年02月18日
wangaihua11	发送附件	2017年02月18日
wangaihua11	尝试发送多段落邮件	2017年02月13日

图 8-1　收邮件页面运行效果

8.1.1　收邮件功能描述

在收邮件界面中需要实现以下描述的功能任务。

（1）能够获取当前用户收件箱中尚未设置删除标志的邮件总数并显示出来。

（2）能够实现邮件的分页浏览功能，输出“首页、上页、下页、尾页”的文本或者超链接，若当前显示的是第一页中的邮件信息，则“首页”和“上页”链接不可用，若当前显示的是最后一页中的邮件信息，则“下页”和“尾页”链接不可用。

（3）能够根据用户单击的页面超链接进行换页，例如，当前正在显示的是第 2 页，单击“下页”超链接后，能够将页码 3 提交给服务器，以打开下页中的邮件信息。若此时单击“上页”超链接，能够将页码 1 提交给服务器，以打开上页中的邮件信息。

（4）能够通过查询语句中的限制子句 limit 获取每页中指定的邮件，能够使用 mysqli_fetch_array()函数从查询结果记录集中获取一条记录（即一封邮件的所有信息），然后使用数组形式将每封邮件的发件人、主题、收发日期以及邮件中是否有附件等信息显示到邮件列表中，若是有附件，就在指定列中显示附件小图标 flag-1.jpg。

（5）单击任意邮件中的发件人或者邮件主题信息时，能够将当前邮件的 emailno 列值（即邮件序号）提交给服务器，完成邮件的打开与阅读功能。

（6）选中需要删除邮件左侧的复选框，单击“删除”按钮之后，能够将选中的所有邮件设置为已删除邮件。

8.1.2　用$_GET 接收 URL 附加数据

微课 8-1　用$_GET 接收 URL 附加数据

在收邮件界面中，使用非常多的一个功能是单击超链接向服务器端提交数据，也就是在打开链接文件的同时，向该文件中提交了指定的数据。例如，单击首页、上页、下页、尾页超链接时，需要向服务器提交一个数字值，作为将要显示的页面的页码信息。单击任意邮件的发件人或者邮件主题超链接时，则需要向服务器提交当前邮件的 emailno 列值，作为将要打开的邮件的序号信息。

在任务 4～任务 7 中，我们向服务器提交数据时都是通过表单界面实现的，在页面中的每一个表单元素都可以通过自身 name 属性的取值标识出提交到系统数组$_POST 或者$_GET 中的数据，即在系统数组$_POST 或者$_GET 中使用的键名是表单元素 name 属性的取值，本小节要通过单击超链接向服务器提交数据，需要解决的问题有如下两个。

（1）在超链接中需要如何设置，才能在单击时将数据提交给服务器？

（2）超链接提交的数据在服务器端如何获取？

单击超链接向服务器端提交数据，之后在服务器端获取该数据，这两个功能的实现可以分别在两个文件中完成，也可以放在一个文件内部来实现，这要根据具体的页面需求确定。

例如，在收邮件界面中，单击某个邮件的发件人或主题打开邮件时，单击的超链接元素属于页面文件 receiveemai.php，超链接要打开的文件则是 openemail.php，即提交数据的页面是 receiveemail.php，接收数据的页面是 openemail.php；而在收邮件界面中，单击首页、上页、下页、尾页时，单击的超链接元素属于页面文件 receiveemail.php，超链接要打开的文件还是 receiveemail.php，即提交数据和接收数据的文件都是 receiveemail.php。

下面通过小示例来说明两种不同的用法。

1. 为浏览器端功能与服务器端功能独立创建文件

（1）创建浏览器端文件 get.html

创建文件 get.html，在内部设置超链接，链接热点是“单击超链接运行文件 get.php，同时向该文件提交数据”，链接打开的文件是 get.php，单击超链接时，向服务器端提交的数据对是 data=123。

在超链接中设置向服务器端提交数据，需要使用 href="url?键名=键值"来完成。

页面文件 get.html 主体部分代码如下。

```
1: <body>
2:   <p><a href="get.php?data=123">单击超链接运行文件 get.php，同时向该文件提交数据</a></p>
3: </body>
```

页面运行效果如图 8-2 所示。

图 8-2　get.html 的运行效果

代码解释：

第 2 行，超链接标记中属性 href 的取值是 get.php?data=123，即在指定页面文件名称 get.php 的后面使用问号?开始，跟随了一对键名与键值 data=123，单击超链接时，将该数据对提交到链接的页面文件 get.php 中。

（2）创建服务器端文件 get.php

创建文件 get.php，获取并输出 get.html 文件中超链接提交的数据。

使用超链接提交的数据，在服务器端必须使用系统数组$_GET 来接收，$_GET 中需要使用的键名是超链接 href 属性中数据对的键名。

页面文件 get.php 代码如下。

```
<body>
  <?php
     $data = $_GET['data'];
     echo "超链接提交的数据是：$data";
  ?>
</body>
```

单击图 8-2 中的超链接之后，运行 get.php 文件，运行效果如图 8-3 所示。

图 8-3　页面文件 get.php 运行效果

在图 8-3 中，浏览器地址栏内“get.php?data=123”是 get.html 文件中超链接 href 属性的取值，显示在?后面的数据对是要通过$_GET 系统数组接收的数据。

由此可知，要使用超链接向服务器提交数据时，需要使用 href="url?键名=键值"来完成设置；而在服务器端必须使用系统数组$_GET 接收超链接提交的数据。

2. 将提交数据与接收数据功能合并在一个文件中实现

将提交数据与接收数据功能合并在一个文件中实现，是指在这个文件中创建超链接，超链接 href 属性指定要链接的文件仍旧是该文件自身，即单击超链接提交的数据仍旧由当前文件自己接收并处理，提交数据在浏览器端完成，而接收数据在服务器端完成。

因为包含了浏览器端与服务器端两方面的功能，所以，合并之后的文件必须是 PHP 文件。创建页面文件 get.php，合并原 get.html 文件代码和 get.php 文件代码，页面主体部分代码如下。

```
......
1: <body>
2:   <p><a href="get.php?data=123">单击超链接，观察地址栏的变化</a></p>
3:   <?php
4:      $data = $_GET['data'];
5:       echo "超链接提交的数据是：$data";
6:   ?>
7: </body>
```

页面文件 get.php 的运行结果如图 8-4 所示。

说明：这里只列出了核心代码，没有包含代码的首部，故而显示错误提示信息时给出的代码行号是 12，对应的是上面给定代码中的第 4 行，错误信息是“在数组$_GET 中不存在键名为 data 的元素”。

单击图 8-4 中的超链接之后，地址栏和页面的运行效果如图 8-5 所示。

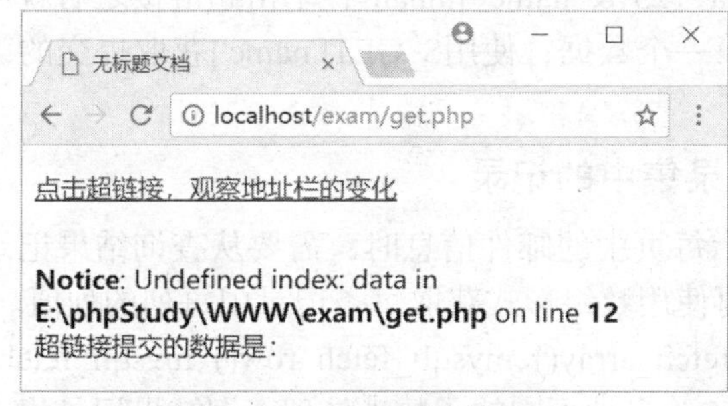

图 8-4　get.php 的运行结果

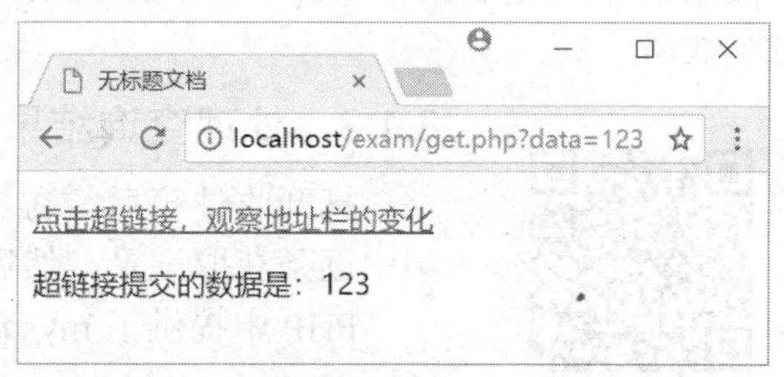

图 8-5　单击超链接后 get.php 的运行效果

图 8-5 中显示的效果与图 8-4 中显示效果的不同之处如下。

（1）图 8-5 地址栏中显示的页面文件 get.php，是在单击链接时 href 属性的值，其后跟随的?data=123 也是原来超链接 href 属性值的一部分。

（2）图 8-5 中不再显示图 8-4 中的 Notice 信息。

（3）图 8-5 中显示了超链接提交的数据 123。

思考问题：

为什么在图 8-4 文件 get.php 初次运行时会出现提示信息“undefined index: data”，即在页面文件 get.php 代码$data=$_GET['data']中出现未定义的键名 data？该如何解决？

解答：

页面文件 get.php 第一次运行时，尚未单击超链接，也就是说，还没有使用 data=123 向超链接指向的文件 get.php 中提交数据，所以在文件中也就不存在系统数组元素$_GET['data']，而在单击超链接之后，数据被提交到页面文件 get.php 中，存在系统数组元素$_GET['data']，获取之后就可以显示出来。

解决方法—isset()函数的应用：

在使用系统数组元素$_GET['data']之前，先判断该元素是否已经设置，若是设置了，再获取其中保存的数据，否则不做任何处理。

修改页面文件 get.php，增加条件判断语句，修改后的代码如下。

```
1: <body>
2:   <p><a href="get.php?data=123">单击超链接，观察地址栏的变化</a></p>
3:   <?php
4:     if ( isset($_GET['data']) ) {
5:       $data = $_GET['data'];
6:       echo "超链接提交的数据是：$data";
7:     }
8:   ?>
9: </body>
```

代码解释：

第 4 行，使用 isset($_GET['data'])函数检测系统数组元素$_GET['data']是否设置，即检测其是否存在，若是存在，则返回真值，if()条件成立，进而执行第 5 行和第 6 行代码处理该数组元素中保存的数据。

若是要在单击超链接时向链接的文件中传递多个数据，可以在 href 属性取值中使用&符号连接新的键名与键值对，如 href="get.php?data=123 & name=jinnan"，单击超链接之后就可以使用系统数组元素$_GET['data']获取提交的第一个数据，使用$_GET['name']获取提交的第二个数据。

8.1.3　处理查询结果记录集中的记录

微课 8-2　处理查询结果记录集中的记录

打开收件箱后，在显示每页中的邮件信息时，需要从查询结果记录集中逐条获取记录，然后再使用数组形式获取每条记录中每列的列值。

PHP 中提供了 mysqli_fetch_array()、mysqli_fetch_row()、mysqli_fetch_object()、mysqli_fetch_assoc()等多种不同的函数来处理查询结果记录集中的记录，本书主要讲解 mysqli_fetch_array()和 mysqli_fetch_object()这两个常用的函数。

1. mysqli_fetch_array()函数

使用该函数可以从查询结果记录集中获取记录指针指向的记录。

格式为：array mysqli_fetch_array(查询结果记录集)。

返回结果有两种情况；如果记录指针指向某条存在的记录，则将获取该记录中的所有列，并且以一个数组的形式保存；如果记录指针指向最后一条记录之后，则返回 false。

对于存放记录信息的数组，可以使用两种形式访问数组元素：第一种是使用从 0 开始的数字索引，索引 0 代表查询结果中第一列的信息，索引 1 代表第二列的信息……第二种是使用键名访问，使用数据表中的列名作为数组元素的键名，因为这种形式更直观、更容易理解，所以其为程序中的主要用法。

【例 8-1】创建页面文件 fetch_array.php，查询数据表 emailmsg 中 emailno 列值为 1 的记录信息，获取之后将所有列的列值分行输出。

页面代码如下。

```
1: <?php
2:   header("Content-Type: text/html;charset=utf8");
3:   $conn = mysqli_connect('localhost', 'root', 'root');
4:   mysqli_select_db($conn, 'email');
5:   $sql = "select * from emailmsg where emailno = 1";
6:   $res = mysqli_query($conn, $sql);
7:   $row = mysqli_fetch_array($res);
8:   echo "邮件序号是: $row[emailno] <br />";
9:   echo "发件人是: $row[sender] <br />";
10:  echo "收件人是: $row[receiver] <br />";
11:  echo "邮件主题是: $row[subject] <br />";
12:  echo "附件信息: $row[attachment] <br />";
13:  echo "收发日期: $row[datesorr] <br />";
14:  mysqli_close($conn);
15: ?>
```

代码解释：

第 5 行，定义了查询语句，查询邮件序号是 1 的记录。

第 6 行，执行查询语句，返回查询结果记录集，保存在变量$res 中。

第 7 行，使用 mysqli_fetch_array() 函数获取查询结果记录集中的当前记录信息，保存到数组$row 中。

第 8 ~ 13 行，分别使用 emailmsg 表中的列名 emailno、sender、receiver、subject、attachment 和 datesorr 作为数组$row 的元素键名，获取相应的列值并输出。

文件执行结果如图 8-6 所示。

图 8-6 fetch_array.php 页面的执行结果

注意：上面执行结果完全根据自己创建的数据库中记录的内容来决定。

---

2. mysqli_fetch_object()函数

使用该函数可以从查询结果记录集中获取记录指针指向的记录。

格式：object mysqli_fetch_object（查询结果记录集）。

若是指向的记录存在，则将返回的结果保存为对象，使用表中的列名作为对象的属性来获取各个列的值；若是指向的记录不存在，则返回 false。

例如，将示例 fetch_array.php 中的 mysqli_fetch_array()函数换成 mysqli_fetch_object()函数之后，第 7 ~ 13 行代码修改如下。

```
7:  $row = mysqli_fetch_object($res);
8:  echo "邮件序号是: " . $row -> emailno . "<br />";
9:  echo "发件人是: " . $row -> sender . " <br />";
10: echo "收件人是: " . $row -> receiver . " <br />";
11: echo "邮件主题是: " . $row -> subject . " <br />";
12: echo "附件信息: " . $row -> attachment . " <br />";
13: echo "收发日期: " . $row -> datesorr . " <br />"
```

代码解释：

第 8 ~ 13 行，表中的列名 emailno、sender、receiver、subject、attachment 和 datesorr 作为对象$row 的属性，对象与属性之间需要使用符号“->”连接。

8.1.4 分页浏览邮件

在众多的动态网页中，要浏览保存在数据库中的大量数据，需要使用分页浏览技术，如留言板下面的数千条留言、邮箱中的数千封邮件，等等，使用分页浏览技术之后，无论数据量怎样变化，都能保证页面的长度不会发生任何变化，变化的只有页数，只要用户单击进入自己需要的页面查阅信息即可。

微课 8-3 获取并显示收件箱邮件总数

微课 8-4 计算页数获取页码设计分页超链接

微课 8-5 分页显示内容

为了美化设计的页面，项目中仍旧要结合样式的应用来实现收邮件页面的分页浏览功能。

需要创建的文件有样式文件 receiveemail.css、页面文件 receiveemail.php 和脚本文件 receiveemail.js。

在图 8-1 所示收件箱界面的整个页面的边距要定义为 0（需要在 receiveemail.css 文件中增加样式代码 body{margin:0;}，页面中包含上下排列的 3 个 div，分别使用类选择符.div1、.div2 和.div3 定义样式。下面介绍 3 个 div 的样式定义、div 中子元素的样式定义、div 内部要显示内容的获取及输出过程。

页面布局结构如图 8-7 所示。

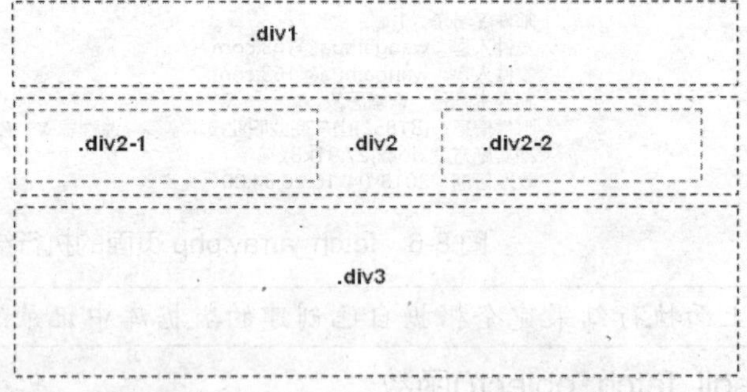

图 8-7 receiveemail.php 页面的布局结构

1. 元素<div class="div1">的设计

（1）内容说明

元素<div class="div1">中要放置的内容是文本“收件箱”及当前用户收件箱中的邮件总

数。效果如图 8-8 所示。

收件箱(共17封)

图 8-8 元素<div class="div1">中的内容

（2）样式设计

类选择符.div1 的样式要求如下：宽度自动，高度为 25px，上下填充为 0，左右填充为 10px，边距为 0，div 中文本字号为 10pt，文本行高为 25px。

在 receiveemail.css 文件中增加样式代码如下。

```
.div1{width:auto; height:25px; padding:0 10px; margin: 0; font-size:10pt; line-height:25px;}
```

（3）内容设计

设计这一部分内容的关键是如何获取当前用户收件箱中的邮件总数，需要通过如下几个操作步骤来实现。

（1）启用 session，获取系统数组$_SESSION 中存储的登录账号信息。

（2）连接打开数据库，以数据表 emailmsg 中的列 receiver 的取值为条件进行查询。

（3）获取查询结果记录集中的记录数，该结果就是当前用户收件箱中的邮件总数。

创建 receiveemail.php 文件，编写完成上述功能的代码如下。

```
1: <!DOCTYPE html PUBLIC "-//W3C//DTD XHTML 1.0 Transitional//EN" "http://www.w3.org/TR/xhtml1/DTD/xhtml1-transitional.dtd">
2: <html xmlns="http://www.w3.org/1999/xhtml">
3: <head>
4: <meta http-equiv="Content-Type" content="text/html; charset=utf-8" />
5: <title>无标题文档</title>
6: <link rel="stylesheet" type="text/css" href="receiveemail.css" />
7: </head>
8: <body>
9:  <?php
10:   session_start();
11:   $uname = $_SESSION['emailaddr'] . "@163.com";
12:   $conn = mysqli_connect('localhost', 'root', 'root');
13:   mysqli_select_db($conn, 'email');
14:   $sql = "select * from emailmsg where (receiver like '$uname%' or receiver like '%;$uname%') and deleted = 0";
15:   $res = mysqli_query($conn, $sql);
16:   $reccount = mysqli_num_rows($res);
17:  ?>
18:  <form method="post" action="" name="f1">
19:  <div class="div1"><b>收件箱</b>（共<?php echo $reccount; ?>封）</div>
20: </form>
21: </body>
22: </html>
```

代码解释：

第 10 行，启用 session，因为在本页面中要使用存储在数组元素$_SESSION['emailaddr']

中的用户账号信息，所以需要在程序开始启用 session。

第 11 行，将存储在$_SESSION['emailaddr']中的账号信息连接上@163.com 之后保存在变量$uname 中，为查询数据表做准备。

第 12 行，连接 MySQL 数据库，使用$conn 保存连接标识。

第 13 行，选择打开数据库 email。

第 14 行，定义查询语句，保存在变量$sql 中，查询 emailmsg 表中收件人是当前登录的用户，且没有被删除的（即删除标志列 deleted 的列值为 0）记录，关于其中的条件，稍后进行详细说明。

第 15 行，执行查询语句，返回结果记录集，保存在变量$res 中。

第 16 行，使用 mysqli_num_rows()函数获取查询结果记录集中的记录数，保存在变量$reccount 中。

第 18 行和第 20 行，在页面中添加表单，分页浏览时可以根据需要选择要删除的邮件，因为这里的选择方式采用了表单中的复选框元素，所以这里必须先增加表单。

第 19 行，在页面中增加元素<div class="div1">以及元素中加粗显示的内容。

代码第 14 行中的条件说明：

条件(receiver like '$uname%' or receiver like '%;$uname%')表示这里进行的是模糊查询而不是精确查询，这是为了保证在群发邮件中也能准确查找当前用户的信息。例如，假设有 4 封邮件的收件人 receiver 列值分别如下。

第 1 封：zhangmanyu@163.com;linqingxia@163.com;wangzuxian@163.com。

第 2 封：linqingxia@163.com;gaoyuany@163.com。

第 3 封：xglinqingxia@163.com;linqingxiamv@163.com。

第 4 封：meinan@163.com;xglinqingxia@163.com。

设变量$uname 的内容是 linqingxia@163.com，使用 receiver like '$uname%'条件能够查询到上面第二封邮件，这是因为使用 like '$uname%'设置的非精确匹配查询中，允许在原来内容后面出现任意多内容，但是前面不允许出现；使用 receiver like '%;$uname%'条件能够查询到上面第一封邮件，这是因为使用 like '%;$uname%'设置的非精确匹配查询中，允许在原来内容前面出现的第一个字符必须是分号，分号前可以出现任意多的字符，原来内容后面可以出现任意多的字符，这两个条件的设置，保证不会漏查，也不会因为多查而查询到 xglinqingxia@163.com。

综上所述，要查询的账号在所有收件人开始的位置，通过 receiver like '$uname%'条件一定能够找到；要查询的账号在中间的某个位置，通过 receiver like '%;$uname%'一定能够精确找到。

思考问题：

第 11 行的代码$uname=$_SESSION['emailaddr']."@163.com";中，能否将@163.com 去掉？若是去掉，会有什么问题？

解答：

不可去掉，因为在数组元素$_SESSION['emailaddr']中保存的只有账号中的用户名部分，而在数据表 emailmsg 的 receiver 列中存放的是带有@163.com 的账号信息，若是去掉@163.com，对上面示例而言，查找 linqingxia 时，第三封邮件中的 linqingxiamv @163.com 也是符合条件的。

2．元素<div class="div2">的设计

（1）内容说明

元素<div class="div2">中的内容包含两部分，分别是位于左侧的删除和刷新两个按钮，以及位于右侧的首页、上页、下页、尾页 4 个超链接（也可能是文本），效果如图 8-9 所示。

图 8-9 元素<div class="div2">的内容效果图

（2）样式设计

类选择符.div2 的样式：宽度自动，高度为 25px，上下填充为 5px，左右填充为 20px，上下边距为 5px，左右边距为 0，背景为浅灰色#eee，下边框为 1px#aaf 颜色实线。

元素<div class="div2">中的内容是横向排列的两个 div，分别使用类选择符.div2-1 和.div2-2 定义样式，元素<div class="div2-1">的内容是删除和刷新两个按钮，元素<div class="div2-2">的内容是超链接或文本“首页、上页、下页、尾页”。

类选择符.div2-1 的样式要求：宽度自动，高度自动，填充为 0，边距为 0，向左浮动；使用包含选择符.div2-1 input 定义 div 内部两个按钮的文本字号是 10pt。

类选择符.div2-2 的样式要求：宽度自动，高度自动，填充为 0，边距为 0，向右浮动，div 中文本字号为 10pt，文本行高为 25px。

在 receiveemail.css 文件中增加类选择符.div2 及子元素的样式代码如下。

```
    .div2{width:auto; height:25px; padding:5px 20px; margin:5px 0; background:#eee;
border-bottom:1px solid #aaf;}
    .div2-1 {width:auto; height:auto; padding:0; margin:0; float:left; }
    .div2-1 input{ font-size:10pt;}
    .div2-2{width:auto; height:auto; padding:0; margin:0; float:right;
font-size:10pt; line-height:25px;}
```

（3）内容设计

这一部分内容，是为分页浏览邮件信息做准备工作，需要完成 5 步功能。

① 确定每页中要显示的记录数：由程序开发人员直接在代码中给定即可。

② 确定收件箱中的邮件页数：根据每页中的记录数和邮件总数来计算，因为得到的邮件页数可能是小数，所以需要使用函数 ceil()取得不小于该数的最小整数。

例如，若获取的记录总数$reccount 为 17，设置的每页记录数$pagesize 为 5，则实际需要的邮件页数是 4，两者相除之后的结果为 3.4，使用 ceil(3.4)得到的结果是不小于 3.4 的最小整数 4，符合实际页数需求。

③ 确定当前要显示邮件信息的页码：若是用户刚刚打开收件箱，显示的应当是第一页的邮件信息，之后则根据用户单击的“首页、上页、下页、尾页”超链接获取当前要显示的邮件信息的页码。

扫码查看常用的数学函数

例如，假设当前正在显示的是第 3 页内容，若单击“上页”超链接，则接下来要显示的一定是第 2 页，这个页码数字将通过单击超链接的方式提交给服务器。

假设在超链接的 href 属性中使用键名 pageno 向服务器提交数据，要判断用户是不是刚刚打开收件箱，需要判断这些超链接有没有向服务器端提交数据来实现。

若数组元素$_GET['pageno']存在，则说明用户已经通过单击超链接向服务器提交数据了，此时需要获取元素$_GET['pageno']的数据作为接下来将要显示的邮件信息的页码，否则说明用户刚刚打开页面，尚未单击过超链接，当前必须显示第一页邮件信息。

④ 设计删除和刷新按钮：在页面中选择要删除的邮件之后，单击“删除”按钮时能够将邮件设置为已删除状态，该按钮需要设置为 submit 类型；单击刷新按钮时，要保证在当前窗口中重新运行页面文件 receiveemail.php，这样做的目的是，如果用户收到了新的邮件，能够及时刷新页面收到邮件，该按钮需要设置为普通的 button 按钮。

⑤ 设计超链接或文本“首页、上页、下页、尾页”。单击超链接时，除了要以链接的方式重新打开页面文件 receiveemail.php 之外，还必须能够向该页面文件提交需要的页码以实现页码的变化，设计时需要遵循的原则如下。

- 如果邮件数是 0，总页数为 0，则打开收件箱时，“首页、上页、下页、尾页”都要设置为普通文本的形式。
- 若当前正在显示的是第一页，则将“首页”设置为普通文本而不是超链接形式，否则设置的“首页”为超链接，在单击时需要向服务器提交的页码是 1。
- 若当前正在显示的是第一页，则将“上页”设置为普通文本而不是超链接形式，否则设置的“上页”为超链接，在单击时需要向服务器提交的页码是当前正在显示的页面页码减去 1。
- 若当前正在显示的是最后一页，则将“下页”设置为普通文本而不是超链接形式，否则设置的“下页”为超链接，在单击时，需要向服务器提交的页码是当前正在显示的页面页码加上 1。
- 若当前正在显示的是最后一页，则将“尾页”设置为普通文本而不是超链接形式，否则设置的“尾页”为超链接，在单击时，需要向服务器提交的页码是总页数值。

设计元素<div class="div2">及子元素的代码需要分别放置在 receiveemail.php 文件的两个位置。

第一个位置，在文件 receiveemail.php 的 PHP 代码结束标记“?>”的前面（即获取了收件箱中的所有记录之后）增加下面的代码。

```
1: $pagesize = 5;
2: $pagecount = ceil( $reccount / $pagesize );
3: $pageno = isset($_GET['pageno']) ? $_GET['pageno'] : 1;
```

代码解释：

第 1 行，设置在分页浏览时每页中显示的记录数为 5，保存在变量$pagesize 中。

第 2 行，使用代码 ceil($reccount/$pagesize)计算分页后的总页数，保存在变量$pagecount 中。

第 3 行，使用了 PHP 中的三元运算符?:来获取当前要显示内容的页码，其中的条件 isset($_GET['pageno'])是使用 isset()函数判断系统数组元素$_GET['pageno']是否已经被设置，即判断其是否存在，若是存在，则取用$_GET['pageno']中保存的页码值，否则将页码值设置为第 1 页，页码值保存在变量$pageno 中。

当页面第一次运行时，用户没有单击过“首页、上页、下页、尾页”中的任何一个超链接向服务器提交数据，此时$_GET['pageno']是不存在的，默认要显示的就是第一页的内容。

思考问题：

代码第 2 行中，能否将 ceil()函数换成四舍五入的函数 round()？为什么？

解答：

不可以使用函数 round()替换 ceil()。

若是邮件总数为 16，每页显示 5 封，使用 ceil(16 / 5)结果为 4，即需要显示 4 页，若是改为 round(16 / 5)，则得到的结果为 3，很明显是不符合要求的。

第二个位置，在文件 receiveemail.php 中元素<div class="div1">结束之后增加如下代码。

```
<div class="div2">
   <div class="div2-1">
     <input type="submit" name="delete" id="delete" value=" 删 除 " />
     <input type="button" name="refresh" id="refresh" value=" 刷 新 " onclick="window.open('receiveemail.php','_self');" />
   </div>
   <div class="div2-2">
   <?php
     if ( $pagecount == 0 ) {
        echo "首页  上页  下页  尾页";
     }
     else{
           if ( $pageno == 1) {
             echo "首页  ";}
           else {
             echo "<a href='receiveemail.php?pageno=1'>首页</a>  ";}
           if ( $pageno == 1) {
             echo "上页  ";}
           else{
             echo "<a href='receiveemail.php?pageno=" . ($pageno - 1) . "'>上页</a>  ";}
           if ( $pageno == $pagecount ) {
             echo "下页  ";}
           else{
            echo "<a href='receiveemail.php?pageno=" . ($pageno + 1) . "'>下页</a>  ";}
         if ( $pageno == $pagecount ) {
            echo "尾页";}
          else {
            echo "<a href='receiveemail.php?pageno=" . ($pagecount) . "'>尾页</a>";}
     }
    ?>
   </div>
</div>
```

代码解释：

第 2 ~ 5 行，插入元素<div class="div2-1">。

第 3 行，在元素<div class="div2-1">中增加 name 和 id 属性取值为 delete 的 submit 类型的按钮“删除”，选中某条记录前面的复选框，再单击该按钮将执行 delete.php 文件，将邮件记录中的 deleted 列值设置为 1（文件 delete.php 将在 8.3.1 中创建）。

第 4 行，在元素<div class="div2-1">中增加 name 和 id 属性取值为 refresh 的 button 类型按钮“刷新”，代码 onclick="window.open('receiveemail.php','_self');"的作用是单击该按钮时，将在当前窗口（使用_self 表示的即为当前窗口）中使用 window.open() 函数重新打开 receiveemail.php 文件，即完成刷新操作过程。

第 6 ~ 24 行，插入元素<div class="div2-2">，在其内部嵌入 PHP 代码，用于输出“首页、上页、下页、尾页”相关信息。

第 8 ~ 10 行，若第 8 行中的条件成立，则说明收件箱中没有邮件，总页数为 0，此时所有与页码有关的链接都不能单击，输出首页、上页、下页、尾页的普通文本；若是该条件不成立，则执行第 12 ~ 27 行代码。

第 12 ~ 15 行，若第 12 行中的条件成立，则说明当前正在显示的是第一页的内容，则直接执行第 13 行代码，输出普通文本“首页”，即通过输出普通文本的方式使超链接“首页”不可单击；否则执行第 15 行代码，输出超链接“首页”，单击超链接时，重新运行页面文件 receiveemail.php，同时把接下来要使用的首页页码 1 使用键名 pageno 传递到页面中。

第 16 ~ 19 行，若第 16 行中的条件成立，则说明当前正在显示的是第一页内容，直接执行第 17 行代码，输出普通文本“上页”，使超链接“上页”不可单击；否则执行第 19 行代码，输出超链接“上页”，单击超链接时，重新运行页面文件 receiveemail.php，同时使用当前页码 $pageno 减 1，得到接下来要使用的上页页码，并使用键名 pageno 传递到页面中。

例如，若当前正在显示第 4 页，即$pageno=4，减去 1 后，得到 3，作为接下来要使用的页码值。

第 20 ~ 23 行，若第 20 行中的条件成立，则说明当前正在显示的是最后一页内容，这时要直接执行第 21 行代码，输出普通文本“下页”，使超链接“下页”不可单击；否则执行第 23 行代码，输出超链接“下页”，单击超链接时，重新运行页面文件 receiveemail.php，同时使用当前页码$pageno 加 1，得到接下来要使用的下页页码，并使用键名 pageno 传递到页面中。

第 24 ~ 27 行，若第 24 行中的条件成立，则直接执行 25 行代码，输出普通文本“尾页”，使超链接“尾页”不可单击；否则执行第 27 行代码，输出超链接“尾页”，单击超链接时，重新运行页面文件 receiveemail.php，同时把接下来要使用的尾页页码$pagecount（尾页页码就是总页数）使用键名 pageno 传递到页面中。

3. 元素<div class="div3">的设计

（1）内容说明

元素<div class="div3">的内容是使用表格排列的复选框、邮件的发件人、主题、附件图标、收发日期等信息，效果如图 8-10 所示。

其中的复选框是为了在当前页中选择要删除的邮件而设置的，若某个复选框被选中，它提交给服务器的值是对应邮件的 emailno 列值，当用户需要删除一封或多封邮件时，选择邮件前面的复选框，单击元素<div class="div2">中的“删除”按钮即可运行 delete.php 文件，将指定邮件移至已删除文件夹中。

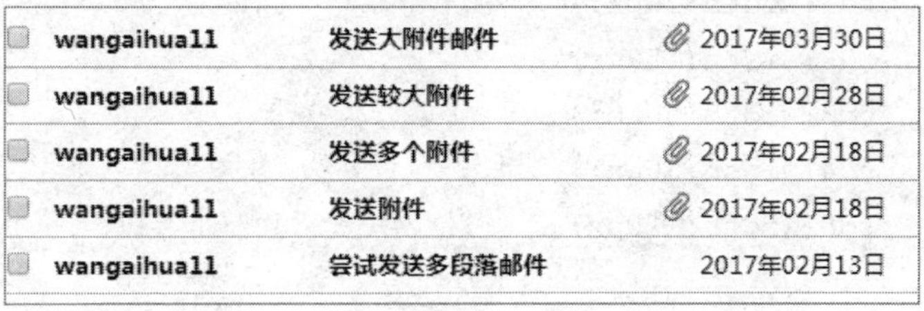

☐	wangaihua11	发送大附件邮件	📎 2017年03月30日
☐	wangaihua11	发送较大附件	📎 2017年02月28日
☐	wangaihua11	发送多个附件	📎 2017年02月18日
☐	wangaihua11	发送附件	📎 2017年02月18日
☐	wangaihua11	尝试发送多段落邮件	2017年02月13日

图 8-10 元素<div class="div3">内容效果图

发件人列取用的是数据表 emailmsg 中 sender 列值去掉@163.com 之后的内容，该内容需要设计为超链接，当用户单击超链接时，将执行页面文件 openemail.php，同时向该文件提交当前邮件的 emailno 列值，从而打开指定邮件供用户阅读。

主题列取用的是数据表 emailmsg 中的 subject 列值，该内容也要设计为超链接，超链接的设置与发件人列相同。

附件图标列的内容有两种情况：若当前邮件中有附件存在，则该列中显示附件图标（使用图片文件 flag-1.jpg）；若当前邮件中没有附件存在，则该列内容为一个空格字符。

收发日期列的内容是将 emailmsg 表中 datesorr 的列值（日期格式 **Y-m-d H:i**）处理之后得到的。

（2）样式设计

类选择符.div3 的样式要求为：宽度自动，高度自动，填充为 0，边距为 0。

元素<div class="div3">内部表格使用包含选择符.div3 table 定义样式：宽度为 100%，文本字号为 10pt。

表格单元格使用包含选择符.div3 table td 定义样式：高度为 30px，下边框为 1px#aaf 颜色实线，单元格内容在垂直方向居中，这里的下边框是为每封邮件信息下面的横线设计的。

表格内部超链接的初始状态样式：颜色为黑色，没有下画线，文本加粗显示；访问过状态样式：颜色为黑色，没有下画线，文本非加粗显示。

说明：要想真正实现没有阅读过的邮件使用黑色加粗字体显示，阅读过的邮件使用非加粗字体显示，需要采用复杂的设计方案，这里不做设置。

表格需要包含 5 个列，列宽分别是 30px、150px、自动 auto、20px 和 120px。

收件箱的界面宽度必须能够适应浮动框架子窗口的宽度，间接就是必须适应浏览器窗口的宽度变化，所以收件箱界面中定义的所有 div 都没有设置具体的宽度值，宽度值都取用了 auto，而在使用的表格中，将用于显示邮件主题的第 3 列宽度设置为 auto，是为了保证在其他 4 列宽度都固定的情况下，通过这个列的宽度变化来适应整体宽度变化，若是 5 个列宽度都设置为 auto，运行效果将是不稳定的。

在 receiveemail.css 文件中增加如下样式代码。

```
.div3{width:auto; height:auto; margin:0; padding:0;}
.div3  table{width:100%; font-size:10pt;}
.div3  table  td{ height:30px; border-bottom:1px solid #aaf; vertical-align:middle;}
.div3  table  td  a:link{color:#000; text-decoration:none; font-weight: bold;}
```

```
    .div3 table td a:visited{color:#000; text-decoration:none; font-weight:
normal;}
    .div3 table .td1{width:30px;}
    .div3 table .td2{width:150px;}
    .div3 table .td3{width:auto;}
    .div3 table .td4{width:20px;}
    .div3 table .td5{width:120px;}
```

（3）内容设计

这一部分内容要输出当前页中的所有邮件信息，需要使用如下 4 个操作步骤完成。

① 获取当前页中要显示邮件记录的起始记录号，这里所说的记录号不是指在 emailmsg 表中的邮件序号 emailno，而是查询当前账号收件箱中的所有邮件时，得到的查询结果记录集中的编号，每个查询结果记录集中的记录编号都是从 0 开始的。

例如，若查询当前用户的收件箱时，查询结果记录集$res 中的记录数$reccount 为 17，则记录编号是 0~16 的数列，若每页显示的记录数$pagesize 为 5，则当前页码与当前页中第一条记录编号之间存在表 8-1 所示的关系。

表 8-1　分页浏览中页码与起始记录编号的对应关系

要显示记录的页码$pageno	当前页中第一条记录的编号$pagestart
1	0
2	5
3	10
4	15

根据表 8-1 中 4 组数字间的关系，可以总结出当前页的起始记录号$pagestart = ($pageno - 1) * $pagesize，这个关系的归纳总结在分页浏览应用中非常重要。

② 得到当前页的起始记录号之后，需要定义新的查询语句，获取在当前页中将要显示的若干条记录，例如，一页中的记录数$pagesize 为 5，若得到的起始记录号是 5，需要获取到 5、6、7、8、9 这 5 条记录。

实现这一功能，需要在查询语句中使用 limit 子句设置要获取记录的起始编号和记录数；另外需要考虑输出邮件信息时，要将最后收到的邮件排列在第一页第一条，即要按照收发邮件的日期进行降序排序，因此设计 select 语句时，还要使用 order by 子句按照邮件的收发日期进行降序排序。

执行定义的查询语句之后，使用变量$result 保存查询结果记录集。

③ 在页面中增加元素<div class="div3">，在其内部添加表格（是指添加表格的起始标记<table>、结束标记</table>以及<table>标记中相关属性的设置）。

④ 使用循环语句从查询结果记录集中逐一获取记录，按照如下方式进行处理并输出。

a．获取当前邮件的 emailno 列值，保存在变量$emailno 中备用。

b．截取当前邮件 sender 列值中@符号前面的用户名部分，保存在变量$sender 中备用。

c．处理当前邮件 datesorr 列值中的日期时间信息，得到“Y 年 m 月 d 日”的形式保存在变量$riqi 中备用。

d．输出表格的行起始标记<tr>。

e．输出表格第一列的标记及内容，内容是复选框，name 定义为 markup[]，value 属性取值为变量$emailno 的值。

f．输出表格第二列的标记及内容，内容是超链接，链接热点为变量$sender 的值，链接打开的文件是 openemail.php，单击后使用键名 emailno 向该文件提交变量$emailno 的值。

g．输出表格第三列的标记及内容，内容是超链接，链接热点为当前邮件主题 subject 的列值，链接打开的文件是 openemail.php，单击后使用键名 emailno 向该文件提交变量$emailno 的值。

h．输出表格第 4 列的标记及内容，判断当前邮件附件列 attachment 的值是否为空，若为空，则在单元格中输出空格字符 ；若附件列的列值不为空，则输出图片 flag-1.jpg。

i．输出表格第 5 列的标记及内容，内容是变量$riqi 的值。

j．输出表格的行结束标记</tr>。

设计元素<div class="div3">及子元素的代码需要分别放置在 receiveemail.php 文件的两个位置。

第一个位置，在 receiveemail.php 文件中获取当前要显示信息的页码之后，增加下面的代码。

```
1: $pagestart = ( $pageno - 1 ) * $pagesize;
2: $sql2 = $sql . "  order by datesorr desc limit $pagestart, $pagesize";
3: $result = mysqli_query($conn, $sql2);
```

代码解释：

第 2 行，在查询语句$sql="select * from emailmsg where receiver like '%$uname%' and deleted=0"的基础上，增加排序子句 order by（注意：order 前面一定要有一个空格）和限制查询范围的子句 limit，order by datesorr desc 的作用是设置查询结果记录集按照邮件的收发日期 datesorr 列值进行降序排序，保证较早收到的邮件排在后面，而较晚收到的邮件排在前面，符合用户查阅邮件的习惯；limit $pagestart, $pagesize 的作用是在符合前面条件的查询结果中获取从$pagestart 变量值开始的 5 条（5 是变量$pagesize 的值）记录。

第 3 行，执行新定义的查询语句，将查询结果记录集保存在变量$result 中，作为当前页中要显示的全部记录。

第二个位置，在文件 receiveemail.php 中元素<div class="div2">的结束标记</div>之后，增加下面的代码。

```
<div class="div3">
  <table cellpadding="0" cellspacing="0">
  <?php
   while ( $row = mysqli_fetch_array($result) ) {
      $emailno = $row['emailno'];
      list($sender) = explode( '@', $row['sender'] );
      list($datesorr) = explode( ' ', $row['datesorr'] );
      list($y, $m, $d) = explode( '-', $datesorr );
      $riqi=$y . "年" . $m . "月" . $d . "日";
      echo "<tr>";
```

```
11:        echo "<td class='td1'><input type='checkbox' name='markup[]' value='$emailno' class='checkbox'/></td>";
12:        echo "<td class='td2'><a href='openemail.php?emailno=$emailno'>" . $sender . "</a></td>";
13:        echo "<td class='td3'><a href='openemail.php?emailno=$emailno'>" . $row['subject'] . "</a></td>";
14:        if($row['attachment']!=""){
15:           echo "<td class='td4'><img src='images/flag-1.jpg'></td>";
16:        }
17:         else{
18:           echo "<td class='td4'> </td>";
19:        }
20:      echo "<td class='td5'>".$riqi."</td>";
21:      echo "</tr>";
22:    }
23:  ?>
25:  </table>
26: </div>
```

代码解释：

第 4 行，代码 while ($row=mysqli_fetch_array($result))的执行过程是，先使用函数 mysqli_fetch_array()从查询结果记录集$result 中获取一条记录保存在数组$row 中，再将整个语句作为循环条件，只要获取到记录，循环条件就成立，否则循环条件不成立。

第 5 行，使用$row['emailno']获取当前记录的邮件序号列值，保存在变量$emailno 中，为单击超链接和选择复选框后向服务器端传递邮件序号做准备。

第 6 行，用字符@作为分割符，使用 explode()函数将邮件中的收件人分割为前后两部分，使用 list()变量列表中的变量$sender 保存用户名部分，为后面在表格第二列中显示用户名信息做准备。

第 7 行，用空格字符作为分割符，使用 explode()函数将收发日期信息分割为日期和时间两部分，并将日期部分保存在变量$datesorr 中。

第 8 行，用‘-’字符作为分割符，使用 explode()函数将保存在变量$datesorr 中的日期信息分割为年、月、日 3 部分，分别使用 list()列表中的变量$y、$m 和$d 保存。

第 9 行，将年月日的值设置为图 8-10 中输出的格式，为代码第 20 行显示收发日期中的年月日信息做准备。

第 10 ~ 21 行，将当前邮件的相关信息作为表格一行 5 个单元格的内容输出，在代码第 4 行使用的 while 循环中，每循环一次，处理一条记录的信息，输出表格的一行内容，所以，在这里要将表格行标记和列标记都作为 while 循环的循环体部分，使用 echo 语句来输出。

第 11 行，输出表格中的第一列，在<td>标记中引用类名 td1，单元格的内容是复选框，复选框名称用数组名 markup[]表示，这样做是为了保证在同一页中显示的所有邮件前面的复选框属于同一个组，选中复选框时要提交的数据是保存在变量$emailno 中的邮件序号，复选框元素中的类名 checkbox 与样式无关，这是为删除邮件做准备。

第 12 行，输出表格第二列，引用类名 td2，单元格的内容是保存在变量$sender 中的发送方用户名信息，该信息被设置为超链接热点，单击超链接时，要链接打开的页面文件是 openemail.php（用于打开邮件的页面文件，在 8.2.1 中创建），同时使用键名 emailno 将保存在变量$emailno 中的邮件序号提交到该文件中，从而保证能够打开指定的邮件。

第 13 行，输出表格第 3 列，引用类名 td3，单元格的内容是数组元素$row['subject']中存放的邮件主题信息，该信息也被设置为超链接热点，其他与第 12 行代码解释相同。

第 14 ~ 19 行，根据条件确定表格第 4 列中要显示的内容，若第 14 行的条件成立，即数组元素$row['attachment']的内容不为空，则说明当前邮件中是有附件的，接着要执行第 15 行代码，在表格第 4 列中显示附件图标 flag-1.jpg；若是第 14 行中的条件不成立，则说明没有附件，执行第 18 行代码，在表格第 4 列中直接输出一个空格即可。

第 20 行，输出表格第 5 列，单元格内容为处理后的日期信息。

思考问题：

代码第 18 行中，能否将空格字符 去掉？去掉之后会有什么影响？

解答：

该空格不要去掉，如果没有空格，就意味着表格的这个单元格中没有内容，在部分浏览器中，若是表格单元格没有内容，则单元格的边框不能显示，下边框会出现断裂的现象。

8.1.5 分页浏览中的数据验证

在运行 receiveemail.php 的页面中，若是选择了一封或者几封邮件，单击“删除”按钮时，需要运行 delete.php 文件将选中的文件放入已删除文件夹中，但是若用户没有选择要删除的邮件而直接单击了“删除”按钮，就必须阻止服务器端运行文件 delete.php。

实现上述功能，需要验证 receiveemail.php 文件中的表单数据，创建脚本文件 receiveemail.js，在其中定义函数 validate()，函数代码如下。

```
1: function validate(){
2:    var markup = document . getElementsByClassName('checkbox');
3:    var result = false;
4:    for (i = 0; i < markup . length; i++ ) {
5:       if ( markup[i] . checked ) {
6:          result = true;
7:          break;
8:       }
9:    }
10:   if ( result == false ) {
11:      alert('对不起，你没有选择要删除的邮件，单击删除按钮无效');
12:      return false;
13:   }
14: }
```

代码解释：

第 2 行，通过类名 checkbox 获取当前页面中的所有复选框，构成一个组，使用数组 markup 保存。

第 3 行，定义一个变量 result，初始值为 false，若是判断后发现页面中有被选择的复选框，则该变量值要修改为 true，否则保持为 false。

第 4～9 行，使用 for 循环结构逐个判断复选框组中的每个元素是否被选中，只要有一个被选中，则将 result 的值修改为 true，然后使用 break 退出循环；循环条件 i<markup.length 中的 length 在此处用于获取数组元素个数；而 if 语句中的条件 markup[i].checked 若是成立，则表示相应的复选框被选中。

第 10～13 行，根据 result 的值确定用户有没有选择复选框，若是没有，则弹出消息框显示提示信息，并通过 return false 语句结束函数的执行。

脚本文件的关联和函数调用：

在 receiveemail.php 文件首部使用<script type="text/JavaScript" src="receiveemail.js"></script>代码关联脚本文件 receiveemail.js，然后在表单标记<form>中增加代码 onsubmit="return validate();"，当用户单击 submit 类型的“删除”按钮时调用函数。

用户没有选中要删除的附件，直接单击删除按钮时的运行效果如图 8-11 所示。

图 8-11 验证脚本的执行效果

8.1.6 receiveemail.css 和 receiveemail.php 的完整代码

1. receiveemail.css 的完整代码

```
body{margin:0;}
.div1{ width:auto; height:25px; padding:0 10px; margin: 0; font-size:10pt; line-height:25px;}
.div2{width:auto; height:25px; padding:5px 20px; margin:5px 0; background:#eee; border-bottom:1px solid #aaf;}
.div2-1{width:auto; height:auto; padding:0; margin:0; float:left; font-size:10pt;}
.div2-2{width:auto; height:auto; margin:0; float:right; font-size:10pt; line-height:25px;}
.div3{width:auto; height:auto; margin:0; padding:0;}
.div3 table{width:100%; font-size:10pt;}
.div3 table td{ height:30px; border-bottom:1px solid #aaf; vertical-align: middle;}
.div3 table td a:link{color:#000; text-decoration:none; font-weight: bold;}
```

```
    .div3  table  td  a:visited{color:#000; text-decoration:none; font-weight:
normal;}
    .div3  table  .td1{width:30px;}
    .div3  table  .td2{width:150px;}
    .div3  table  .td3{width:auto;}
    .div3  table  .td4{width:20px;}
    .div3  table  .td5{width:120px;}
```

2. receiveemail.php 的完整代码

```
    <!DOCTYPE html PUBLIC "-//W3C//DTD XHTML 1.0 Transitional//EN"
"http://www.w3.org/TR/xhtml1/DTD/xhtml1-transitional.dtd">
    <html xmlns="http://www.w3.org/1999/xhtml">
    <head>
    <meta http-equiv="Content-Type" content="text/html; charset=utf-8" />
    <title>无标题文档</title>
    <link rel="stylesheet" type="text/css" href="receiveemail.css" />
    <script type="text/javascript" src="receiveemail.js"></script>
    </head>
    <body>
     <?php
       session_start();
       $uname = $_SESSION['emailaddr'] . "@163.com";
       $conn = mysqli_connect('localhost', 'root', 'root');
       mysqli_select_db($conn, 'emaili');
       $sql = "select * from emailmsg where (receiver like '$uname%' or receiver like
'%;$uname%') and deleted=0";
       $res = mysqli_query($conn, $sql);
       $reccount = mysqli_num_rows($res);
       $pagesize = 5;
       $pagecount = ceil( $reccount / $pagesize );
       $pageno = isset($_GET['pageno']) ? $_GET['pageno'] : 1;
       $pagestart = ($pageno - 1) * $pagesize;
       $sql2 = $sql . " order by datesorr desc limit $pagestart, $pagesize";
       $result = mysqli_query($conn, $sql2);
     ?>
     <form method="post" action="delete.php" name="f1" onsubmit="return
validate();">
     <div class="div1"><b>收件箱</b>(共<?php echo $reccount;?>封)</div>
     <div class="div2">
       <div class="div2-1">
         <input type="submit" name="delete" id="delete" value=" 删 除 " />
```

```
        <input type="button" name="refresh" id="refresh" value=" 刷 新 " onclick="window.open('receiveemail.php','_self');" />
      </div>
      <div class="div2-2">
      <?php
        if ( $pagecount == 0 ) {
            echo "首页  上页  下页  尾页";
        }
        else{
          if ( $pageno == 1 ) {
            echo "首页  ";}
          else {
            echo "<a href='receiveemail.php?pageno=1'>首页</a>  ";}
          if ( $pageno == 1 ) {
            echo "上页  ";}
          else {
            echo "<a href='receiveemail.php?pageno=" . ( $pageno - 1 ) . "'>上页</a>  "; }
          if ( $pageno == $pagecount ) {
            echo "下页  ";}
          else {
            echo "<a href='receiveemail.php?pageno=" . ( $pageno + 1 ) . "'>下页</a>  ";}
          if ( $pageno == $pagecount ) {
            echo "尾页";}
          else {
            echo "<a href='receiveemail.php?pageno=" . ( $pagecount ) . "'>尾页</a>";}
        }
      ?>
      </div>
      <!--<div class="clear"></div>-->
    </div>
    <div class="div3">
      <table cellpadding="0" cellspacing="0">
      <?php
        while ( $row = mysqli_fetch_array($result) ) {
            $emailno = $row['emailno'];
            list($sender) = explode( '@', $row['sender'] );
            list($datesorr) = explode( ' ', $row['datesorr'] );
            list($y, $m, $d) = explode( '-', $datesorr );
```

```
            $riqi = $y . "年" . $m . "月" . $d . "日";
            echo "<tr>";
            echo "<td class='td1'><input type='checkbox' name='markup[]'
value='$emailno' class='checkbox'/></td>";
            echo "<td class='td2'><a href='openemail.php?emailno=$emailno'>".
$sender."</a></td>";
            echo "<td class='td3'><a href='openemail.php?emailno=$emailno'>".
$row['subject']."</a></td>";
            if($row['attachment']!=""){
                echo "<td class='td4'><img src='images/flag-1.jpg'></td>";
            }
            else{
                echo "<td class='td4'> </td>";
            }
            echo "<td class='td5'>".$riqi."</td>";
            echo "</tr>";
        }
     ?>
     </table>
    </div>
    </form>
    <?php  mysqli_close($conn);  ?>
  </body>
  </html>
```

8.2 打开并阅读邮件

需要解决的核心问题

- 如何计算一封邮件中的附件个数？
- 如何将编辑邮件时的回车键转换为阅读邮件内容中的段落标记？函数 nl2br()和 str_replace()各自的含义是什么？
- 如何显示附件名称前面的文件类型图标？
- 如何根据 emailmsg 表中附件信息列 attachment 的信息得到超链接要打开的附件文件名称信息？

在 receiveemail.php 页面中，单击每一封邮件的发件人或者邮件主题时，将打开超链接指定的页面文件 openemail.php，阅读选择的邮件内容，同时可以阅读或下载附件。打开不带附件的邮件界面如图 8-12 所示；打开带附件的邮件界面如图 8-13 所示。

图 8-12　打开不带附件的邮件界面

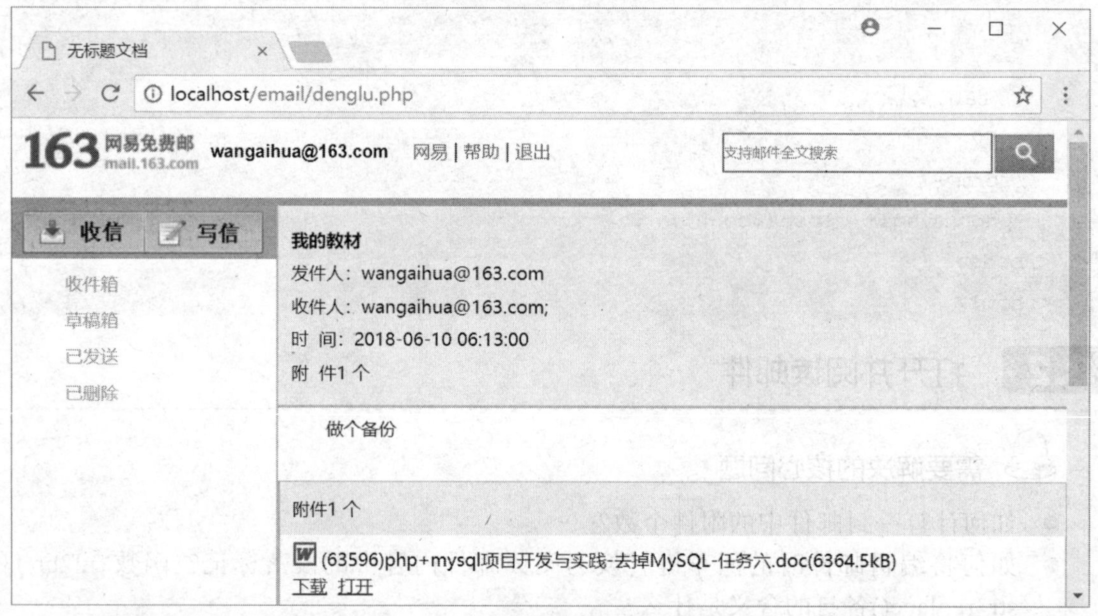

图 8-13　打开带附件的邮件界面

8.2.1　打开并阅读邮件页面的布局结构及功能说明

1．布局结构

为了页面的美观效果，与写邮件、收邮件的界面要求一样，将整个页面的边距设置为 0。整个页面的布局结构如图 8-14 所示。

从图 8-12 可以看出，打开不带附件的邮件之后，页面中显示了上下两部分内容，第一部分使用 id 选择符#div1 定义样式，内容包含了分行显示的邮件主题、发件人信息、收件人信息和收发日期信息；第二部分使用 id 选择符#div2 定义样式，内容是邮件内容。

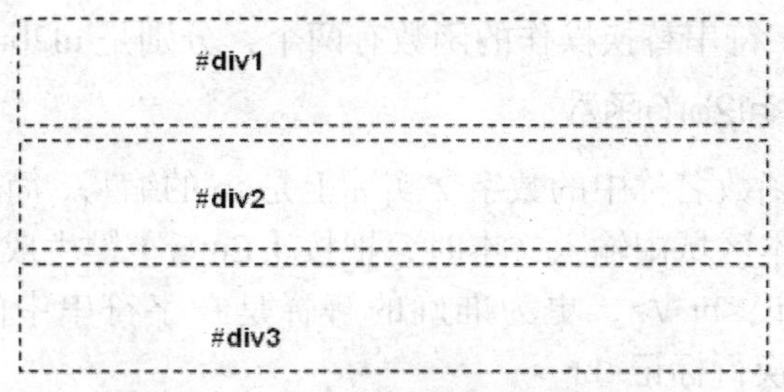

图 8-14　打开邮件页面的布局结构

从图 8-13 可以看出，打开带附件的邮件之后，页面中显示了上中下 3 部分内容，第一部分使用 id 选择符#div1 定义样式，内容中除了邮件主题、发件人、收件人和收发日期信息之外，还包含了附件个数信息；第二部分使用 id 选择符#div2 定义样式，内容仍旧是邮件内容信息，第三部分使用 id 选择符#div3 定义样式，该 div 内部使用不同的段落显示了附件的名称以及附件名称下方的“下载”和“打开”超链接。

2. 功能要求

收件箱的功能如下。

（1）能够根据用户选择的邮件序号获取并显示邮件信息。

（2）能够计算出附件的个数并在页面中输出。

（3）显示邮件内容时，必须能够将发件人在编辑邮件内容时按下的【Enter】键转换为本页面中的段落标记，否则无论原来的邮件内容有多长，都显示在一个段落中；要求每个段落第一行都要缩进两个字符；任何情况下都要求为内容区保留一定的页面空间，若元素<div id='div2'>的高度不够 200px，则将高度设置为 200px，否则高度根据邮件内容高度来确定。

（4）能够根据是否存在附件来确定是否显示元素<div id='div3'>。

（5）元素<div id='div3'>中显示的附件文件名称信息前面带有文件类型图标。

（6）显示元素<div id='div3'>时，除了要输出存放在数据表中的附件信息之外，在用户单击“下载”或“打开”链接时，必须实现附件的下载或打开操作。

在图 8-13 中显示的附件信息中包含了随机数标识、附件名称及附件大小 3 部分信息，这是为了保证用户在接收附件之前可以确定附件的大小。

当用户单击“打开”或“下载”超链接时，要打开或下载的附件都是保存在 upload 文件夹下的文件，这些文件名称前面都带有“(随机数标识)”前缀，为了保证用户能够正常打开或下载附件，设计超链接时，要在文件名前面增加“(随机数标识)”前缀。

8.2.2　字符串替换函数

字符串替换是 Web 编程中经常使用的操作，如要过滤掉用户提交的不文明词语、处理字符串中包含的危险脚本、替换掉某些关键词等。

1. 在 openemail.php 文件中的应用需求

用户从写邮件界面中 id 为 content 的表单元素中输入内容时，经常需要进行回车换行，这时只需按下回车键即可，而通过页面在浏览器中输出内容要进行回车换行时，使用的是换行标记
或段落标记<p>，回车键与页面标记之间是不通用的，因此在 openemail.php 页面中显示邮件内容时需要将用户编辑邮件内容时按下的【Enter】键替换成 HTML 中的段落标记，这需要使用字符串替换函数来完成。

PHP 中提供的完成字符串替换操作的函数有两个，分别是 nl2br()和 str_replace()。

2. nl2br()函数

微课 8-6 nl2br()函数

该函数名称中的数字 2 实际上是 to 的缩写，简单理解该函数的作用，就是在文本区域中输入文本时，把按【Enter】键生成的字符替换为 HTML 的换行标记
，更为准确的解释是在字符串中的每个新行(\n)之前插入 HTML 换行标记
。

格式：nl2br(string)。

参数 string 是必需的，是规定要检查的字符串。

【例 8-2】创建页面文件 txt.php，其中包含两部分代码，第一部分代码生成表单界面，包含一个 name 属性为 txt 的文本区域元素和一个 submit 类型的“提交”按钮；第二部分是 PHP 代码，用于接收和处理本页面中表单元素提交的数据。

在表单文本区域中输入带有回车的文本内容并提交之后，重新运行页面文件 txt.php，获取用户提交的文本信息，进行两种处理：第一，直接输出获取到的信息；第二，将获取信息中的回车字符替换为换行标记后再输出，对比观察两种输出的不同效果。

页面代码如下。

```
1: <body>
2: <form id="form1" name="form1" method="post" action="txt.php">
3:   <p>请在文本区域内输入带回车字符的文本：</p>
4:   <p><textarea name="txt" cols="20" rows="3" id="txt"></textarea></p>
5:   <p><input type="submit" name="Submit" value="提交" /></p>
6: </form>
7: <?php
8:   if ( isset($_POST['txt']) ) {
9:     $txt = $_POST['txt'];
10:    echo "<hr />";
11:    echo "直接输出接收到的内容：<br />" . $txt;
12:    echo "<hr />";
13:    echo "用nl2br() 函数处理后再输出接收的内容：<br />" . nl2br($txt);
14: }
15: ?>
16: </body>
```

代码解释：

第 2 ~ 6 行，生成了包含文本区域和提交按钮的表单界面，通过<form>标记中的 action="txt.php"确定单击提交按钮时要运行的文件仍旧是 txt.php 自身。

第 7 ~ 15 行，嵌入了 PHP 代码，采用两种方法处理接收到的数据，第一种方法，将文本区域提交的内容直接输出到浏览器中，第二种方法是将文本区域提交数据中的回车键使用换行标记替换之后输出到浏览器端。每种方法输出数据之前都使用 echo "<hr />"输出一条水平线。

第 8 行，使用 isset()函数判断$_POST['txt']数组元素是否存在，因为页面初始运行时，该元素不存在，所以不需要执行下面的 PHP 代码，单击提交按钮之后，该元素就存在了，需要执行第 9 ~ 13 行代码。

页面文件初始运行结果如图 8-15 所示。

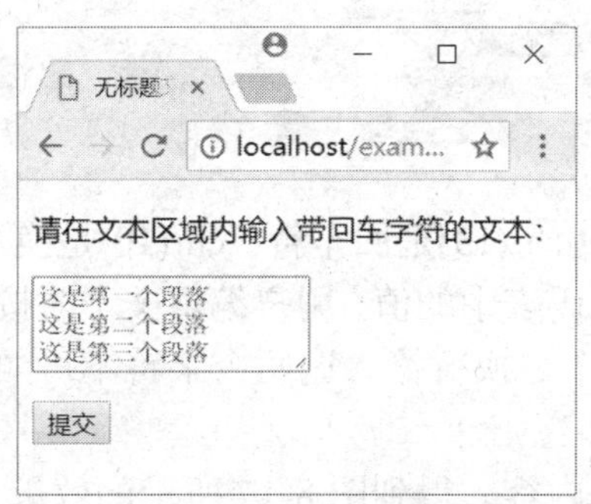

图 8-15　txt.php 文件初始运行效果

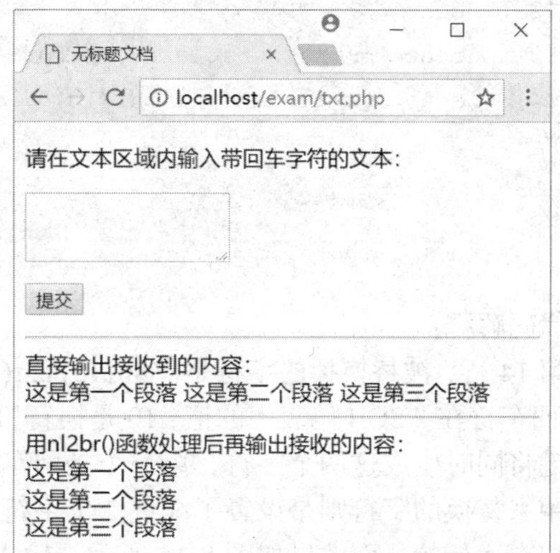

图 8-16　提交文本之后的运行界面

图 8-15 中没有出现 PHP 代码块输出的内容。

在图 8-15 中输入了 3 段内容之后，单击提交按钮，得到图 8-16 所示的运行界面。

从图 8-16 中可以看出，输出的第一部分内容，将用户编辑时输入的 3 个段落都显示在一行中，即用户在文本区域中输入内容时加入的回车键，在浏览器中输出时不起任何作用；输出的第二部分内容，则将原来的 3 个段落分成 3 行来显示。

3．str_replace()函数

该函数能够按照用户的要求，将用户指定的任意子串全部替换成另一个子串。

格式：str_replace(find, replace, string, count)。

参数说明：

参数 find，必需，规定要查找的子串，也就是将要被替换掉的子串。

参数 replace，必需，规定要用来替换的子串。

参数 string，必需，规定被搜索的字符串。

参数 count，是可选参数，对替换次数进行计数，通常很少使用。

微课 8-7　str_replace()函数

【例 8-3】修改 txt.php 的代码，使用函数 str_replace()将回车键替换为段落标记，保存为 txt-1.php 文件，代码如下。

```
<body>
<form id="form1" name="form1" method="post" action="txt-1.php">
  <p>请在文本区域内输入带回车字符的文本：</p>
  <p><textarea name="txt" cols="20" rows="3" id="txt"></textarea></p>
  <p><input type="submit" name="Submit" value="提交" /></p>
</form>
<?php
  if ( isset($_POST['txt']) ) {
    $txt = $_POST['txt'];
    echo "<hr />";
```

```
11:    echo "直接输出接收到的内容：<br />" . $txt;
12:    echo "<hr />";
13:    echo "使用 str_replace()函数处理后再输出接收的内容：<br />";
14:    echo str_replace( ( chr(13) . chr(10) ), "<p style='text-indent:2em'>", $txt);
15:  }
16: ?>
17: </body>
```

代码解释：

第 14 行，被替换掉的字符是“chr(13).chr(10)”，其中 chr(13)是回车符，chr(10)是换行符，13 是回车符在 ASCII 码表中的值，10 是换行符在 ASCII 码表中的值，用户编辑文本时按下的回车键将同时生成这两个字符，第一个是回车符，第二个是换行符，这两个字符不可颠倒顺序；用来替换的字符则是设置了缩进 2 个字符的段落标记。

初次运行的页面效果如图 8-15 所示，输入 3 个段落内容，得到图 8-17 所示的效果。

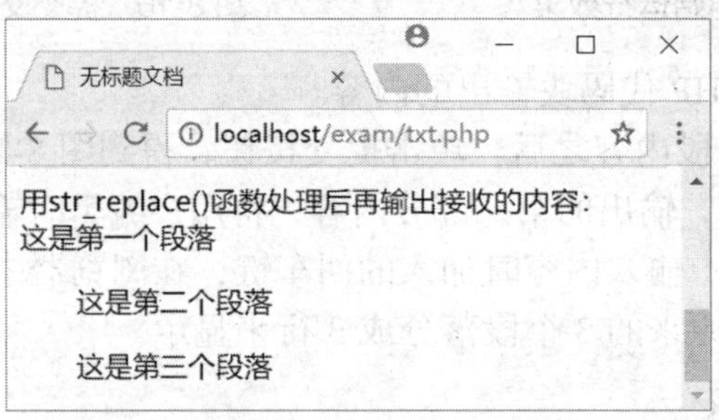

图 8-17　使用了 str_replace()后的界面

思考问题：

为什么使用 str_replace()函数处理之后，第一个段落与后面两个段落的效果不同？要如何修改？

解答：

因为用户在文本区域中输入文本时，并没有在开始时就按下回车键，所以第一个段落前面不能替换出段落标记<p>。

解决的方法是，在第 14 行代码前面先使用代码 echo "<p style='text-indent:2em'>"输出一个能够缩进两个字符的段落标记即可。

解决问题后的效果如图 8-18 所示。

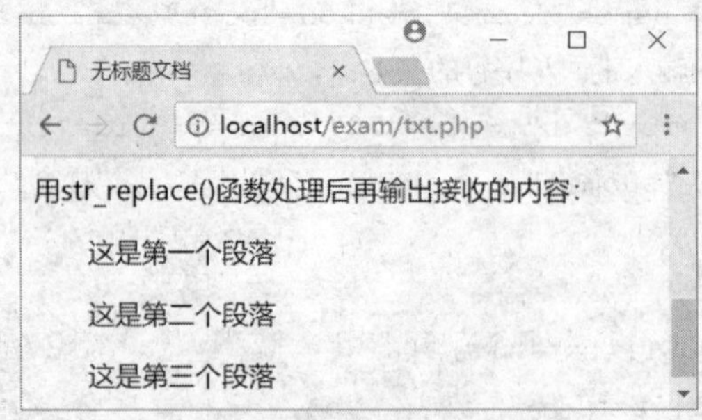

图 8-18　正确输出的 3 个段落效果

8.2.3 打开并阅读邮件的功能实现

设计打开并阅读邮件页面，需要创建的文件有样式文件 openemail.css 和页面文件 openemail.php。

分别创建两个文件，并在 openemail.css 文件中使用代码 body{margin:0;}定义整个页边距为 0。

之后，在设计过程中，按照页面内容的顺序分别设计元素<div id='div1'>、<div id='div2'>和<div id='div3'>。

1. 设计元素<div id='div1'>

（1）元素<div id='div1'>及内部元素的样式要求

选择符#div1：宽度自动（保证能够适应浮动框架窗口宽度的变化），高度自动（根据实际内容的多少来确定），上下填充 10px，左右填充 0，边距为 0，背景色为#eef，下边框为 2px#aaf 颜色实线。

页面中所有段落的样式直接使用 HTML 标记名选择符 p 定义：上下边距为 5px，左右边距都为 0，上下填充为 0，左右填充为 10px（保证段落内容左右不贴边），段落中的字号为 10pt，文本行高为 20px。

在 openemail.css 中增加样式代码如下。

```
#div1{width:auto; height:auto; margin:0px; padding:10px 0; background:#eef;
border-bottom:2px solid #aaf;}
p{margin:5px 0; padding:0 10px;font-size:10pt; line-height:20px; }
```

（2）设计 div 中的内容

设计元素<div id='div1'>中的内容需要 3 个操作步骤。

① 获取要打开的邮件的邮件序号。

② 连接打开数据库 email，以指定的邮件序号为条件查询数据表 emailmsg，得到指定序号的邮件信息。

③ 从服务器端输出元素<div id='div1'>，并在其内部输出需要的邮件信息。

在 openemail.php 文件首部使用代码<link rel="stylesheet" type="text/css" href="openemail.css" />引用定义的样式文件，然后在主体中增加如下代码。

```
<body>
<?php
 $emailno = $_GET['emailno'];
 $conn = mysqli_connect('localhost', 'root', 'root');
 mysqli_select_db($conn, 'email');
 $sql = "select * from emailmsg where emailno = $emailno";
 $res = mysqli_query($conn, $sql);
 $row = mysqli_fetch_array($res);
 echo "<div id='div1'>";
 echo "<p><b>" . $row['subject'] . "</b></p>";
 echo "<p>发件人：" . $row['sender'] . " </p>";
 echo "<p>收件人：" . $row['receiver'] . " </p>";
 echo "<p>时  间：" . $row['datesorr'] . " </p>";
```

```
14:  if ( $row['attachment'] != "" ) {
15:      $attment = explode(';', $row['attachment']);
16:      $attmentcount = count($attment) - 1;
17:      echo "<p>附  件：" . ($attmentcount) . "个</p>";
18:  }
19:  echo "</div>";
20: ?>
21: </body>
```

代码解释：

第 3 行，使用$_GET['emailno']接收 receiveemail.php 页面中单击发件人或者邮件主题超链接时使用键名 emailno 提交的邮件序号值，保存到变量$emailno 中。

第 4 行，连接 MySQL 数据库。

第 5 行，选择打开数据库 email。

第 6 行，定义查询语句，使用变量$sql 保存，用于查找 emailmsg 表中用户指定记录序号的记录信息。

第 7 行，执行$sql 中保存的查询语句，返回查询结果记录集保存在变量$res 中。

第 8 行，使用 mysqli_fetch_array() 函数从$res 记录集中获取一条记录保存在数组$row 中。

第 9 ~ 19 行，输出元素<div id='div1'>及其内部所有内容。

第 10 行，使用段落和加粗标记控制输出$row['subject']中保存的邮件主题信息。

第 11 行，使用段落标记控制输出$row['sender']中保存的发件人信息。

第 12 行，使用段落标记控制输出$row['receiver']中保存的收件人信息。

第 13 行，使用段落标记控制输出$row['datesorr']中保存的收发日期信息。

第 14 ~ 18 行，判断是否有附件，确定是否显示附件个数等相关信息。

第 14 行，判断$row['attachment']中保存的附件名称信息是否为空，不为空则执行第 15 ~ 17 行代码。

第 15 行，使用 explode() 和英文分号字符分割$row['attachment']中的所有附件名称信息，分割后的结果保存在数组$attment 中。

第 16 行，获取数组元素的个数，减去 1 之后，保存在变量$attmentcount 中。因为每个附件名称后面都带有分号，若是存在 3 个附件，则有 3 个分号，使用 explode() 函数分割之后，会存在 4 个子串，即数组$attment 长度为 4，但实际只有 3 个附件，所以将数组长度值减去 1 之后作为附件个数来使用。

第 17 行，使用段落标记控制输出附件个数。

思考问题：

第 7 行执行了 SQL 查询语句之后，为什么不需要判断查询结果记录集中是否有记录存在，就直接在第 8 行中使用 mysqli_fetch_array() 函数获取其中的记录？

解答：

因为要打开的邮件是在收件箱中存在的，所以查找之后不需要再判断其是否存在。

2．设计元素<div id='div2'>

（1）元素<div id='div2'>及内部元素的样式要求

选择符#div2：宽度自动，高度自动，上下填充 10px，左右填充 0，边距为 0。

元素<div id='div2'>内部控制输出邮件内容的所有段落都要增加缩进 2 个字符的样式，直接使用包含选择符#div2　p 定义即可。

在 openemail.css 文件中增加如下样式代码。

```
#div2{width:auto; height:auto; margin: 0; padding:10px 0; }
#div2  p{text-indent:2em;}
```

（2）设计 div 中的内容

设计元素<div id='div2'>中的内容需要两个操作步骤。

第一步，输出元素<div id='div2'>，在 div 内部开始处先增加一个段落标记，然后将当前邮件内容中的回车换行符号使用段落标记替换之后，在 div 中输出。

第二步，判断元素<div id='div2'>的高度是否小于 200px，若是小于 200 px，则将其设置为 200 px，否则该元素的高度根据内容的多少自动设置。

在 openemail.php 文件中元素<div id='div1'>结束之后增加如下代码。

```
1:  echo "<div id='div2'><p>" . str_replace( ( chr(13) . chr(10) ), '<p>', $row['content'] ) . "</div>";
2:  echo "<script>";
3:  echo "if ( document . getElementById('div2') . clientHeight < 200 )";
4:  echo "{ document . getElementById('div2') . style . height = 200 + 'px'; }";
5:  echo "</script>";
```

代码解释：

第 1 行，输出元素<div id='div2'>及其内部要显示的邮件内容，在 div 内容开始时先输出一个段落标记，保证邮件内容的第一个段落能够按照定义的格式输出，之后将邮件内容中的回车符和换行符使用段落标记替换。

第 2 ~ 5 行，输出脚本，判断元素<div id='div2'>的高度是否低于 200 px，若是低于 200 px，就设置高度为 200 px；使用元素的 clientHeight 属性获取其显示的高度，使用 style.height 样式属性来设置其高度。

3. 设计元素<div id='div3'>

（1）元素<div id='div3'>及内部元素的样式要求

选择符#div3：宽度自动，高度自动，填充为 0，边距为 0，边框为 1px#aaf 颜色实线。

元素<div id='div3'>中用来显示附件个数的段落样式与其他段落样式不同，这里使用包含选择符#div3 .p1 定义，样式要求：边距为 0，背景色为#eef，文本行高为 40px。

在 openemail.css 文件中增加如下的样式代码。

```
#div3{width:auto; height:auto; padding:0px; margin:0px; border:1px solid #aaf;}
#div3  .p1{margin:0; background:#eef; line-height:40px;}
```

（2）设计 div 中的内容

首先要判断是否需要输出元素<div id='div3'>，若是当前邮件中有附件，则要输出，否则不需要输出。

输出元素<div id='div3'>中的内容需要 3 个操作步骤。

第一步，使用类名为 p1 的段落控制输出附件个数。

第二步，分割数据表 emailmsg 中 attachment 的列值，获取一个个附件的信息，格式为“(随机数标识符)文件名称.扩展名(文件大小)”，作为即将显示的附件名称信息。

第三步，对上面附件信息进行处理，获取用于超链接打开或下载的附件名称信息，格式为“(随机数标识符)文件名称.扩展名”，这是在文件夹 upload 中存储的文件名称格式。

在 openemail.php 页面中设置元素<div id='div2'>的高度之后增加如下代码。

```
1:  if ( $row['attachment'] != "" ) {
2:      echo "<div id='div3'>";
3:      echo "<p class='p1'>附件" . ($attmentcount) . "个</p>";
4:      for ( $i = 0; $i <= count($attment) - 2; $i++ ) {
5:          list($attname, $kuozhanm) = explode( '.', $attment[$i] );
6:          list($kuozm) = explode( '(', $kuozhanm );
7:          $attname = "$attname.$kuozm";
8:          echo "<p>$attment[$i] <br />";
9:          echo "<a href='upload/$attname'>下载</a>  | ";
10:         echo "<a href='upload/$attname'>打开</a></p>";
11:     }
12:     echo "</div>";
13: }
14: mysqli_close($conn);
```

代码解释：

第 1 行，判断附件信息若不为空，则执行第 2 ~ 13 行代码，输出元素<div id='div3'>及其内部的内容。

第 3 行，使用选择符 p1 控制输出附件个数的段落格式。

第 4 ~ 13 行，使用 for 循环结构逐个处理并输出保存在数组$attment 中的附件信息。

第 5 行，使用 explode() 函数和圆点分割符把保存在$attment[$i]中的附件名称分为前后两部分，前面一部分包括放在圆括号中的随机数和主文件名，使用变量$attname 保存，后面一部分包括了扩展名和放在圆括号中的文件大小信息，使用变量$kuozhanm 保存。

第 6 行，继续使用 explode() 函数和左圆括号字符分割$kuozhanm 中保存的信息，将其分为扩展名和文件大小两部分，第一部分使用 list() 列表中的变量$kuozm 保存，目的是去掉文件大小部分，这样才能得到可用于下载或打开的文件名信息。

第 7 行，将$attname 中包含的随机数信息和主文件名信息与$kuozm 中包含的扩展名信息连接起来，中间再插入一个圆点，构成完整可用的文件名。

第 8 行，使用段落标记控制输出包含随机数和文件大小的附件名称信息，保证用户在下载附件时能够得知附件的大小。

第 9 行，在新的一行中输出“下载”超链接，链接的文件是保存在 upload 文件夹中的附件名称。

第 10 行，输出“打开”超链接，链接的文件也是保存在 upload 文件夹中的附件名称，项目中设置的用于打开和下载附件的超链接设置是完全相同的。

下面举例说明对附件的处理过程。

假设某邮件中的附件信息为(89345)a.doc(2.1kB);(6537)b.png(203.5kB);，在<div id='div1'>

中执行代码$attment=explode(';',$row['attachment']之后，$attment[0]的内容为(89345)a.doc(2.1kB)，$attment[1]的内容为(6537)b.png(203.5kB)。

在<div id='div3'>中执行代码 list($attname,$kuozhanm)=explode('.',$attment[0])之后，$attment[0]中的内容(89345)a.doc(2.1kB)被分割为两个部分，变量$attname 中的内容为(89345)a，变量$kuozhanm 中内容为 doc(2.1kB)。

再执行代码 list($kuozm)=explode('(',$kuozhanm)，使用左括号分割$kuozhanm 之后，变量$kuozm 中的内容为 doc。

再执行代码$attname="$attname.$kuozm"，得到$attname 的内容为(89345)a.doc，此处得到的是存储在文件夹 upload 中的文件名称格式。

（3）显示附件前面的图标

不同类型的附件前面显示不同的图标，提供的图标文件夹内容如图 8-19 所示。

实现该功能最佳的方案是使用 jQuery 代码，使用 jQuery 代码之前，需要下载 jQuery 库文件，此处使用的是 jquery-1.11.3.min.js。

图 8-19 提供的文件类型图标

在页面文件首部添加下面的代码。

```
<script src="jquery-1.11.3.min.js"></script>
<script type="text/javascript">
$(function(){
  $("p:contains('.doc')").prepend("<img src='images/word.png' width='18' /> ");
  $("p:contains('.xls')").prepend("<img src='images/excel.png' width= '18' /> ");
  $("p:contains('.ppt')").prepend("<img src='images/ppt.png' width='18' /> ");
  $("p:contains('.pdf')").prepend("<img src='images/pdf.jpg width='18'' /> ");
  $("p:contains('.rar')").prepend( "<img src='images/rar.png' width='18' /> ");
  $("p:contains('.html')").prepend("<img src='images/html.jpg' width= '18' /> ");
$("p:contains('.jpg'),p:contains('.bmp'),p:contains('.gif'),p: contains ('.png')"). before("<img src='images/jpg.png' width='18' /> ");
})
```

```
12: </script>
```

代码解释：

第 1 行，加载 jQuery 库文件。

第 3～11 行，定义页面加载完成之后执行的函数代码。

第 4 行，若段落中的附件名称包含“.doc”，即扩展名为.doc，则在附件名称前面插入图片文件 word.png，同时设置图片宽度为 18px。

第 5～9 行，解释同第 4 行。

第 10 行，若段落中的附件名称扩展名是.jpg|.bmp|.gif|.png 等图片文件，则在名称前面插入图片文件 jpg.png。

8.2.4 openemail.css 和 openemail.php 文件的完整代码

1. openemail.css 的完整代码

```
body{margin:0px;}
#div1{width:auto; height:auto; margin:0px; padding:10px 0; background:#eef; border-bottom:2px solid #aaf;}
p{margin:5px 0; padding:0 10px;font-size:10pt; line-height:20px; }
#div2{width:auto; height:auto; margin: 0; padding:10px 0; }
#div2  p{text-indent:2em;}
#div3{width:auto; height:auto; margin:0px; padding:0px; border:1px solid #aaf;}
#div3  .p1{margin:0; background:#eef; line-height:40px;}
```

2. openemail.php 的完整代码

```
<!DOCTYPE html PUBLIC "-//W3C//DTD XHTML 1.0 Transitional//EN"
"http://www.w3.org/TR/xhtml1/DTD/xhtml1-transitional.dtd">
<html xmlns="http://www.w3.org/1999/xhtml">
<head>
<meta http-equiv="Content-Type" content="text/html; charset=utf-8" />
<title>无标题文档</title>
<link rel="stylesheet" type="text/css" href="openemail.css" />
<script src="jquery-1.11.3.min.js"></script>
<script type="text/javascript">
$(function(){
    $("p:contains('.doc')").prepend("<img src='images/word.png' width='18' />");
    $("p:contains('.xls')").prepend("<img src='images/excel.png' width='18' />");
    $("p:contains('.ppt')").prepend("<img src='images/ppt.png' width='18' />");
    $("p:contains('.pdf')").prepend("<img src='images/pdf.gif width='18'' />");
    $("p:contains('.rar')").prepend( "<img src='images/rar.gif' width='18' />
```

```
");
        $("p:contains('.jpg'),p:contains('.bmp'),p:contains('.gif'),
p:contains('.png')").before("<img src='images/jpg.gif' width='18' /> ");
        $("p:contains('.html')").prepend("<img src='images/html.gif' width='18' />
");
    })
    </script>
    </head>
    <body>
    <?php
      $emailno=$_GET['emailno'];
      $conn=mysqli_connect('localhost','root','root');
      mysqli_select_db($conn,'email');
      $sql="select * from emailmsg where emailno='$emailno'";
      $res=mysqli_query($conn,$sql);
      $row=mysqli_fetch_array($res);
      echo "<div class='div1'>";
      echo "<p><b>$row[subject]</b></p>";
      echo "<p>发件人：$row[sender]</p>";
      echo "<p>收件人：$row[receiver]</p>";
      echo "<p>时  间：$row[datesorr]</p>";
      if ($row['attachment']!=""){
        $attment=explode(';',$row['attachment']);
        $attmentcount=count($attment)-1;
        echo "<p>附  件$attmentcount 个</p>";
      }
      echo "</div>";
      echo "<div id='div2'><p>".str_replace((chr(13).chr(10)),"<p>",$row
['content'])."</div>";
      echo "<script>";
      echo "if(document.getElementById('div2').clientHeight<200)";
      echo "{document.getElementById('div2').style.height=200+'px';}";
      echo "</script>";
      if ($row['attachment']!=""){
        echo "<div id='div3'>";
        echo "<p class='p1'>附件$attmentcount 个</p>";
        for ($i=0;$i<=count($attment)-2;$i++){
            list($attname,$kuozhanm)=explode('.',$attment[$i]);
            list($kuozm)=explode('(',$kuozhanm);
            $attname=$attname.'.'.$kuozm;
            echo "<p>$attment[$i]<br />";
```

```
        echo "<a href='upload/$attname'>下载</a>  ";
        echo "<a href='upload/$attname'>打开</a></p>";
    }
    echo "</div>";
  }
  mysqli_close($conn);
?>
</body>
</html>
```

8.3 删除邮件

 需要解决的核心问题

- 如何将选定的邮件放入已删除文件夹中？
- 彻底删除邮件时，如何将 upload 文件夹中的相关附件文件同时删除？

删除邮件包括将邮件从收件箱放入已删除文件夹中的逻辑删除、分页浏览已删除文件夹内容和将已删除文件夹中的邮件彻底删除 3 个部分的操作。

8.3.1 将邮件放入已删除文件夹

在 receiveemail.php 页面中，选中某封或者某几封邮件前面的复选框，如图 8-20 所示。

图 8-20　在 receiveemail.php 页面中选择要删除的邮件

单击“删除”按钮之后，将执行页面文件 delete.php，接收 receiveemail.php 文件中复选框组传递过来的邮件序号值，把被选中邮件记录的 deleted 列值设置为 1，即把被选中邮件放入已删除文件夹中，然后返回到页面文件 receiveemail.php 中，并弹出消息框告知用户移动到已删除文件夹中的邮件数，效果如图 8-21 所示。

图 8-21 在 receiveemail.php 页面中显示删除的邮件数

创建文件 delete.php，页面代码如下。

```
1: <?php
2:  $emailno = $_POST['markup'];
3:  $num = count($emailno);
4:  $conn = mysqli_connect('localhost', 'root', 'root');
5:  mysqli_select_db($conn, 'email');
6:  for ( $i = 0; $i < count($emailno); $i++ ) {
7:      $sql = "update emailmsg set deleted =1 where emailno = $emailno[$i]";
8:       mysqli_query($conn, $sql);
9:  }
10: mysqli_close($conn);
11: include 'receiveemail.php';
12: echo "<script>";
13: echo "alert('已经成功移除" . ($num) . "封邮件到删除文件夹中')";
14: echo "</script>";
15: ?>
```

代码解释：

第 2 行，使用$_POST['markup']接收 receiveemail.php 文件中 name 为 markup[]的复选框组传递过来的邮件序号信息，使用数组$emailno 保存，$emailno 数组元素的个数与用户在页面中选中的复选框个数相同。

第 3 行，获取数组$emailno 中元素的个数。

第 4 行，连接 MySQL 数据库。

第 5 行，选择打开数据库 email。

第 6 ~ 9 行，使用 for 循环结构将用户选择的所有邮件记录中的 deleted 列值设置为 1，循环次数是数组$emailno 的长度。

第 7 行，定义 update 更新语句，将被选中的记录中的 deleted 列值设置为 1。

第 8 行，执行 SQL 语句，完成更新操作。

第 10 行，关闭数据库连接。

第 11 行，使用 include 语句重新执行 receiveemail.php 文件，将收件箱中剩下的邮件重新分页显示。

第 12 ~ 14 行，控制输出脚本函数 alert()，在窗口中弹出消息框，用于通知用户被删除的邮件数，这里要求将$num 变量放在括号中，以避免字符串连接运算符与数字值结合产生歧义。

页面文件 delete.php 的运行

修改 receiveemail.php 文件，在<form>标记内部设置 action= "delete.php"，实现单击“删除”按钮时执行 delete.php 文件的要求。

8.3.2 分页浏览已删除文件夹中的邮件

单击 email.php 页面左侧的超链接“已删除”后，将在右侧浮动框架中执行文件 deletedemail.php，出现图 8-22 所示的运行效果。

图 8-22 已删除邮件列表

设计该页面时，直接使用样式文件 receiveemail.css，不需要进行任何修改。

页面文件 deletedemail.php 与 receiveemail.php 的内容有以下几点不同的地方。

（1）收邮件页面左上角的文本“收件箱”更换为已删除页面中的“已删除邮件”。

（2）获取已删除文件夹中邮件记录时，查询条件是数据表 emailmsg 的 receiver 列值中包含当前登录用户信息，并且 deleted 列值为 1，因此，要定义的查询语句为 select * from emailmsg where receiver like '%$uname%' and deleted=1。

（3）将表单<form>中 action 属性的取值更换为用于彻底删除邮件的文件 deletedchedi.php，当用户在已删除文件夹中选择邮件，单击“彻底删除”按钮之后，将执行该文件。

（4）收邮件页面中的按钮“删除”更换为已删除页面中的“彻底删除”，单击“刷新”按钮时，需要重新执行的文件更改为 deletedemail.php。

（5）设置“首页、上页、下页、尾页”超链接时，链接的文件都改为 deletedemail.php。

其他所有内容与 receiveemail.php 文件完全相同，请读者将 **receiveemail.php 文件复制改名为 deletedemail.php** 文件，并按照上面要求自行修改即可。

微课 8-8 彻底删除邮件

8.3.3 彻底删除邮件

在 deletedemail.php 页面中，选中某一封或某几封邮件前面的复选框，单击“彻底删除”按钮后，将执行页面文件 deletedchedi.php，把被选中的邮件记录从数据表 emailmsg 中彻底删除，另外，若是该邮件中有附件，则把 upload 文件夹中的附件文件也同时删除。

页面文件 deletedchedi.php 代码如下。

```
<?php
 $emailno = $_POST['markup'];
```

```
3:  $num = count($emailno);
4:  $conn = mysqli_connect('localhost', 'root', 'root');
5:  mysqli_select_db($conn, 'email');
6:  for ( $i = 0; $i < $num; $i++ ) {
7:    $sql1 = "select * from emailmsg where emailno = $emailno[$i]";
8:    $res = mysqli_query($conn, $sql1);
9:    $row = mysqli_fetch_array($res);
10:        if ( $row['attachment'] != "" ) {
11:           $attment = explode( ';', $row['attachment'] );
12:            $attmentcount = count($attment) - 1;
13:            for ( $j = 0; $j <= $attmentcount - 1; $j++ ) {
14:               list($mainName, $secName) = explode( '.', $attment[$j] );
15:               list($kuozName) = explode( '(' , $secName );
16:               $openName = "upload/$mainName.$kuozName";
17:               $fname=iconv("UTF-8", "GB2312", $openName);
18:               unlink($fname);
19:        }
20:    }
21:    $sql = "delete from emailmsg where emailno = $emailno[$i]";
22:   mysqli_query($conn, $sql);
23:  }
24: mysqli_close($conn);
25: include 'deletedemail.php';
26: ?>
```

代码解释：

第 6～23 行，使用 for 循环将被选中的所有记录从数据表中删除，同时判断若是被删除的邮件中有附件，将附件文件从 upload 文件夹中删除。

第 7 行，定义 select 查询语句，查询将要被彻底删除的记录的信息。

第 8 行，执行查询语句，将查询结果记录集保存在变量$res 中。

第 9 行，从查询结果记录集$res 中获取一条记录，以数组方式保存在变量$row 中。

第 10 行，判断数组$row 中的 attachment 列是否为空，不为空则说明有附件，需要执行第 11～20 行代码，完成附件文件的删除。

第 11 行，使用英文分号分割 attachment 列中各个附件信息，保存在数组$attment 中。

第 12 行，获取附件个数。

第 13～19 行，使用循环结构逐个删除附件文件。

第 14 行，将附件信息以圆点为分割符进行分割，分割之后保留前两个部分，分别保存在变量$mainName 和$secName 中。

第 15 行，对于$secName 中的信息使用左括号进行分割，保留第一部分的扩展名信息，保存在变量$kuozName 中。

第 16 行，将主文件名和扩展名连接起来形成“文件名.扩展名”结构，放在“upload/”的后面，形成“upload/文件名.扩展名”结构。

第 17 行，使用 PHP 提供的文件操作函数 unlink() 删除文件时，若文件名中有汉字，必须使用 GB2312 编码，因此需要使用函数 iconv() 将文件名的 UTF-8 编码转换为 GB2312 编码。

第 18 行，使用函数 unlink() 删除指定路径下的文件，unlink() 需要的参数只有一个。

第 21 行，定义 delete 删除语句，删除记录的条件是 emailno 列值与用户选中记录的序号值相同。

第 22 行，执行删除语句，将选中的记录从数据表 emailmsg 中彻底删除。

8.4 小结

任务 8 实现了 3 个功能。

（1）使用分页浏览功能完成了收件箱的设计。在分页浏览中重要的几个知识点是：邮箱中邮件页数的计算，每页中要显示记录的获取方法，页码的设置及获取，“首页、上页、下页、尾页”超链接的设置方法，获取查询结果记录集中记录的函数应用，记录数组中元素的获取方法等。创建的文件有 receiveemail.css、receiveemail.php 和 receiveemail.js。

（2）设计了打开阅读邮件的功能。在功能实现的过程中使用的几个知识点是：替换指定字符串中某个子串的函数的应用、下载或打开附件的方法应用。创建的文件有 openemail.css 和 openemail.php。

（3）设计了删除邮件的功能。删除邮件包括两个步骤：第一步，在收件箱中选中邮件进行逻辑删除，将邮件放入已删除文件夹中；第二步，在已删除文件夹中选中邮件进行彻底删除，要同步删除邮件中所带的附件文件。创建的文件有 delete.php、deletedemail.php 和 deletedchedi.php。

8.5 习题

一、选择题

1. 判断表单中 name 取值为 psd 的密码元素的数据是否提交到服务器端的方法是________。

A．if ($_POST['psd'] == '')　　B．if (isset($_POST['psd']))

C．if (Isset($_POST['psd']))　　D．if (Isset($_FILES['psd']))

2．访问 MySQL 数据库时，从查询结果记录集中获取一条记录的方法是________。

A．mysqli_num_rows()　　B．mysqli_select_db()

C．mysqli_fetch_array()　　D．mysqli_fetch_Array()

3．在页面中设置链接热点是“首页”，单击链接时打开页面文件 pagefirst.html，同时要向服务器传送数据“1”，设置超链接的代码是________。

A．<a href="pagefirst.html"?pageno=1>首页</a>

B．<a href="pagefirst.html? 'pageno=1'">首页</a>

C．<a href="pagefirst.html? "pageno=1>首页</a>

D．<a href="pagefirst.html?pageno=1">首页</a>

4．设变量$uname 的内容是 linqingxia@163.com，下面提供的选项是数据表 emailmsg 不同记录的 receiver 列值，使用 select * from emailmsg where receiver like '$uname%'条件能够查询到下面哪个值？________

A．zhangmanyu@163.com;linqingxia@163.com;wangzuxian@163.com;

B．linqingxia@163.com;gaoyuany@163.com;

C．xglinqingxia@163.com;linqingxiamv@163.com;

D．meinan@163.com;xglinqingxia@163.com;

5．设变量$uname 的内容是 linqingxia@163.com，下面提供的选项是数据表 emailmsg 不同记录的 receiver 列值，使用 select * from emailmsg where receiver like '%;$uname%'条件能够查询到下面哪个值？_______

A．zhangmanyu@163.com;linqingxia@163.com;wangzuxian@163.com;

B．linqingxia@163.com;gaoyuany@163.com;

C．xglinqingxia@163.com;linqingxiamv@163.com;

D．meinan@163.com;xglinqingxia@163.com;

6．在整个 163 邮箱项目中，下列哪个按钮不是 submit 类型的？_______

A．注册界面中的“立即注册”按钮　　B．写邮件界面中的“发送”按钮

C．收件箱中的“删除”按钮　　D．登录界面中的“注册”按钮

7．单击收件箱中的“刷新”按钮需要在当前窗口中重新运行 receiveemail.php 文件，需要在按钮标记内部增加的代码是_______。

A．onclick="window.open('receiveemail.php','_self');"

B．onclick="window.open(receiveemail.php,'_self');"

C．onclick="window.open('receiveemail.php',self);"

D．onclick="window.open('receiveemail.php');"

8．若$_GET['pageno']存在，则将其中的值送给变量$pageno，否则把 1 送给变量$pageno，实现该功能的代码是_______。

A．$pageno = isset($_GET['pageno'])$_GET['pageno'] : 1;

B．$pageno = isset($_GET['pageno'])? $_GET['pageno'] : 1;

C．$pageno = isset($_GET['pageno'])? 1 : $_GET['pageno'];

D．$pageno = isset($_GET['pageno'])? $_GET['pageno'] || 1;

9．函数 mysqli_fetch_array() 的作用是_______。

A．获取一个数组

B．从查询结果记录集中获取一条记录并以对象方式存储访问

C．从查询结果记录集中获取一条记录并以数组方式存储访问

D．以上说法都不正确

二、填空题

1．函数 ceil(3.2) 的结果是_______，ceil(5.8) 的结果是_______。

2．在 MySQL 中，获取查询结果记录集中某个指定范围的记录，需要使用的关键字是_______。

3．代码 list($y, $m, $d) = explode("-", "2013-10-26")执行之后，变量$y、$m 和$d 中存放的内容分别是_______、_______、_______。

4．删除服务器端指定路径下的文件，使用的函数是_______。

任务 9 在线投票与网站计数功能实现

在各类网站上经常会出现各种在线投票页面，如评选我最喜爱的老师、十大杰出青年、我最喜爱的美食、我最喜爱的小明星，等等。还有很多网站中需要统计访客人数，如统计访问总量、本月访问量、本周访问量和今日访问量等。

要完成上述功能，需要将每个票数或者访问量等数据都保存在服务器端的文本文件中，这需要使用 PHP 提供的各种文件访问操作函数。

9.1 文件系统函数

需要解决的核心问题

- fopen()函数中需要的参数有几个？打开文件的模式有哪几种？
- 函数 file_exists()的作用是什么？返回值如何？
- 从文本文件中读取的汉字，如何将其编码转换为 UTF-8？
- 使用 fgets()函数默认读取多少内容？
- 使用 fwrite()函数写完内容之后要如何换行？

在 PHP 中提供的文件系统函数有几十个，本书只讲解最常用的几个函数，包括实现文件打开与关闭、读取与写入功能的函数。

9.1.1 文件的打开与关闭

1. 打开文件—fopen() 函数

函数格式：fopen(filename, mode, include_path, context)。

参数 filename，必需的，用于提供要打开文件的路径和名称。

参数 mode，必需的，用于指定打开文件时的读或写方式，系统为该参数设置了多种不同的取值，本书只介绍常用的几种取值。

（1）'r'：以只读方式打开，将文件指针指向文件头。

（2）'r+'：以读写方式打开，将文件指针指向文件头。

（3）'w'：以只写方式打开，文件指针指向文件头，打开同时清除文件所有内容，如果文件不存在，则尝试建立文件。

（4）'a'：以追加写方式打开，文件指针指向文件末尾，若文件不存在，将尝试建立文件。

参数 include_path 和 context 都是可选参数，不做介绍。

函数 fopen()的作用是打开指定的文件，若是文件存在并且被打开，则返回一个句柄，否则返回 false。

例如，$fp=fopen('vote.txt', 'r') 的作用是以只读方式打开文本文件 vote.txt，返回的句柄保存在变量$fp 中，该句柄将用在读取、写入或关闭文件的函数中。

2．判断文件是否存在—file_exists() 函数

在打开或使用某个文件之前，通常要判断该文件是否存在，这样才能确定是使用只读或读写方式直接打开一个已经存在的文件，还是以只写方式创建并打开一个不存在的文件。

判断文件是否存在，使用函数 file_exists()。

函数格式：file_exists(path)。

参数 path 是必需的，指定要检查判断的路径。

该函数的返回值是布尔值，若指定的文件存在，则返回 true，否则返回 false。

例如，代码 if (! file_exists('vote.txt')){ $fp = fopen('vote.txt', 'w'); }的作用是判断文件 vote.txt 是否存在，若不存在，则使用 w 只写方式在打开时创建该文件。

3．关闭文件—fclose() 函数

对打开的文件进行的读操作或者写操作都完成之后，必须关闭文件，释放内存，使用 fclose()函数完成文件的关闭操作。

格式：fclose(int $handle)。

参数$handle 表示之前打开文件时返回的句柄。

例如，代码 fclose($fp)的作用是关闭句柄$fp 指向的文件。

9.1.2 文件的读取与写入

1．读取一行内容—fgets() 函数

函数 fgets() 可以从指定的文件中读取当前文件指针所指的一行内容。

格式：string fgets(int $handle[, int $length])。

参数说明：

参数$handle，必需的，表示已经打开的文件句柄。

参数$length，可选的，指定了返回的最大字节数，考虑到文本文件中的行结束符，最多可以返回的是$length-1 字节的字符串，若没有指定该参数，则默认为 1 024 字节。

2．判断文件指针是否到达末尾—feof()函数

在读取文件内容时，经常要判断文件指针是否已经到达文件末尾，若是已经到达末尾，读取过程必须结束，使用函数 feof()判断文件指针是否到达文件末尾。

格式：feof(int $handle)。

参数$handle 表示之前打开文件时返回的句柄。

【例 9-1】假设存在文本文件 a.txt，里面有 3 行任意的内容，创建页面文件 read.php，打开文件 a.txt，逐行读出其中的内容并输出。

代码如下。

```
<?php
 header("Content-Type:text/html;charset=utf8");
 if ( file_exists('a.txt') ) {
  $fp = fopen("a.txt", 'r');
  while ( ! feof($fp) ) {
```

```
6:        $line = fgets($fp);
7:        $line = iconv("gb2312", "utf-8", $line);
8:        echo "$line<br />";
9:      }
10:   fclose($fp);
11: }
12: ?>
```

代码解释：

第 3 行，使用 file_exists()函数判断文件 a.txt 是否存在，若是存在，则执行代码第 4 ~ 10 行。

第 4 行，使用 fopen()函数以只读方式打开文件 a.txt，返回句柄保存在变量$fp 中。

第 5 行，使用 feof()函数判断文件指针是否到达末尾，并将该判断结果作为循环语句 while 的条件，没有到达末尾，则循环条件成立，执行代码第 6 ~ 8 行，到达文件末尾，则循环条件不成立，循环结束。

第 6 行，从$fp 所指文件中读出文件指针指向的一行内容，保存在变量$line 中。

第 7 行，使用 iconv()函数将$line 中汉字的编码由 GB2312 转为 UTF-8，解决汉字乱码问题。

第 8 行，输出$line 中保存的内容，并在后面增加换行标记。

思考问题：

第 8 行代码是否可以使用代码 echo nl2br($line)取代？

解答：

可以改成上述方案，使用 fgets()函数读取的一行内容中包括行结束时的回车换行符号，因此使用 nl2br()函数可以将回车换行符号转换为 HTML 中的换行标记
，作用等同于 "$line
";。

---

3. 写入文件—fwrite() 函数

文件打开之后，要向文件中写入内容，通常会使用 fwrite() 函数。

格式：fwrite($handle, $string [, $length])。

参数说明：

参数 handle，必需的，表示之前打开的文件句柄；

参数$string，必需的，表示要向文件中写入的内容；

参数$length，可选的，若是指定该参数，则写入的内容是$string 串中前$length 个字节的数据；若是$length 超出了$string 中字符串的长度，则将变量$string 的内容全部写进去。

注意：该函数写完内容之后，并不换行。

【例 9-2】创建页面文件 write.php，以只写方式打开并创建文件 b.txt，向其中写入两行内容，分别是“这是第一行内容”和“这是第二行内容”。

代码如下：

```
<?php
 $fp = fopen("b.txt", "w");
 fwrite($fp, "这是第一行内容");
 fwrite($fp, "这是第二行内容");
```

```
5:    fclose($fp);
6: ?>
```

上面代码执行后，b.txt 文件内容如图 9-1 所示。

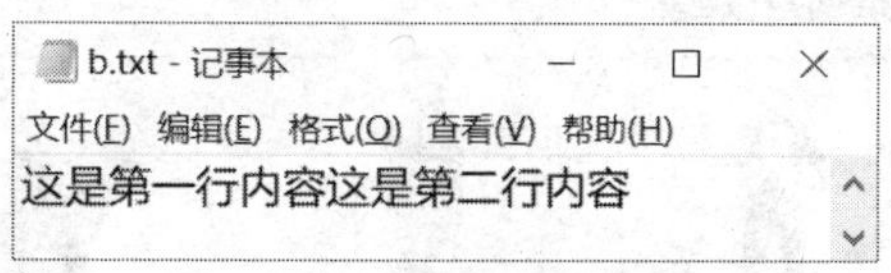

图 9-1　b.txt 文件内容图示

思考问题：

b.txt 中内容为什么没有换行？如何解决该问题？若是在写入串的后面增加
标记是否起作用？

解答：

因为 fwrite() 函数写完内容之后，不能自动换行，需要在写入内容的后面缀上能够在文本文件中起到回车作用的回车换行符"\r\n"，即，需要将第 3 行和第 4 行代码修改为：

fwrite($fp, "这是第一行内容\r\n");

fwrite($fp, "这是第二行内容\r\n");

这里不能通过增加 html 标记
的形式完成文件内容的换行，标记只能在浏览器环境下才能被解释执行，放在文本文件中只能以标记字符串的形式存在。

9.2 在线投票功能实现

需要解决的核心问题

- 如何将读取出来的数字文本转换为数字值？
- 如何在文件中保存不同对象的票数？如何获取并修改相应的票数？
- 如何使用 session 禁止反复投票？禁止之后还存在什么问题？
- 如何使用 cookie 禁止重复投票？

图 9-2 所示是某网站评选中国最强音的在线投票页面，本节以该页面的设计为例讲解在线投票功能的实现过程。

这种网页结构的设计可以比较随意，根据自己需要的页面宽度设计一行中显示的图片数。在设计时会对图 9-2 中的页面做些调整，改为每行显示 6 幅图，共显示两行，如图 9-3 所示。

9.2.1 简单在线投票功能实现

简单在线投票，是指任何用户登录到投票页面以后，都可以不受任何限制地进行任意次数的投票，复杂的控制过程将在 9.2.2 节和 9.2.3 节中讲解。

1. 页面布局结构与样式定义

整个页面内容包含在一个父元素 div 中，使用类选择符.wdiv 定义，具体样式要求为：宽度为 1 080px，高度为 600px，填充为 0，上下边距为 0，左右边距为 auto。

每幅图片以及图片下方的票数、百分比、姓名等信息都放在一个个子元素 div 中，使用类选择符.ndiv 定义，具体样式要求为：宽度为 160px，高度为 300px，填充为 0，上边距和右边距都是 0，下边距为 10px，左边距为 20px，向左浮动，div 中的文本内容在水平方向居中，文本字号为 12pt。

图 9-2　中国最强音全国 12 强人气大比拼在线投票界面

图 9-3　需要实现的在线投票页面效果

元素<div class='ndiv'>内部下方的文本有两行，使用两个段落标记控制，使用包含选择符.ndiv p 定义段落的上边距为 5px，其他边距为 0。

元素<div class='ndiv'>内部所有图片的边框都使用包含选择符.ndiv img 设置为 0，即{border:0;}，这是因为在页面中，所有图片都要做成供用户单击来投票的超链接形式，在大部分浏览器中，做成超链接热点的图片都会带上蓝色的边框，在页面效果中不太美观，将其设置为 0 即可解决该问题。

总结：整个页面的布局就是在父元素<div class='wdiv'>中，分两行向左浮动，每行 6 个子元素，共排列了 12 个子元素<div class='ndiv'>。

2. 功能要求

要创建的页面文件是 vote.php。

单击投票的页面效果，需要包含以下 5 个方面的功能。

（1）素材中的图片文件命名方式必须是有规律的，提供素材的主文件名都是“img+数字序号”的方式，数字序号从 0 开始，而扩展名则可以是.jpg 或者.gif，图片都要以超链接的形式存在。

（2）每幅图下面都要显示相应的得票数和姓名信息，除此之外还显示了该票数在总票数中的百分比；所有图片对应的姓名信息，需要使用一个数组来保存，保存时，姓名对应的索引必须与图片文件名中的序号一致。

（3）为了能够保存每幅图的得票数，做到即便是因服务器突然出现故障停止运行，当服务器再度运行之后，也不会将原有票数全部清零，必须使用文本文件记录每幅图的票数，而不能使用简单的变量或者数组的形式来保存，简单的变量或数组存在的问题是，一旦页面重新运行，保存的数据都会不复存在，因为变量与数组的生存周期就是程序的一次运行时间，但是同样也没有必要选用复杂的数据库方式来保存，这样会使问题变得过于复杂。

在文本文件中，一幅图的票数占用一行，图片的顺序与图片文件名称中的序号也要保持一致，这样方便进行票数的获取和更新操作。这里用于保存票数的文本文件是 vote.txt，文本文件可以不用事先创建，由参与投票的第一个用户在运行页面文件时创建，因此在文件代码开始，必须判断文本文件 vote.txt 是否存在，不存在则通过函数 fopen()以只写方式打开来创建。

每个用户在打开页面时，程序都要将当前每幅图的票数从 vote.txt 文件中读取出来，在完成投票之后，再将最新结果重新写入 vote.txt 中。

（4）对于每幅图及其下面的票数和名字信息，都是通过 for 循环结构来输出的，这种设计方法，在图片随意增多或者减少时，可以方便地进行控制，而不需要调整页面的任何内容。

例如，若是 for 循环变量的当前取值是 5，则输出的图片只能是 img5.jpg 或者是 img5.gif，到底是哪一个，要通过 file_exists() 函数判断两个文件中存在的是哪一个之后来确定；同时控制输出存放姓名的数组元素的值，以及从文本文件 vote.txt 中读出的相应票数。

（5）单击每一幅图，都要向链接的页面文件 vote.php 提交这幅图对应的序号值，保证完成对这幅图的投票，同时可在页面中看到变化后的票数。

3. 页面代码

页面文件 vote.php 的代码如下。

（1）首部代码

```
<head>
```

```
<meta http-equiv="Content-Type" content="text/html; charset=utf-8" />
<title>无标题文档</title>
<style type="text/css">
  .wdiv{width:1080px; height:600px; padding:0; margin:0 auto;}
  .ndiv{width:160px; height:300px; padding:0; margin:0 0 10px 20px; float:left; text-align:center; font-size:12pt; }
  .ndiv  p{margin:5px 0 0;}
  .ndiv  img{border:0;}
</style>
</head>
```

（2）页面主体代码

```
<body>
<div class="wdiv">
<?php
  $imgnum = 12;
  $sum = 0;
  $nameArr = array('刘明辉', '林军', '秦妮', '陈一玲', '刘瑞琦', '艾怡良', '曾一鸣', '金贵晟', '尹熙水', '新声驾到', 'HOPE', '墨绿森林' );
  if ( ! file_exists('vote.txt') ) {
    $fp = fopen('vote.txt', 'w');
    fclose($fp);
  }
  $fp = fopen('vote.txt', 'r');
  for ( $i = 0; $i < $imgnum; $i++ ) {
    $count[$i] = fgets($fp);
    $count[$i] = $count[$i] + 0;
    $sum = $sum + $count[$i];
  }
  fclose($fp);
  $vote = isset($_GET['vote'])? $_GET['vote'] : '';
  if ( $vote != '' ) { $count[$vote]++; $sum++; }
  for ( $i = 0; $i < $imgnum; $i++ ) {
    if( $sum != 0 ) {
      $per = ( round( ($count[$i] / $sum) * 100, 2) ) . "%";
    }
    else{
      $per = "0%";
    }
    echo "<div class='ndiv'>";
    $img = 'images/img' . ($i);
    if ( file_exists($img.".jpg") ) {
```

```
30:         $img = $img . ".jpg";
31:     }
32:     else{
33:         $img = $img . ".gif";
34:     }
35:     echo "<a href='vote.php?vote=" . ($i) . "'><img src='$img' width='160'
height='240'></a>";
36:     echo "<p>" . $count[$i] . "($per)";
37:     echo "<p>" . $nameArr[$i];
38:     echo "</div>";
39:   }
40:   $fp = fopen('vote.txt', 'w');
41:   for ( $i = 0; $i < $imgnum; $i++ ) {
42:     fwrite( $fp, $count[$i] . "\r\n");
43:   }
44:   fclose($fp);
45: ?>
46: </div></body>
```

代码解释：

第 2 行和第 46 行，元素<div class="wdiv">的开始与结束，所有内容都在该 div 内部设置。

第 4 行，使用变量$imgnum 保存需要投票的图片数，该变量将在页面中用于控制循环的次数。

第 5 行，定义$sum 变量用来表示本页面中的总票数，初始值是 0，只要从文本文件 vote.txt 中读出一个票数，就要累加到该变量中，另外，只要某个图片的票数增加了，也要累加到该变量中。

第 6 行，定义数组$nameArr，用于保存 12 幅图片对应的姓名信息。

第 7 ~ 10 行，这一部分代码只有第一次运行本页面文件时因为文件 vote.txt 不存在而需要执行，第 7 行使用 file_exists() 函数判断文件 vote.txt 是否存在，如果不存在，则条件成立，接下来执行第 8 行代码，使用 fopen() 函数以只写方式打开文件 vote.txt，在打开时创建该文件，然后执行第 9 行代码，关闭打开的文件。

第 11 行，使用 fopen()函数以只读方式打开文本文件 vote.txt。

第 12 行，定义 for 循环语句，直到第 16 行结束，循环的次数由图片数决定。

第 13 行，每次循环都要使用 fgets() 函数从文件 vote.txt 中读取一行内容（即一幅图的票数），保存到相应的数组元素$count[$i]中。

第 14 行，从文本文件 vote.txt 中读出来的数字都是文本格式的，使用加 0 操作将其转换为数字值。

第 15 行，将读出来的每个票数值都累加到表示票数总和的变量$sum 中。

第 17 行，读取文件结束之后，使用 fclose() 函数关闭以只读方式打开的文本文件 vote.txt。

第 18 行，使用三元运算符表达式 isset($_GET['vote'])?$_GET['vote']:'' 判断数组元素$_GET['vote']是否存在，若是存在，则说明用户已经在页面中通过单击图片进行投票，此时需要获取元素$_GET['vote']中接收来的图片序号值，保存在变量$vote 中，若用户没有投票，则要将$vote 的值设置为空。

第 19 行，判断第 18 行设置的$vote 变量的值是否为空，若不为空，则将$vote 中保存的序号值作为数组$count 的元素索引，在$count[$vote]保存的原来票数的基础上完成加 1 操作，同时要将保存总票数的变量$sum 完成加 1 操作。

例如，假设页面是初次运行，所有图片下面的票数都是 0，第一个用户点了“秦妮”的图片进行投票，则变量$vote 获取到的是数字 2，要把$count[2]元素值加 1，并且总票数也要增加 1，完成投票过程。

第 20 ~ 39 行，使用 for 循环结构完成页面中所有内容的计算与输出过程。

第 21 ~ 26 行，判断若是总票数不是 0，使用代码 round(($count[$i]/$sum)* 100,2)计算每幅图片的票数占总票数的百分比，结果采用四舍五入函数 round() 保留 2 位小数，最后连接上百分号%字符，保存在变量$per 中；若总票数$sum 的值是 0，则所有票数占的百分比都使用$per="0%"设置为 0 即可。

第 27 行，输出内部的元素<div class='ndiv'>。

第 38 行，结束元素<div class='ndiv'>。

以下对第 28 ~ 37 行代码的解释都假设当前循环变量$i 的取值是 2。

第 28 行，根据循环变量$i 的取值 2，获取到要输出图片的路径和主文件名部分，保存到变量$img 中的内容是“images/img2”。

第 29 ~ 34 行，使用 file_exists()函数判断文件 images/img2.jpg 是否存在，若是存在，则将变量$img 的值修改为 images/img2.jpg，否则将变量$img 的值修改为 images/img2.gif，这样做的目的是无论是 jpg 类型还是 gif 类型的图片，都可以正常使用，此处假设存在的是 img2.jpg 文件。

第 35 行，以宽度 160px、高度 240px 输出图片 images/img2.jpg，并将其作为超链接热点，设置超链接打开的文件是当前页面文件 vote.php，链接执行该文件时，使用键名 vote 将循环变量$i 的值 2 传递到文件中，保证可以在重新执行的 vote.php 文件中通过第 18 行代码的$_GET['vote']获取到数字 2。

第 36 行，在图片 img2.jpg 的下面使用段落标记，控制输出数组元素$count[2]中保存的、与图片对应的票数和使用圆括号括起来的图片票数的百分比值。

第 37 行，继续在图片 img2.jpg 下面使用段落标记，控制输出数组元素$nameArr[2]中保存的、与图片对应的姓名信息。

第 39 行，以只写方式打开文件 vote.txt。

第 40 ~ 42 行，使用 for 循环结构，将保存在数组$count 中的所有票数值逐行写入文本文件 vote.txt 中，也就是说，每个用户投票之后，都要将所有票数重新以覆盖方式写入文本文件中。

第 44 行，关闭以只写方式打开的文本文件。

9.2.2 使用 session 禁止反复投票

上面设计的实现简单投票功能的页面存在一个很严重的问题，任何用户打开页面之后，都可以任意单击超链接不断投票，为了避免这种问题，需要增加 session 机制的应用，对程序进行优化，禁止用户打开页面后反复投票。

1. 功能说明

将 vote.php 文件另存为 voteSession.php 文件，在文件中增加 session 机制的应用，需要完成下面三个功能。

（1）在页面代码开始处使用 session_start()函数启用 session。

（2）当用户单击超链接投票、系统获取到投票信息之后，设置系统数组元素$_SESSION['voted']=1。

（3）当用户试图再次单击超链接或者以刷新页面的方式继续投票时，将通过代码 isset($_SESSION['voted']) 判断数组元素是否存在，若是已经存在，则输出脚本代码提示用户已经投票不可再投，然后直接结束页面文件的执行。

2. 增加与修改的代码

需要对文件的两个位置进行修改。

在页面文件 voteSession.php 开始处起始标记<?php 后面增加如下代码。

```
1: session_start();
2: if ( isset($_SESSION['voted']) ) {
3:     echo "<script>";
4:     echo "alert('每个人只能投票一次，你已经投过票了');";
5:     echo "</script>";
6:     exit();
7: }
```

其次，在代码 if ($vote!=''){$count[$vote]++; $sum++;}的花括号中增加代码$_SESSION['voted']=1，生成系统数组元素，修改后的代码如下。

```
if ($vote!=''){$count[$vote]++; $sum++; $_SESSION['voted']=1;}
```

代码解释：

第 6 行，函数 exit()用于结束文件 vote.php 的运行过程，一旦结束就不可以再通过刷新重新运行。

当用户重复投票时，页面的运行效果如图 9-4 所示。

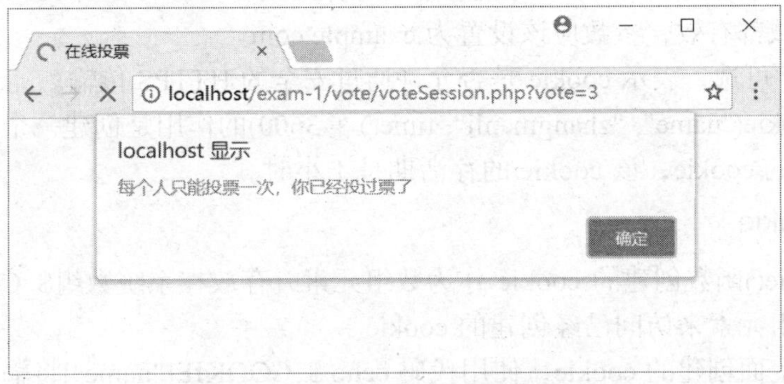

图 9-4 重复投票时弹出的消息框

说明：页面再次运行时，系统将输出脚本弹出消息框“每个人只能投票一次，你已经投过票了”，单击消息框中的“确定”按钮结束消息框之后，将执行程序中的 exit() 函数，之后整个窗口变为空白，不再出现投票界面。

9.2.3 使用 cookie 禁止重复投票

请大家尝试：

运行页面文件 voteSession.php，进行一次投票之后，在当前页面继续刷新或者再次单击超链接还能否继续投票？

关闭当前浏览器，重新打开之后再次运行，是否可以继续投票？

也就是说，使用 session 禁止重复投票的页面中存在什么问题？

问题解答请看下面内容。

Session 是有生命周期的，在关闭浏览器后 session 会自动失效，session 在失效之后，创建的数组元素$_SESSION['voted']就不复存在，因此只要用户重新打开浏览器窗口再次运行就可以继续投票，在投票系统中这是绝对不允许的。

使用 cookie 则可以解决上述问题，cookie 是用户浏览网站时，由服务器写入用户主机硬盘中的一个文本文件，其中保存了用户访问网站时的一些私有信息。当用户下一次再访问该网站时，可以使用 PHP 文件读取这些信息，用于进行各种判断。简而言之，cookie 是一种在本地浏览器端储存数据并以此来跟踪和识别用户的机制。

1. 创建 cookie

在 PHP 中创建 cookie 时需要使用 setcookie()函数，语法格式如下。

setcookie(name, value, expire, path, domain, secure)。

参数说明：

参数 name，必需，设置 cookie 的名称。

参数 value，必需，设置 cookie 的值。

参数 expire，可选，设置 cookie 的有效期，这是一个 UNIX 时间戳，即从 UNIX 纪元开始的秒数，对于 expire 参数的设置一般通过当前时间戳 time() 加上相应的秒数来确定。例如，time()+1200 表示 cookie 将在 20 分钟之后失效，若是不设置 expire 参数，则 cookie 将在浏览器关闭时立即失效。

参数 path，可选，表示 cookie 在服务器上的有效路径，默认值为设定 cookie 的当前目录。

参数 domain，可选，表示 cookie 在服务器上的有效域名，例如，若要 cookie 在 example.com 域名下的所有子域都有效，参数应该设置为.example.com。

参数 secure，可选，表示 cookie 是否允许通过安全的 HTTPS 传输。

例如，setcookie("name", "zhangmanli", time() + 3600)的作用是创建一个名称为 name，取值为 zhangmanli 的 cookie，该 cookie 的存活期是 1 小时。

2. 访问 cookie

通过 setcookie()函数创建的 cookie 作为数组元素，存放在系统数组$_COOKIE 中，因此可以直接通过数组元素来访问已经创建的 cookie。

例如，对于上面创建的 cookie，使用代码 echo $_COOKIE["name"]将输出 zhangmanli。

另外，根据在数组中创建元素的方法，还可以使用$_COOKIE["name"]="zhangmanli"方式创建一个 cookie，但是这样创建的 cookie，因为没有设置生存时间，在会话结束时会消失。

3. 删除 cookie

使用 setcookie()函数创建 cookie 时通常都会指定一个过期时间，到了过期时间，cookie

将会被自动删除，若是在过期之前想要删除 cookie，则可以使用 setcookie()函数重新创建 cookie，将其过期时间设置为过去的时间。例如，代码 setcookie("name", "zhangmanli", time()-600)将名称是 name 的 cookie 删除掉。

4. 使用 cookie 禁止重复投票

将 9.2.1 给定的 vote.php 文件另存为 voteCookie.php 文件，对代码进行两处修改。

（1）在开始处<?php 标记后面增加如下代码。

```
1: session_start();
2: $sessionID = session_id();
3: if ( isset( $_COOKIE['voted'] ) ) {
4:   echo "<script>";
5:   echo "alert('每个人只能投票一次，你已经投过票了');";
6:   echo "</script>";
7:   exit();
8: }
```

代码解释：

第 2 行，使用 session_id()函数获取服务器为当前用户产生的 session 的唯一标识值，使用变量$sessionID 保存。

第 3 行，使用 isset()函数判断数组元素$_COOKIE['voted']是否存在，也就是判断名称为 voted 的 cookie 是否存在，若是存在，则执行第 4～第 7 行代码输出提示信息并结束程序的执行。

（2）在代码 if ($vote!=''){$count[$vote]++; $sum++;}的花括号中增加如下两行代码。

```
$tm=3600 * 120;
setcookie("voted", $sessionID, time() + $tm);
```

上面代码创建名称是 voted 的 cookie，并设置 cookie 的过期时间是 5 天。

说明，本页面中 cookie 的创建必须是在用户的一次投票完成之后，这样才能在下次想投票时用来做判断条件。

9.3 网站计数器功能实现

需要解决的核心问题

- 如何统计网站总访问量、当日访问量、当月访问量等信息？
- 如何将文本数字改为数值数字？

创建页面 wzjsq.php，在其中统计并输出本页面的访问总量和当日访问量，效果如图 9-5 所示。

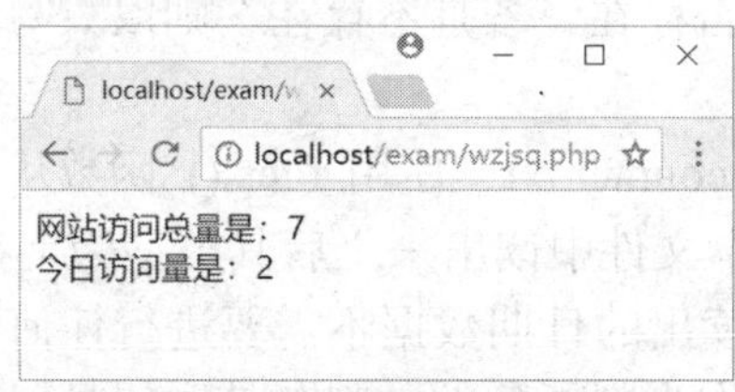

图 9-5 网站计数器运行效果

微信 9-1 网站计数器功能实现

1. 功能说明

页面中要显示访问总量和今日访问量，需要使用的信息有三项，分别是总访问量、今日访问量和用户访问网站时的日期，使用文本文件 counter.txt 保存这三项信息。

保存日期的目的是读取该日期之后，与系统的当前日期进行比较，若是相同，则说明当前访客与上一个访客是在同一天访问网站的，所以要将今日访问量加 1，否则说明当前访客与上一个访客不是在同一天访问网站的，即当前访客是今天的第一个访客，需要将今日访问量设置为 1。

2. 页面代码

```
1: <?php
2:   if ( !file_exists('counter.txt') ) {
3:       $fp = fopen('counter.txt', 'w');
4:       fclose($fp);
5:   }
6:   $fp = fopen('counter.txt', 'r');
7:   $sum = fgets($fp) + 0;
8:   $todaycnt = fgets($fp) + 0;
9:   $riqi = fgets($fp);
10:  fclose($fp);
11:  if ( $sum == '' ){
12:      $sum = 0;   $todaycnt = 0;  $riqi = 0;
13:  }
14:  $sum++;
15:  $today = date('Y-m-d');
16:  if ( $riqi == $today ) { $todaycnt++; }
17:  else { $todaycnt = 1; }
18:  $fp = fopen('counter.txt', 'w');
19:  fwrite($fp, $sum. "\r\n");
20:  fwrite($fp, $todaycnt. "\r\n");
21:  fwrite($fp, $today);
22:  fclose($fp);
23:  echo "访问总量是：$sum<br />";
24:  echo "今日访问量是：$todaycnt";
25: ?>
```

代码解释：

第 2 ~ 5 行，判断文件 counter.txt 是否存在，若是不存在，则以只写方式打开文件同时完成文件的创建，创建完成后要关闭。

第 6 ~ 10 行，以只读方式打开文件 counter.txt，使用 fgets() 函数从其中读出三行数据，对于访问量这样的数字型的数据，从文本文件中读出来之后其类型为字符型，采用加 0 方式可以将文本数字转换为数值数字，对于读出的日期数据不需要进行任何修改。

第 11 ~ 13 行，使用访问总量$sum 作为判断条件，判断其取值是否为空，若是为空，则说明文件是刚刚创建出来，不存在访问量的相关数据，此时需要将表示访问总量的变量$sum和表示今日访问量的变量$todaycnt 的值都设置为 0，将日期变量$riqi 也设置为 0，完成变量的初始化操作。

第 14 行，任何时候来的访客，都要使得变量$sum 加 1。

第 15 行，针对当前访客，将其访问网站页面时的服务器日期获取出来，保存在变量$today中。

第 16、17 行，判断变量$today 中刚刚获取得到的日期信息和变量$riqi 中保存的日期信息是否一致，若是一致的，则说明上个访客和当前访客是在同一天访问网站的，此时需要将今日访问量加 1，若是两者的访问日期不一致，则说明当前访客是今天第一个访客，此时需要将今日访问量设置为 1。

第 18～22 行，以只写方式打开文件 counter.txt，将访问总量、今日访问量和当前用户的访问日期信息写入文件中保存，因为函数 fwrite() 在写入数据之后不能自动换行，需要在前两个值写入之后分别增加实现回车换行功能的“\r\n”字符。

第 23 行和第 24 行，分别输出访问总量和今日访问量。

思考问题：

（1）第 19 行和第 20 行中，能否将\r\n 使用的双引号改为单引号？为什么？

（2）在第 21 行中，能否在写入变量$today 的值后面也增加\r\n？为什么？若是增加了，会有什么影响？

解答：

（1）不能将定界\r\n 的双引号改为单引号，因为 PHP 对单引号不进行检查替换，会将单引号定界中的\r\n 直接写入文本文件，而不是将其解释替换为回车功能。

（2）第 21 行写入变量$today 的值后面若是增加\r\n，则意味着在第 9 行读出日期时也要读出\r\n，即若用户写进去的日期值是 2018-07-26，下一个用户读出来的将是 2018-07-26\r\n，任何时候这两个值都是不相等的，会导致程序出错。

能力拓展：

若是要在页面中增加本年度、本月、本周的访问量统计，可以分别获取服务器系统日期中的年度值、月份值和周次，连同存放相应访问量的变量值一起都保存到文件 counter.txt 中，这些功能的实现过程与实现今日访问量基本一致。

9.4 小结

任务 9 通过在线投票和网站计数两个小案例功能的实现讲解并应用了文件系统操作的相关函数，包括文件的打开与关闭、文件的读取与写入等。为了禁止在线投票中的重复投票，先后使用 Session 和 cookie 机制对投票功能进行改善，保证了程序功能的完整性。

更多的文件操作函数可以扫码查阅。

扫码查阅文件操作函数

9.5 习题

一、选择题

1．代码 if (!file_exists('vote.txt')){ $fp=fopen('vote.txt','w');}的作用是________。

A．若文件 vote.txt 不存在，则以只写方式打开，同时向其中写内容

B．若文件 vote.txt 不存在，则以只写方式打开，同时创建该文件

C．若文件 vote.txt 存在，则以只写方式打开

D．若文件 vote.txt 不存在，则不进行任何操作

2．关于 fgets()函数，下面说法中正确的是________。

A．能够读取一行或者一行中指定个数的字符

B．能够跨段落读取

C．只能读取一行，不能指定需要的字符个数

D．以上说法都不正确

3．关于 fwrite()函数，下面说法正确的是________。

A．写入内容后自动换行

B．可以使用 fwrite($fp,'abc\r\n')完成写入后的换行

C．可以使用 fwrite($fp,"abc\r\n")完成写入后的换行

D．任何时候都不能换行

二、填空题

1．用于打开服务器端文件的函数是______________，设置以只读方式打开时使用的参数值是______________。

2．创建 cookie 的函数是____________，访问 cookie 时使用的系统数组是____________。

第三部分

提　高　篇

提高篇的学习主要围绕邮箱项目中两个增强的功能实现方法来展开，包括注册界面密码强弱判断、写邮件界面中复杂的添加附件功能的实现方法，除此之外，还包括了 PHP 面向对象相关内容的讲解。

任务 10 注册界面的密码强弱判断

密码强弱与输入的密码字符串的长度并不成正比，而是根据密码字符串中包含的字符种类多少来确定密码的强弱。对密码强弱进行判断，是指输入密码并离开密码框之后，由系统调用指定的 JavaScript 函数来完成。

任务 5 实现注册界面输入密码时，可以包含的字符有数字 0 ~ 9、大写英文字母 A ~ Z、小写英文字母 a ~ z 和特殊字符!@#$%^&*一共 4 种。

密码强弱的判断结果通常包含弱、中、强 3 种情况，根据上述 4 种类型的字符确定，若是密码字符只包含上面 4 种字符中的一种，则认定为弱，若是包含了上面 4 种字符中的任意两种或三种字符，则认定为中，若是包含了 4 种字符，则认定为强。

密码强弱判定结果需要在密码框右侧或下方显示出来以提示用户，此处是将结果显示在密码框下方，例如，若用户输入密码为 Sz*123，其中包含了大写字母、小写字母、特殊字符和数字字符共 4 种字符，所以判定为强，效果如图 10-1 所示。

图 10-1　密码字符个数符合要求的运行效果

10.1 创建新的注册页面

需要解决的核心问题

- 设置密码强弱的提示信息如何定义？

判断密码强弱时，打开页面的初始运行效果与任务 5 中的完全相同，但是因为要增加显示密码情况的、动态变化的文本，因此页面中的样式定义和页面内容的定义都需要比任务 5 中完成的复杂一些。

1. 样式代码

创建样式文件 zhuce.css，代码如下。

```
.divshang{ width:965px; height:55px; padding:0px; margin:0 auto;
background:url(images/wbg_shang.JPG);}
.divzhong{ width:965px; height:auto; padding:40px 0px 0px; margin:0 auto;
background:url(images/wbg_zhong.JPG) repeat-y;}
.divxia{ width:965px; height:15px; padding:0px; margin:0 auto; background:
url(images/wbg_xia.JPG);}
.divzhong table td{height:60px;}
```

```
5: .divzhong table .td1{ width:150px; font-size:12pt; text-align:right; vertical-align:top;}
6: .divzhong table .td2{ width:450px; font-size:10pt; line-height:12pt; color:#666; text-align:left; vertical-align:top;}
7: #psd1, #psd2, #phoneno{width:320px;}
8: #emailaddr, #useryzm{width:220px;}
9: .spl{text-decoration:underline; color:#00f; cursor:pointer;}
10: p{ margin:5px 0 10px;}
11: #psd2err{font-size:10pt; color:#f00; display:none;}
12: #psd1qr{font-size:10pt; color:#009933; display:none;}
```

代码解释：

第 11 行定义的 id 选择符#psd2err 是为了在输入密码、确认密码和手机号不符合要求时为显示错误提示信息做准备。

第 12 行定义的 id 选择符#psd1qr，是为了显示输入密码的强弱做准备。

2. 页面内容代码

创建页面文件 zhuce.html，代码如下。

```
<body>
 <div class="divshang"></div>
 <div class="divzhong">
   <form method="post" onsubmit="return validate();">
     <table width="600" border="0" align="center" cellpadding="0" cellspacing="0">
       <tr><td class="td1">*邮件地址</td>
         <td class="td2">
            <input name="emailaddr" type="text" id="emailaddr" required="required" pattern="[a-zA-Z][A-Za-z0-9_]{4,16}[a-zA-Z0-9]" onchange="check()" />
            <span style="font-size:10pt; color:#000;">@163.com</span>
            <p>6～18 个字符，包括字母、数字、下划线，字母开头、字母或数字结尾</p>
        </td></tr>
       <tr><td class="td1">*密码</td>
         <td class="td2"><input name="psd1" type="password" id="psd1" required="required" pattern="[a-zA-Z0-9_!@#$%^&*]{6,16}" onblur=" psdQr()" onfocus="psd1Focus()" />
            <p id="ppsd1">6～16 个字符，区分大小写</p>
            <p id="psd1qr"></p></td></tr>
       <tr><td class="td1">*确认密码</td>
         <td class="td2"><input name="psd2" type="password" id="psd2" onblur="psd2Check()" onfocus="psd2Focus()" />
            <p id="ppsd2">请再次输入密码</p>
            <p id="psd2err">两次输入密码必须相同</p></td></tr>
```

```
20:     <tr><td class="td1">手机号码</td>
21:       <td class="td2"><input name="phoneno" type="text" id="phoneno" pattern="1[3|5|7|8][0-9]{9}" />
22:         <p>密码遗忘或被盗时，可通过手机短信取回密码</p>
23:       </td></tr>
24:     <tr><td class="td1">*验证码</td>
25:       <td class="td2"><input name="useryzm" type="text" id="useryzm" />
26:         <img src="yzm.php" name="yzm" id="yzm" align="top" /><br />请输入图片中的字符 <span class="sp1" onclick="yzmupdate()">看不清楚？换一张</span> </td>
27:     </tr>
28:     <tr><td class="td1"> </td>
29:       <td class="td2"><input type="submit" name="Submit" value="立即注册" /></td></tr></table>
30:   </form>
31: </div>
32: <div class="divxia"></div>
33: </body>
```

代码解释：

第 12 ~ 15 行，设计密码相关的内容，初始状态时显示的提示信息使用段落<p id="ppsd1">控制；密码输入完成之后要显示的密码强弱信息使用段落<p id="psd1qr">控制。

第 16 ~ 19 行，设计确认密码相关的内容，初始状态时显示的提示信息使用段落<p id="ppsd2">控制；输入确认密码不符合要求时要显示的错误提示信息使用段落<p id="psd2err">控制。

10.2 密码强弱的判断

需要解决的核心问题

- 如何确定密码字符串中包含几种字符？

1. 密码强弱判断要求

初始状态时，显示的密码相关内容如图 10-2 所示。

图 10-2 页面初始状态显示的密码相关信息

判断并显示输入密码的强弱，定义函数 psdQr()来实现，无论输入的密码字符个数是否符合要求，只要光标离开密码框<input name="psd1" type="password" id="psd1"... />，就一定会调用函数 psdQr()显示当前的密码强弱，如图 10-1 所示。

当用户重新将光标放进密码框<input name="psd1" type="password" id="psd1"... />中时，需要调用函数 psd1Focus()，将图 10-1 中显示的密码强弱信息隐藏，显示效果恢复为图 10-2

所示初始状态的内容。

2. 函数 psd1Focus()的定义与调用

```
function  psd1Focus(){
 document . getElementById('ppsd1') . style . display = 'block';
 document . getElementById('psd1qr') . style . display = 'none';
}
```

代码解释：

显示段落<p id="ppsd1">，即显示初始状态的提示信息，隐藏段落<p id="psd1qr">，即隐藏密码强弱信息。

函数调用：

因为当用户将光标放进密码框内部时调用函数 psd1Focus()，此时触发的是密码框的 focus 事件，所以需要在生成密码框的标记<input name="psd1"… />内部使用代码 onfocus="psd1Focus()"调用函数。

3. 密码强弱的判断

在 zhuce.js 文件中定义函数 psdQr()，用于判断密码强弱，代码如下。

```
function psdQr(){
 var psd1 = document . getElementById('psd1') . value;
 var ptrn1 = /\d/;
 var ptrn2 = /[a-z]/;
 var ptrn3 = /[A-Z]/;
 var ptrn4 = /[!@#$%^&*]/;
 res1 = 0; res2 = 0; res3 = 0; res4 = 0;
 if ( ptrn1 . test(psd1) ) { res1 = 1; }
 if ( ptrn2 . test(psd1) ) { res2 = 1; }
 if ( ptrn3 . test(psd1) ) { res3 = 1; }
 if ( ptrn4 . test(psd1) ) { res4 = 1; }
 res = res1 + res2 + res3 + res4;
 if ( res == 1 ) {
       document . getElementById('ppsd1') . style . display = 'none';
       var psd1qr = document . getElementById('psd1qr');
       psd1qr . innerHTML = '密码强弱：弱';
       psd1qr . style . display = 'block';
 }
 if ( res == 2 || res == 3 ) {
       document . getElementById('ppsd1') . style . display = 'none';
       var psd1qr = document . getElementById('psd1qr');
       psd1qr . innerHTML = '密码强弱：中';
       psd1qr . style . display = 'block';
 }
 if(res==4){
```

```
26:         document . getElementById('ppsd1') . style . display = 'none';
27:         var psd1qr = document . getElementById('psd1qr');
28:         psd1qr . innerHTML = '密码强弱：强';
29:         psd1qr . style . display = 'block';
30:     }
31: }
```

代码解释：

第 2 行，获取用户在密码框中输入的密码字符。

第 3 行，定义正则表达式/\d/，使用变量 ptrn1 保存，数字 0 ~ 9 符合该正则式的规则。

第 4 行，定义正则表达式/[a-z]/，使用变量 ptrn2 保存，小写字母 a ~ z 符合该正则式的规则。

第 5 行，定义正则表达式/[A-Z]/，使用变量 ptrn3 保存，大写字母 A ~ Z 符合该正则式的规则。

第 6 行，定义正则表达式/[!@#$%^&*]/，使用变量 ptrn4 保存，特殊字符符合该正则式的规则。

第 7 行，定义 4 个变量 res1、res2、res3 和 res4，初值都设置为 0，若是用户输入的密码字符串中包含数字字符，则设置 res1 为 1，若密码串中包含小写字符，则设置 res2 为 1，若密码串中包含大写字符，则设置 res3 为 1，若密码串中包含特殊字符，则设置 res4 为 1。

第 8 行，使用正则式 ptrn1 和函数 test() 测试 psd1 中是否包含数字字符，有则设置 res1=1。

第 9 行，使用正则式 ptrn2 和函数 test() 测试 psd1 中是否包含小写字母，有则设置 res2=1。

第 10 行，使用正则式 ptrn3 和函数 test() 测试 psd1 中是否包含大写字母，有则设置 res3=1。

第 11 行，使用正则式 ptrn4 和函数 test() 测试 psd1 中是否有指定的特殊字符，有则设置 res4=1。

第 12 行，将变量 res1、res2、res3 和 res4 中的值加起来，结果保存在变量 res 中。

第 13 行，判断 res 的值是否是 1，是 1 则说明在给定的 4 种字符中只出现了一种字符，执行代码第 14 ~ 17 行，在段落<p id="psd1qr">中使用 innerHTML 属性设置要显示的内容为“密码强弱：弱”。

第 19 行，判断 res 的值是否是 2 或者 3，若是，则说明在给定的 4 种字符中出现了两种或 3 种字符，执行代码第 20 ~ 23 行，在段落<p id="psd1qr">中使用 innerHTML 属性设置要显示的内容为“密码强弱：中”。

第 25 行，判断 res 的值是否是 4，是 4 则说明允许使用的 4 种字符都出现了，执行代码第 26 ~ 29 行，在段落<p id="psd1qr">中使用 innerHTML 属性设置要显示的内容为“密码强弱：强”。

函数调用：

当用户将光标离开密码框时调用函数 psdQr()，此时触发的是密码框的 blur 事件，所以需要在生成密码框的标记中使用代码 onblur="psdQr();"完成调用。

10.3 小结

任务 10 使用了 JavaScript 中的正则表达式对密码的强弱进行判断，将判断的结果动态显示在密码框的下边，及时将用户设置的密码强弱特性提示给用户，增加了注册界面的用户友好性。

任务 11 复杂的附件添加与处理方法

复杂的附件添加，是指在写邮件界面中，单击文本“添加附件”后，在不显示文件域元素的情况下，直接完成附件的添加，并且将已经添加的附件的名称和大小信息显示在写邮件界面中，如图 11-1 所示。

图 11-1 用于添加附件的页面效果

单击图 11-1 中的文本“添加附件”即可打开选择文件的界面，选择附件文件之后，直接将附件文件保存到服务器端指定的文件夹中，并且在处理之后将附件的名称和大小等信息显示在写邮件界面中，效果如图 11-2 所示。

图 11-2 添加附件之后的界面效果

在图 11-2 中显示的附件名称后面同时显示了附件的大小信息，单击右侧的“删除”文本，可以实现附件的删除功能。

11.1 设计“添加附件”页面

 需要解决的核心问题

- 单击图 11-1 中的“添加附件”文本，弹出选择上传文件的窗口，该文本需要以怎样的形式添加到写邮件界面中？
- 当表单中没有提交按钮，如何使用 submit() 方法在指定操作完成之后向服务器提交数据？

显示在页面中的“添加附件”文本实际上是一个独立的页面文件的内容，页面文件名称是 up.php，该文件作为浮动框架子页面嵌入 writeemail.php 文件中。

在文件 up.php 中包含了两部分的内容：第一部分是设计选择附件的界面；第二部分是附件文件的上传与处理。

11.1.1 选择附件的界面设计

1. 界面设计要求

为了方便控制文本“添加附件”和文件域元素的位置，需要将文件 up.php 的页面边距定义为 0。

在文件 up.php 中需要两个页面元素，分别是文件域元素和“添加附件”文本。

设计“添加附件”文本时，使用<span>…</span>标记定界，定义文本的样式为：字号 10pt，文本的行高为 20px，文本颜色为蓝色，带有下画线。

这里所说的单击文本“添加附件”实现附件的添加过程，在实际操作中单击的是表单文件域元素的“浏览”按钮；采用的做法是将“浏览”按钮叠放在文字“添加附件”的前面，且被设计为透明效果，所以用户看到的只有 “添加附件”文本，实现这种设计的关键是文件域元素的样式定义。

在 up.php 文件中插入表单，设计 name 和 id 是 file1 的文件域元素，使用 id 选择符#file1 定义文件域元素的样式，样式要求如下。

（1）高度是 20px，与“添加附件”文本的行高一致。

（2）使用滤镜 filter:alpha 设置文件域元素的透明效果，在 IE 浏览器中要使用样式代码 filter:alpha(opacity=0);设置，而在其他浏览器中则要使用样式代码 opacity:0;设置，为了保证在各种浏览器中都起作用，这两种样式同时定义即可。

（3）要做到文件域元素与“添加附件”文本的层叠显示效果，需要将文件域元素进行绝对定位，只有绝对定位的元素能够放在其他元素的前面或后面，绝对定位之后，要保证定位在“添加附件”文本位置的正好是文件域元素中的“浏览”按钮，所以定位时要将文件域元素中的文本框部分向左移动到浏览器窗口左边框外侧，保证“浏览”按钮的位置与“添加附件”文本一致，使用绝对定位且横坐标为–160px 进行设置，纵坐标设置为 0 即可，将 z-index 设置为 2，保证将文件域元素显示在文本“添加附件”的前面。

（4）使用代码 cursor:pointer;将鼠标指针设为手状。

2. 样式代码与页面元素代码

（1）内嵌样式代码如下。

```
<style type="text/css">
```

```
    body{margin:0;}
    #file1{height:20px; filter:alpha(opacity=0); opacity:0; position:absolute;
top:0px; left:-160px; z-index:2; cursor:pointer;}
    .sp1{font-size:10pt;line-height:20px; color:#00f; text-decoration:underline;}
    </style>
```

（2）页面元素代码如下。

```
    <form action="" method="post" enctype="multipart/form-data" name="form1"
id="form1">
      <input name="file1" type="file" id="file1" />
    </form>
    <span class="sp1">添加附件</span>
```

11.1.2 表单界面内容与数据处理功能的合并

1. 使用 submit()方法提交表单数据

在页面 up.php 中单击“添加附件”实现文件上传时，需要使用表单的 submit() 方法来提交数据。

当文件域元素的文本框内容发生变化时，调用 submit() 方法。用户单击“添加附件”文本选择文件之后，在文件域元素的文本框中会显示文件的信息，这就意味着文本框的内容发生了变化，此时会触发文本框的 change 事件，因此只需要在文件域元素标记内部使用代码 onchange="document.表单名称.submit();"即可完成数据的提交。

修改 up.php 文件代码，在<input name="file1" type="file" id="file1" />标记内部增加代码 onchange="document.form1.submit();"实现数据上传，此处的 form1 是表单<form>标记中 name 属性的取值。

2. 获取并处理上传的文件

在 up.php 文件中同时包含了表单界面的设计和表单数据提交之后的处理功能，因此在数据提交之前要先判断数据是否已经提交，否则会出现代码错误。

使用 isset()函数判断数据是否已经提交，即判断系统数组元素$_FILES['file1']是否已经被设置，若已经设置，则说明数据已经提交，即可执行数据处理部分的代码。

在上面已经完成的 up.php 页面元素代码之后增加如下代码，完成附件文件的上传与处理。

```
<?php
 if ( isset($_FILES['file1']) ) {
     $fname=$_FILES['file1']['name'];
     $fsize=round($_FILES['file1']['size']/1024,2)."kb";
     $ftype=$_FILES['file1']['type'];
     $ftmpname=$_FILES['file1']['tmp_name'];
     $name1=iconv("UTF-8", "GB2312", $fname);
     $rnd=mt_rand(0,100000);
     $name1="($rnd)$name1";
     move_uploaded_file($ftmpname,"upload/$name1");
```

```
11: }
12: ?>
```

代码解释：

第 7 行，解决文件夹 upload 中文件名称内部汉字的乱码问题。

第 8 行和第 9 行，为了防止相同名称的附件互相冲突，产生随机数放在文件名称开始位置。

11.2 添加与删除附件功能的实现

需要解决的核心问题

- 用来上传附件的 up.php 文件如何加载到写邮件页面中？
- 写邮件界面中设计了几个接收上传附件信息的文本框？各自的作用是什么？
- 在 up.php 页面中上传的附件信息怎样传送给写邮件页面中的文本框？
- 如何在上传的附件信息前面增加附件图标，在后面增加“删除”文本，之后显示在写邮件界面中？
- 删除附件时，如何去掉写邮件界面中的带有附件图标和“删除”文本的附件信息？如何修改存放所有附件信息的文本框的内容？如何使用 Ajax 技术请求服务器删除 upload 文件夹中的相应文件？

添加附件，是指单击“添加附件”文本，能够将上传的文件信息显示在写邮件页面中，同时还需要准备好要传递给服务器保存在数据表 emailmsg 中的附件信息内容。

删除附件，是指单击“删除”文本时，能够将对应的附件信息从写邮件页面中删除，同时要修改在添加附件时准备好的、要上传给服务器保存在数据表 emailmsg 中的附件信息，还要请求服务器删除文件夹 upload 中的相应文件。

11.2.1 界面设计

1. 使用浮动框架嵌入上传附件页面

添加附件的页面文件 up.php 需要使用浮动框架嵌入页面文件 writeemail.php 中，在 writeemail.php 表格的“主题”和“内容”之间增加一行，在右侧单元格中插入浮动框架，浮动框架的设计要求如下。

宽度为 100px，高度为 30px，没有滚动条，边框设置为 0，名称是 upfile，初始状态加载的页面文件是 up.php。

代码如下。

```
<iframe src="up.php" width="100" height="30" scrolling="no" name="upfile"
frameborder="0"></iframe>
```

2. 接收上传附件的元素设计

（1）在页面中增加接收附件名称和大小信息的文本框元素

单击“添加附件”上传文件后，服务器端已经接收并存储了上传的文件，但是，需要将上传文件的名称大小等信息显示在写邮件界面中，另外，发送邮件时，需要将所有附件以

“(随机数)文件名称(大小);”这种格式连接在一起提交给服务器，存储在邮件信息数据表 emailmsg 的 attachment 列中。

为此,需要在 writeemail.php 文件中添加两个隐藏的文本框,一个文本框 id 为 attachmsg2，用于接收 up.php 文件上传的当前附件的名称和大小信息；一个文本框 id 为 file，用于接收 up.php 文件已经上传的所有附件的“(随机数)文件名称(大小);”信息。

为了能够观察到效果，临时将两个文本框都设置为显示状态，添加 3 个附件后，两个文本框及附件信息显示效果如图 11-3 所示。

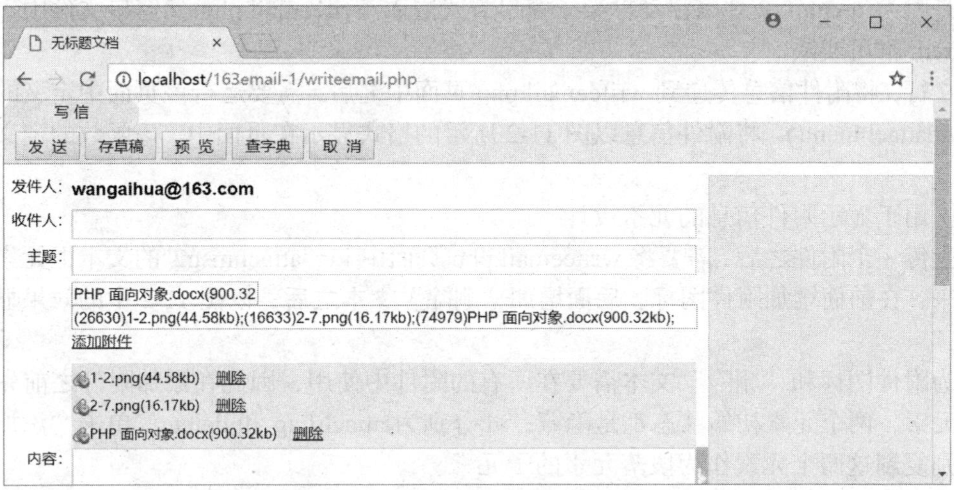

图 11-3　两个文本框及内容效果

在图 11-3 中，“主题”文本框下面第一个文本框 id 是 attachmsg2，只显示最后添加的附件的名称和大小信息；第二个文本框 id 是 file，按顺序显示 3 个附件的相关信息。

添加两个文本框，需要分别定义样式代码和页面元素代码。

在样式文件 writeemail.css 中增加代码#attachmsg2, #file{display:none; }。

在页面文件浮动框架所在单元格内部上方增加下面两行代码。

```
<input type="text" name="attachmsg2" id="attachmsg2" />
<input type="text"  name="file" id="file" />
```

(2)为文本框传递数据

修改 up.php 文件代码,在 move_uploaded_file($ftmpname,"upload/$name1");之后添加代码，将上传附件的名称大小等信息传递到页面文件 writeemail.php 的两个文本框元素中,新增代码如下。

```
$value="$fname($fsize)";
$file="($rnd)$fname($fsize);"
echo "<script>";
echo "parent.document.getElementById('attachmsg2').value='$value';";
echo "var fileVal=parent.document.getElementById('file').value;";
echo "parent.document.getElementById('file').value=fileVal+'$file';";
echo "parent.appendattachment();";
echo "</script>";
```

代码解释：

第 1 行，将已经计算出来的文件大小信息连接到文件名称后面，得到“文件名（大小）”格式的附件信息，保存在变量$value 中，通过第 4 行代码，将其作为 id="attachmsg2"的文本框的内容。

第 2 行，获取“(随机数）文件名（大小）”格式的附件信息，保存在变量$file 中，通过第 5 行和第 6 行代码，将其连接到 id="file"的文本框原有内容后面。

第 4~6 行，代码中的 parent 用于指明要从父窗口文件 writeemail.php 中找 attachmsg2 元素，这是因为 up.php 文件以浮动框架子窗口方式嵌入 writeemail.php 父窗口文件中，所以此处的 parent 不可或缺。

第 7 行，将附件信息传递到 writeemail.php 页面中之后，需要运行该页面中定义的脚本函数 appendattachment()，将附件信息以图 11-2 所示的格式显示在页面中。该函数的定义稍后讲解。

（3）用于显示附件信息的元素设计

每上传一个附件之后，需要将 writeemail.php 页面中 id="attachmsg2"的文本框元素的内容获取出来，在前面增加附件图标，后面增加“删除”文本之后，以图 11-2 中的效果显示在页面中。

因为附件图标和“删除”文本需要在所有的附件中使用，因此在添加附件之前先准备好这两个元素，两个元素初始状态都是隐藏，id 分别为 attachflag 和 delete，单击“添加附件”时，分别复制这两个元素作为段落元素的子元素。

在样式文件 writeemail.css 中增加样式代码如下。

```
#attachment{width:auto; height:auto; margin:0; padding:0; background:#eef;}
#attachment p{height:25px; margin:0; font-size:9pt; line-height:25px;}
#attachflag{vertical-align:middle;} /*设置图片与右侧文本中线对齐*/
#delete,#attachflag{display:none;}
#delete{font-size:10pt; color:#00f; text-decoration:underline; cursor:
pointer;}
```

在页面文件 writeemail.php 中浮动框架<iframe src="up.php" width="100" height="30" scrolling="no" name="upfile" frameborder="0"></iframe>的下方增加代码如下。

```
<div id="attachment"></div>
<img src="images/attachmentflag.JPG" id="attachflag" />
<span id="delete" onclick="dele(event)">删除</span> <!--单击删除文本时调用函数
dele()，同时传递参数 event，该函数将在 11.2.3 中定义-->
```

在 writeemail.php 页面“添加附件”文本前后增加的元素一共有 5 个，临时将 5 个元素都设置为显示状态，其中<div id="attachment">因为初始高度为 auto，且没有内容，所以不能显示（该元素设置显示附件的浅蓝底色区域，其内部使用一个个段落显示一个个附件信息，如图 11-2 所示），其余 4 个元素的效果如图 11-4 所示。

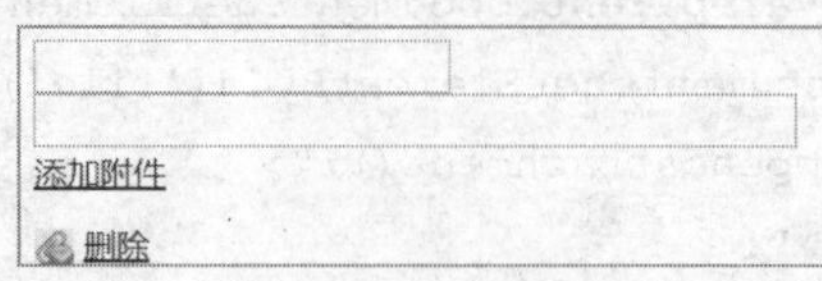

图 11-4　为处理附件准备的一组元素

11.2.2 添加段落节点显示附件信息

要显示在 writeemail.php 页面中的所有附件信息都需要使用段落标记控制，之后将段落元素作为元素<div id="attachment">的子元素添加到页面中，项目中使用脚本函数 appendattachment()实现这一功能。

在 writeemail.js 文件中创建函数 appendattachment()，代码如下。

```
1: var index = 1;
2: function appendattachment(){
3:    var attachment = document.getElementById('attachment');
4:    var value = document.getElementById('attachmsg2').value;
5:    var p = document.createElement('p');
6:    p.id = 'p' + index;
7:    var attflag = document.getElementById('attachflag');
8:    var aflag = attflag.cloneNode(true);
9:    aflag.style.display = 'inline';
10:   p.appendChild(aflag);
11:   p.innerHTML = p.innerHTML + value + "    ";
12:   var dele = document.getElementById('delete');
13:   var dele1 = dele.cloneNode(true);
14:   dele1.style.display = 'inline';
15:   dele1.name = index+'del';
16:   p.appendChild(dele1);
17:   attachment.appendChild(p);
18:   index++;
19:   var rdivH = document.getElementById('rdiv').clientHeight;
20:   document.getElementById('rdiv').style.height = (rdivH + 25) + "px";
21:   document.getElementById('zhedie').style.paddingTop = ((rdivH+25-60)/2)
+"px";
22:   parent.iframeHeight();
23: }
```

代码解释：

第 1 行，定义全局变量 index，变量的值将作为创建的段落元素 id 中的序号部分，为该变量设置的初值是 1，在生成段落时，设置的 id 值从 p1 开始，添加多个附件时，依次再使用 p2，p3……

第 3 行，获取页面中的元素<div id="attachment">，使用变量 attachment 表示。

第 4 行，获取 id 是 attachmsg2 的文本框元素中存放的值，包括文件全名和文件大小两部分信息，保存在变量 value 中。

第 5 行，使用 document 对象的 createElement()方法创建段落标记，括号中的参数是 HTML 标记的名称，使用变量 p 表示该段落标记。

第 6 行，设置刚刚创建的段落标记的 id 属性取值是字符 p 连接上序号 index，例如，创建的第一个段落标记的 id 属性值为 p1，这是为后面删除附件做的准备工作。

第 7 行，获取页面中 id 是 attachflag 的附件图标元素，保存在变量 attflag 中。

第 8 行，使用元素 attflag 的 cloneNode()方法复制元素 attflag，复制之后的元素保存在变量 aflag 中。

第 9 行，使用样式中 display 的取值 inline 设置复制后的元素 aflag 为行内显示状态。

第 10 行，使用 appendChild() 方法将附件图标元素 aflag 添加为段落 P 的子节点。

第 11 行，在段落 innerHTML 属性原有内容后面增加格式为“文件名（大小）”的附件信息，后面添加几个空格，这是为了将附件信息与“删除”文本间隔一段距离。

第 12 ~ 15 行，复制 id="delete"的文本元素，设置其显示状态为行内显示，同时设置其 name 属性取值为“序号+del”格式。例如，若变量 index 取值为 2，则复制后的文本元素 name 属性取值为 2del。

第 16 行，将删除节点添加为段落 p 的子节点。

第 17 行，使用节点 attachment 的 appendChild()方法将段落标记添加为元素<div id="attachment">的子节点。

第 18 行，完成一个附件的添加之后，将序号变量 index 的值增 1，为下个附件的添加做准备。

第 19 行，使用 clientHeight 获取元素<div id="rdiv">的高度。

第 20 行，使用 style.height 设置元素<div id="rdiv">的高度为现有高度值加上一个附件段落的高度 25px。

第 21 行，设置元素<div id="zhedie">的上填充，取值为元素<div id="rdiv">的高度值减去元素<div id="zhedie">的高度 60px 之后的结果平分为上下填充值。

第 22 行，使用 parent 对象调用父窗口页面中的 iframeHeight()函数，在增加附件之后重新设置浮动框架的高度。

函数调用：

函数 appendattachment()的调用，在 11.2.1 节修改的 up.php 文件中，为 id="attachmsg2"和 id="file"的两个文本框传递数据之后，已经使用代码 parent.appendattachment()完成了函数的调用。

11.2.3 删除附件

删除附件时需要完成两个部分的功能，第一，删除图 11-2 中写邮件界面内显示的附件信息；第二，要删除保存在 upload 文件夹下的附件文件。

删除写邮件界面中的附件信息，需要定义脚本函数完成；删除 upload 文件夹中的附件文件，需要使用 Ajax 完成浏览器与服务器的交互，最终实现服务器端的文件删除操作。

删除附件操作，需要定义的脚本函数有两个：函数 createXML()，用于创建对象 XMLHttpRequest 的实例；函数 dele()，用于删除写邮件界面中的附件信息，删除 id="file"的文本框中的相应附件的“（随机数）文件名（大小）;”格式的信息，通过 Ajax 向服务器端发出请求，提交要删除文件的“（随机数）文件名”格式信息。

除了定义脚本函数，还需要定义一个 PHP 文件，用于接收文件名称并删除附件文件，项目中定义的文件是 delefujian.php。

1. 创建函数 createXML()

在 writeemail.js 文件中创建函数 createXML()，代码如下。

```
function createXML(){
    var xml = false;
    if (window.ActiveXObject ) {
        try {
            xml = new ActiveXObject("Msxml2.XMLHTTP");
        }
        catch (e) {
            try {
                xml = new ActiveXObject("Microsoft.XMLHTTP");
            }
            catch (e) {
                xml = false;
            }
        }
    }
    else if (window.XMLHttpRequest) {
        xml = new XMLHttpRequest();
    }
    return xml;
}
```

代码解释请参阅 5.4.1 中相关内容。

2. 创建函数 dele()

在 writeemail.js 文件中创建函数 dele()，代码如下。

```
function dele(evt){
 var e = evt||window.event;
 var obj = e.srcElement? e.srcElement : e.target;
 name = obj.name;
 num = parseInt(name);
 var p = document.getElementById('p' + num);
 var div = document.getElementById('attachment');
 div.removeChild(p);
 var rdivH = document.getElementById('rdiv').clientHeight
 document.getElementById('rdiv').style.height = (rdivH - 25) + "px";
 document.getElementById('zhedie').style.paddingTop = (rdivH - 25 - 60) / 2 + "px";
 parent.iframeHeight();
 var file = document.getElementById('file').value;
 var fileGrp = file.split(";");
 file='';
 for (i = 0; i < fileGrp.length - 1; i++){
```

```
17:   if ( i+1 == num ) {
18:     file = file + ";";
19:     fileName = fileGrp[i];
20:     var ind = fileName.lastIndexOf("(");
21:     fileName = fileName.substr(0, ind);
22:   }
23:   else {
24:     file = file + fileGrp[i] + ";";
25:   }
26: }
27: document.getElementById('file').value = file;
28: //以下代码用于向服务器发送文件名称信息
29: var url = "delefujian.php";
30: var postStr = "fileName=" + fileName;
31: var xml = createXML();
32: xml.open("POST", url, true);
33:    xml.setRequestHeader("Content-Type", "appliction/x-www-form-urlencoded;charset=utf8");
34: xml.send(postStr);
35: }
```

代码解释：

第 1 行，函数中的形参 evt 是为了解决火狐浏览器的兼容性设置的，调用时的实参使用 event 即可。

第 2 行，若是 IE 浏览器，则变量 e 的取值被设置为 window.event，若是火狐浏览器，则变量 e 的值被设置为 evt。

第 3 行，在 IE 浏览器下，e.srcElement 是存在的，此时条件是成立的，获取 e.srcElement 的值保存在变量 obj 中，若是火狐浏览器，则获取 e.target 的值保存在变量 obj 中，这里的 e.srcElement 或者 e.target 的作用是获取事件操作的源对象，即进行单击操作时，操作的是哪个页面元素。

第 4 行，获取事件所操作源对象的 name 属性的取值，保存在变量 name 中。

第 5 行，使用 parseInt()方法获取变量 name 中开始的序号值，例如，若操作的删除文本 name 属性为 3del，则代码 parseInt(name)获取到的是序号 3，保存在变量 num 中。

第 6 行，使用'p'+num 作为段落的 id 属性值，根据该 id，获取段落元素，保存在变量 p 中。例如，若变量 num 为 3，则获取到的段落的 id 属性取值为 p3。

第 7 行，获取元素<div id="attachment">。

第 8 行，使用 removeChild() 方法删除元素<div id="attachment">中指定的段落节点，例如，删除 id 为 p3 的段落。

第 9 ~ 11 行，设置元素<div id="rdiv">的新高度，每增加一个附件，整体高度增加 25px；设置元素<div id="zhedie">的上填充值，保证该元素在垂直方向位于元素<div id="rdiv">的中间。

第 12 行，调用父窗口页面中的 iframeHeight() 函数重新设置浮动框架的高度。

第 13～27 行，处理 id="file"的文本框中保存的附件信息，保证上传到数据库中是正确的附件信息，同时获取要从文件夹中删除的文件名称。

第 14 行，使用函数 split() 以分号为分割符分割 id="file"的文本框中的附件信息，保存在数组 fileGrp 中，因为每个附件信息最后都有一个分号，例如，3 个附件有 3 个分号，使用分号分割之后，得到的数组有 4 个元素，比附件个数多 1。

第 15 行，将变量 file 设置为空，为后面保存未删除的附件信息做准备。

第 16～25 行，使用循环结构逐个处理数组 fileGrp 中的附件信息，此时要注意循环次数为数组元素个数减 1。

第 17 行，若是条件成立，则说明数组 fileGrp 中当前元素是被删除的附件信息，使用第 18～21 行代码处理被删除的附件信息。

第 18 行，对该附件信息，只保留一个分号，该分号作为存在过的、但是被删除的附件的一个记录，只是为了在数组 fileGrp 中保留一个序号。

对于所保留的分号的作用，举例说明。假设用户上传的附件有 3 个，效果如图 11-5 所示。

图 11-5　上传的 3 个附件的显示效果

在图 11-5 中，第一个附件 1-2.png 对应的“删除”文本 name 取值中序号为 1，第二个附件 2-7.png 对应的“删除”文本 name 取值中序号为 2，第三个附件 PHP 面向对象.docx 对应的“删除”文本 name 取值中序号为 3。

id="file"的文本框中的内容使用分号分割之后，得到的数组 fileGrp 4 个元素的值分别如下。

```
fileGrp[0] = "(58201)1-2.png(44.58kb)";
fileGrp[1] = "(81196)2-7.png(16.17kb)";
fileGrp[2] = "(23832)PHP 面向对象.docx(900.32kb)";
fileGrp[3] = "";  //最后一个空元素被舍弃
```

此时，非空数组元素索引值+1 即可得到删除文本 name 属性取值中的序号。

删除附件 2-7.png 之后，图 11-5 的效果变为图 11-6 所示效果。

(58201)1-2.png(44.58kb);;(23832)PHP 面向对象.docx(900.32kb);
添加附件
1-2.png(44.58kb) 删除
PHP 面向对象.docx(900.32kb) 删除

图 11-6　删除一个附件之后的显示效果

图 11-6 中，第一个附件 1-2.png 对应的“删除”文本 name 取值中序号为 1，第三个附件 PHP 面向对象.docx 对应的“删除”文本 name 取值中序号为 3。

id="file"的文本框中的内容使用分号分割之后，得到的数组 fileGrp 仍然有 4 个元素，分别如下。

```
fileGrp[0] = "(58201)1-2.png(44.58kb)";
fileGrp[1] = "";
```

```
fileGrp[2] = "(23832)PHP 面向对象.docx(900.32kb)";
fileGrp[3] = "";  //最后一个空元素被舍弃
```

此时，非空数组元素索引值+1 仍旧可得到删除文本 name 属性取值中的序号。无论是要继续删除附件还是再添加附件，都不会对其序号造成任何影响，保证每种操作顺利进行。

若是附件被删除之后，没有保留一个分号，将会导致数组元素索引与删除文本 name 属性取值中的序号完全错乱，从而找不到对应关系，造成删除文件时的混乱。

第 19 行，使用变量 fileName 记录数组 fileGrp 中被删除的附件信息，当前格式为“(随机数)文件名(大小)”，例如删除图 11-5 中的第二个附件时，变量 fileName 内容为“(81196)2-7.png(16.17kb)”。

第 20 行，使用 lastIndexOf()方法搜索变量 fileName 中定界“大小”的左圆括号，并返回其索引值，保存在变量 ind 中。例如，对于“(81196)2-7.png(16.17kb)”而言，搜索之后返回的索引值是 14。

第 21 行，使用 substr()方法截取从 0 到变量 ind 指定位置之间（包含 0，不包含 ind 指定位置）的字符串，保存在变量 fileName 中。对于“(81196)2-7.png(16.17kb)”而言，得到的结果是“(81196)2-7.png”，这正是文件夹 upload 中保存的文件名称格式。

第 24 行，对于没有被删除的附件信息，在后面缀上一个分号之后连接到变量 file 中。

第 27 行，将变量 file 中存储的信息重新作为 id="file"的文本框的内容。

第 30～35 行，使用 Ajax 技术，将变量 fileName 中存储的格式为“(随机数)文件名”的文件名传递到服务器端文件 delefujian.php 中，为删除 upload 文件夹中的文件做准备。

3. 创建服务器端文件 delefujian.php

文件代码如下。

```
1: <?php
2:   header("Content-Type: text/html;charset=utf8");
3:   $fileName = $_POST['fileName'];
4:   $fileName = "upload/$fileName";
5:   $fname = iconv("UTF-8", "GB2312", $fileName);
6:   unlink($fname);
7: ?>
```

代码解释：

第 3 行，获取函数 dele()提交的文件名称，保存在变量$fileName 中。

第 4 行，在文件名前面增加文件夹 upload，得到完整的路径。

第 5 行，使用 iconv()函数处理文件名中的汉字编码问题。

第 6 行，使用 unlink()函数删除指定路径下的文件。

11.3 修改 storeemail.php 文件

在 11.2 中使用的添加附件的方案中，所有附件的信息都以“(随机数)文件名(大小);”这种格式连接在一起放在 id="file"的文本框中，发送邮件时，这些附件的信息作为一个完整的数据提交给服务器，因此，需要修改在任务 7 中创建的文件 storeemail.php 的代码，完成附件信息的接收与处理。

修改之后的文件 storeemail.php 的代码如下。

```
<?php
 ……
 //文件开始处获取收件人、发件人、主题、内容、日期时间信息的代码与 7.4.5 中给定的代码完全相同
 //下面给定的代码用于获取并处理 wirteemail.php 文件中 id="file"的文本框提交的附件名称信息
1:  $attachment = $_POST['file'];
2:  $attachmentGrp = explode(';', $attachment);
3:  $attachment = '';
4:  for ($i = 0; $i < count($attachmentGrp); $i++) {
5:    if ($attachmentGrp[$i] != ''){
6:       $attachment = $attachment . $attachmentGrp[$i] . ";";
7:    }
8:  }
 //后面连接打开数据库完成邮件发送或者系统退信过程与 7.4.5 中给定的代码完全相同
 ……
?>
```

代码解释：

第 1～8 行，用于获取并处理 wirteemail.php 文件中 id="file"的文本框提交的附件名称信息，因为发送邮件之前可能进行过删除附件的操作，使得文本框中可能存在多余的空格，所以将数据保存在数据表 emailmsg 的 attachment 列中之前，先要将多余的空格去掉才可以。

第 1 行，获取 id="file"的文本框提交的内容，保存在变量$attachment 中。

第 2 行，使用分号分割变量$attachment 中的内容，保存在数组$attachmentGrp 中，该数组中取值为空串的元素有两种情况：一种情况是其对应的是一个被删除的附件，另一种情况则是最后一个分号作为分隔符得到的最后一个空串元素。

第 5～6 行，若是数组$attachmentGrp 当前元素不为空，说明存在附件，要将其重新连接到变量$attachment 中，并在最后增加一个分号。

11.4 小结

任务 11 通过嵌入的一个浮动框架模拟了邮箱中单击文本添加附件的功能，这种添加附件的方式使得附件的个数不受限制。

为了能够将已经上传的附件的信息传递到写邮件页面中，在页面中添加了多个隐藏的元素用于接收这些数据，这样做的目的有三个：第一，能够在写邮件页面中显示所选择的附件信息；第二，发送邮件时方便向数据库中写入附件信息；第三，方便对附件进行删除操作。

删除附件时，使用了 Ajax 技术请求服务器端将已经接收并保存在文件夹中的文件彻底删除。

与任务 7 中添加和删除附件的功能实现方法相比较，此处提供的方法更为实用，只是因为实现难度偏高，故而将其放在提高篇中讲解。

任务 12 PHP 面向对象

本任务对 PHP 面向对象的相关知识进行了浅显易懂的介绍，包括面向对象程序设计概念、面向对象的基本特征、类的创建与访问等几个方面的内容，最后采用面向对象的方式改写了邮箱登录功能，说明了面向对象在项目开发中的应用形式。

12.1 理解面向对象

需要解决的核心问题

- 面向对象的基本特征有哪几个？各自的含义是什么？

与大多数可以面向对象的编程语言不一样，PHP 是同时支持面向过程和面向对象的编程方式，PHP 开发者可以在面向过程和面向对象二者中自由选择其一或是混合使用，面向过程开发周期短、发布快、效率较高；面向对象开发周期长、效率较低，但易于维护、改进、扩展和开发 API。在 PHP 开发中，很难说哪一个方式会更优秀，只能在开发过程中尽量发挥出两种编程方式各自的优势。

12.1.1 面向对象程序设计概念

面向对象的软件系统由多个类组成，类代表了客观世界中具有某种特征的一类事物，这类事物往往有一些内部的状态数据，比如人有身高、体重、年龄、爱好等各种状态数据，在程序中，需要使用属性来描述状态数据。当然，程序没有必要记住该事物的所有状态数据，只需要记录业务中关心的状态数据即可。

在面向对象的语言中，除了事物的内部状态数据需要使用类进行封装之外，在类中往往还需要提供两种方法，一种是操作这些状态数据的方法，一种是为实现这类事物的行为特征而定义的方法，这些方法使用函数来实现。

即在面向对象的程序设计中，开发者希望直接对客观世界进行模拟：定义一个类，对应客观世界的某种事物；实际业务中需要关心这个事物的哪些状态，程序就为这些状态定义属性；在实际业务中需要关心这个事物的哪些行为，程序就为这些行为定义方法函数。

例如，需要完成“小猴子吃蜜桃”这样一件事情。

在面向过程的程序世界中，一切以函数为中心，函数最大，因此这件事情会用如下语句来表达。

吃(小猴子，蜜桃);

吃是一个动作，或者说是一个方法，所以作为函数名称，而谁吃、吃什么，则作为函数中的两个参数出现。

在面向对象的程序设计中，一切以对象为中心，对象最大，因此这件事情会用如下语句来表达。

小猴子.吃(蜜桃);

因此，面向对象的语句更接近自然语言的语法，主语、谓语、宾语一目了然，十分直观。

12.1.2 面向对象的基本特征

面向对象的方法有三个基本特征：封装（Encapsulation）、继承（Inheritance）和多态（Polymorphism）。

封装指的是将对象的实现细节隐藏起来，然后通过一些公用方法来展示该对象的功能，封装是通过类来实现的。

继承是面向对象实现软件复用的重要手段，当子类继承父类后，子类将直接继承父类的属性和方法，除此之外，子类还可以修改或额外添加新的行为。

多态就是把子类对象赋值给父类引用，然后调用父类的方法，去执行子类覆盖父类的那个方法，在 PHP 中，对象引用并不明确区分是父类引用，还是子类引用。

12.2 类和对象

需要解决的核心问题

- 如何创建类？类的属性和方法要如何定义？如何对类进行实例化？
- 对类进行访问控制时，可以使用哪几个关键字？各自的含义如何？
- 类的静态属性和方法如何定义？如何访问？
- 构造函数和析构函数的作用是什么？PHP 5 及之后的版本中，构造函数和析构函数的名称分别是什么？
- 如何实现类的继承和重载？
- 抽象类要如何定义，如何使用？
- PHP 中接口的概念是什么？含义如何？
- 魔术方法有哪几个？各自的作用是什么？

面向对象的程序设计中有两个重要概念：类（Class）和对象（Object，也被称为实例 Instance），其中类是某一批对象的抽象描述，可以把类理解成某种概念；对象则是一个具体存在的实体，一个类的所有对象都具有相同的数据结构，并且共享相同的实现操作的代码，各个对象又可以拥有各自不同的状态，即私有数据。

12.2.1 类的创建与实例化

类由变量和函数组成，在类中，变量称为属性，函数称为方法。

1. 定义类

PHP 面向对象中定义类的简单语法如下。

```
[修饰符] class 类名{
  零到多个属性
  零到多个方法
}
```

每个类的定义都以关键字 class 开头，后面依次跟着类名和一对花括号，花括号中包含类的属性与方法的定义。

注意：类名后面没有圆括号。

修饰符可以是 public、final 和 abstract。public 是默认的、权限最大的；final 类不可被继承；abstract 类是一个抽象类，抽象类不能被实例化，但是使用 extends 关键字继承抽象类之后得到的 public 类，是可以被实例化的。

类名可以是任何非 PHP 保留字的合法标签。一个合法类名以字母或下画线开头，后面跟着若干字母、数字或下画线。

2. 类的实例化与访问

在声明一个类之后，类只存在于文件中，程序不能直接调用。需要对该类创建一个对象后，程序中才可以使用，创建一个类对象的过程称为类的实例化。类的实例化需要使用 new 关键字，关键字后面需要指定实例化的类名，格式为：

```
$obj = new classname;
```

注意：对类进行实例化时，如果需要传递参数，则类名后面必须有圆括号，如果没有参数，加括号或者不加括号效果都相同。

【例 12-1】定义一个 Ctest 类并实例化。代码如下。

```
1: <?php
2:  class Ctest{
3:      var $stuNO;
4:      function add($str){
5:          $this -> stuNO = $str;
6:          echo $this -> stuNO;
7:      }
8:  }
9:  $obj = new Ctest();
10: $obj -> add("201608080321");  //在方法 add() 中输出 201608080321
11: echo $obj -> stuNO;  //输出 201608080321
12: ?>
```

说明：在一个类中，可以访问一个特殊的指针“$this”，如果当前类有一个属性$attr，则在类的内部要访问该属性时，可以使用“$this -> attr”来引用。

代码解释：

第 2 ~ 8 行，声明一个类，类名是 Ctest，默认是 public 类型的。

第 3 行，定义类中的一个属性，属性名称用变量$stuNO 表示。

第 4 ~ 7 行，以定义函数的方式，定义类中的一个方法，并实现方法中需要的功能。方法名称是 add，需要形参$str。

第 5 行，将实参$str 表示的数据送给类中的属性$stuNO。

第 6 行，输出属性$stuNO 的内容。

第 9 行，创建类的实例，使用变量$obj 表示，注意，此处不需要传递参数，类名后面的圆括号可以去掉。

第 10 行，通过对象$obj 引用类中的方法 add()，同时传递实参，因为类中定义方法时，方法内部有输出语句，所以程序执行到第 10 行代码调用方法传递参数之后，会执行第 6 行代码，输出实参值。

第 11 行，输出对象$obj 的属性$stuNO 的值。

对类进行实例化时，有些类允许接收参数，若能够接收参数，则可以使用以下代码创建对象。

```
$obj = new classname([$args, ...]);
```

其中$args 是要传递的参数。

对象被创建之后，可以在类的外部通过对象访问其属性和方法，访问时需要在对象后面使用“->”符号加上要访问的属性或者方法，如 $obj->add("201608080321"); 和 echo $obj->stuNO;。

从例 12-1 中可以看出，无论是从类的方法内部访问其成员属性（第 5 行和第 6 行代码），还是通过类的实例引用成员属性（第 11 行代码），成员属性前面都不能带有$符号。

12.2.2 类的访问控制

类的访问控制是指对属性或方法的访问控制，是通过在前面添加关键字 public（公有）、protected（受保护）或 private（私有）来实现的。

- public：被定义为公有的类成员可以在类的外部或内部访问。
- protected：被定义为受保护的类成员则可以被其自身以及其子类和父类访问。
- private：被定义为私有的类成员只能被其定义所在的类访问，即私有成员将不会被继承。

属性必须定义为公有、受保护、私有之一。如果用 var 定义，则被视为公有，可以将 var 看作是 public 关键字的一个别名形式。

【例 12-2】应用 3 种访问控制方式。代码如下。

```
<?php
  //Define MyClass
  class  MyClass{
   public $public = 'Public';  //定义公有属性$public，可在任何位置访问
   protected $protected = 'Protected';  //定义被保护的属性$protected，父类、子类、本类内部可用
   private $private = 'Private';  //定义私有属性$private，只能在本类内部访问
   function  printHello(){  //定义一个默认的公有方法
      echo $this->public ."<br />";  //$this 可以理解为当前对象
      echo $this->protected ."<br />";
      echo $this->private ."<br />";
   }
  }
  $obj = new MyClass();  //创建类 MyClass 的实例
  echo $obj->public ."<br />";   //类的外面可以通过实例访问其公有属性，输出 public
  echo $obj->protected;   //这行会产生一个致命错误，执行后终止程序的执行
  echo $obj->private;   //这行也会产生一个致命错误，执行后终止程序的执行
```

```
    $obj->printHello();   // 输出 Public、Protected 和 Private
    // Define MyClass2
    class MyClass2 extends MyClass{
      // 可以对 public 和 protected 进行重定义，但 private 不能
      protected $protected = 'Protected2';
      function  printHello() {
          echo $this->public ."<br />";
          echo $this->protected ."<br />";
          echo $this->private ."<br />";
      }
    }
    $obj2 = new MyClass2();
    echo $obj2->public ."<br />";   //输出父类中属性$public 的内容 public
    echo $obj2->private ."<br />";   //未定义 private
    echo $obj2->protected;   //这行会产生一个致命错误
    $obj2->printHello();   //输出 Public、Protected2 和 Undefined，子类中不能访问父类
的私有属性
   ?>
```

在设计类时，通常将类的属性设为私有的，而将大多数方法设为公有的。这样，类以外的代码不能直接访问类的私有数据，从而实现了数据的封装。而公有的方法可为内部的私有数据提供外部接口，但接口实现的细节在类的外面又是不可见的。

12.2.3 静态属性和方法

在类中还可以定义静态的属性和方法，所谓“静态”是指所定义的属性和方法与类的实例无关，只与类本身有关。静态的属性和方法一般用来包含类要封装的数据和功能，可以由所有类的实例共享。在类中可以使用 static 关键字定义静态属性和方法。

访问静态属性和方法时，需要使用范围解析符“::”，格式如下。

```
classname::$attribute;  //访问静态属性
classname::Cfunction(); //访问静态方法
```

【例 12-3】应用静态属性 static。代码如下。

```
<?php
  class Cteacher{
    public static $name="";
    public static function setName($name){
        Cteacher::$name=$name;
    }
    public static function getName(){
        echo Cteacher::$name;
    }
  }
  Cteacher::setName("王红");
  Cteacher::getName();   //输出"王红"
```

```
  echo Cteacher::$name;  //输出"王红"
?>
```

注意：只有静态的属性和方法才可以使用范围解析符。

12.2.4 构造函数和析构函数

构造函数是类中的一个特殊函数，当创建一个类的实例时，构造函数将被自动调用，主要功能是对类中的对象完成初始化工作。与构造函数相对的是析构函数，析构函数在类的对象被销毁时自动调用。

1. 构造函数

在 PHP 4 中，在类的内部与类同名的函数都被认为是构造函数，在创建类的对象时自动执行。PHP 5 以及之后的版本，构造函数用__construct()方法来声明（注意，construct 前面是两条下画线），这样做的好处是可以使构造函数独立于类名，当类名发生改变时，不需要修改相应的构造函数名称。

在 PHP 5 及以后的版本中，为了向下兼容，如果一个类中没有名为__construct() 的方法，PHP 将搜索一个与类名同名的方法作为构造方法。如果__construct() 方法和与类名同名的方法同时存在，优先将__construct() 作为构造方法。

2. 析构函数

类的析构函数是“__destruct()”，析构函数不能使用参数。若是在类中声明了该函数，PHP 将在对象被销毁前调用该函数，将对象从内存中销毁，节省服务器资源。

【例 12-4】定义构造函数和析构函数。代码如下。

```
<?php
  header("Content-Type: text/html;charset=utf8");
  //构造和析构函数
  class Con{
    function __construct($num){
        echo "执行构造函数$num<br />";
    }
    function __destruct(){
        echo "执行析构函数<br />";
    }
    function res($num1,$num2){
        $res = $num1 + $num2;
        echo "$num1 + $num2 = $res<br />";
    }
  }
  $a = new Con(1);
  $b = new Con(2);
  $a -> res(3, 5);
  $b -> res(4, 6);
?>
```

程序运行结果如图 12-1 所示。

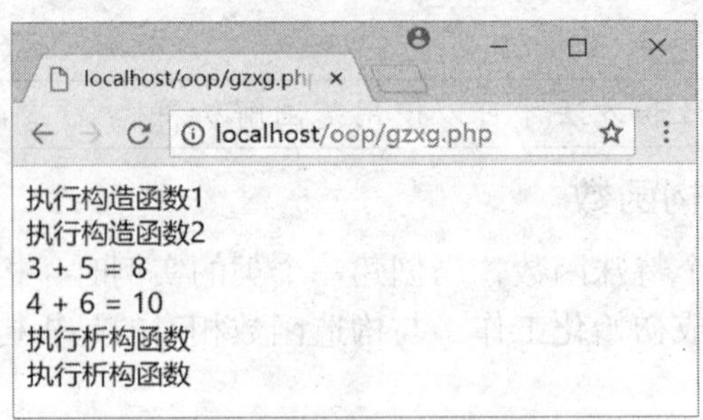

图 12-1　构造函数和析构函数的执行效果图

将数字 1 作为实参创建对象$a 时，自动执行构造函数，输出结果“执行构造函数 1”；将数字 2 作为实参创建对象$b 时，自动执行构造函数，输出结果“执行构造函数 2”；对象$a 和$b 分别访问了类的函数 res()，根据传递的实参，计算并输出结果；在所有内容执行完毕之后，分别访问对象$a 和对象$b 的析构函数销毁对象，并输出“执行析构函数”。

12.2.5　类的继承

1. 子类访问父类

在 PHP 中，允许通过继承其他类的方式来调用这些类中已经定义的属性和方法。PHP 不支持多继承，因此一个子类只能继承一个父类。可以使用 extends 关键字指明类与类之间的继承关系，格式如下。

```
class Subclass extends Parclass{}
```

其中 Subclass 表示子类，Parclass 表示父类。

【例 12-5】定义父类 Person 和子类 Student。代码如下。

```
<?php
  header("Content-Type: text/html;charset=utf8");
  class Person{
    public $name = "Jery";
    public $sex;
    public $age;
    function say($name, $sex, $age){
        $this -> name = $name;
        $this -> sex = $sex;
        $this -> age = $age;
        echo "我的名字是: $this -> name <br />";
        echo "我的性别是: $this -> sex <br />";
        echo "我的年龄是: $this -> age <br />";
    }
  }
  class Student extends Person{
    protected $stuNO;
    function stuSay($stuNO){
```

```
        $this -> stuNO = $stuNO;
        echo "我的学号是：$this -> stuNO<br />";
    }
  }
  $stu1 = new Student();
  $stu1 -> stuSay("201608080421");
  $stu1 -> say("张宇", "男", 19);
?>
```

程序运行结果如图 12-2 所示。

图 12-2　子类继承父类的运行效果

在程序中，类 Student 继承于类 Person，所以类 Student 的对象$stu1 既能够访问该类中定义的方法 stuSay()，也能够访问其父类 Person 中定义的方法。

子类可以继承父类中的构造函数，也可以定义自己的构造函数。

若要在子类内部调用父类的方法，除了使用“$this->”之外，还可以使用“parent::”或者“父类名称::”形式；而对于父类中的属性，在子类中只能使用“$this->”形式访问。

例如，在例 12-5 中，可以直接将最后一行代码**$stu1->say("张宇","男",19);**移至子类的方法 stuSay(){}的内部，改为 **parent::say("张宇","男",19);**。

2．重载

方法的重载是指在一个类中可以定义多个同名的方法，通过参数个数和类型来区分这些方法，PHP 中并不支持这一特性，但可以通过类的继承，在子类中定义和父类中相同名称的方法来实现类似于方法重载的特性。

【例 12-6】在子类中对父类的属性和方法进行重定义。代码如下。

```
<?php
  header("Content-Type: text/html;charset=utf8");
  class A{
    public $attr = "stringA";
    function func(){
        echo "父类 A<br />";
    }
  }
  class B extends A{
    public $attr = "stringB";
    function func(){
```

```
        echo "子类B<br />";
    }
  }
  $b = new B();
  $b -> func();                    //输出"子类B"
  echo $b -> attr . "<br />";      //输出"stringB"
  $a = new A();
  $a -> func();                    //输出"父类A"
  echo $a -> attr . "<br />";      //输出"stringA"
?>
```

子类中重定义了父类中的属性和方法之后，并不改变父类中的属性和方法。

3. 关键字 final

从 PHP 5 开始引入 final 关键字，在声明类时，若使用这个关键字，该类将不能被继承。另外若是将关键字 final 用于声明类中的方法，该方法将不能在子类中重载。

注意：该关键字只能用于声明类和方法，不可以用于声明属性。

12.2.6 抽象类和接口

1. 抽象类

抽象类是 PHP 5 开始引入的新特性，它是一种特殊的类，使用关键字 abstract 定义，不能被实例化。一个抽象类中至少包含一个抽象方法，抽象方法也是由 abstract 关键字定义。抽象方法只提供方法的声明，不提供方法的具体实现。例如：

```
abstract function func($name, $num);
```

包含抽象方法的类必须是抽象类。

抽象类只能通过继承来使用。继承抽象类的子类，必须重载抽象类中的所有抽象方法才能被实例化。

【例 12-7】创建抽象类 Teacher 及其子类 Student，输出指定内容。代码如下。

```
<?php
  //定义抽象类 Teacher
  abstract class Teacher{
    var $teaNO = "19940473";
    var $project;
    abstract function showNO();
    abstract function getPro($project);
    function showPro(){
        echo $this -> project . "<br />";
    }
  }
  //定义子类 Student
  class Student extends Teacher {
    function showNO(){          //重载父类中的 showNO()方法
```

```
        echo $this -> teaNO . "<br />";
    }
    function getPro($pro){   //重载父类中的getPro()方法
        $this -> project = $pro;
    }
  }
  $stu = new Student;
  $stu -> showNO();              //输出"19940473"
  $stu -> getPro("computer");
  $stu -> showPro();             //输出"computer"
?>
```

2. 接口

PHP 只能进行单继承，即一个类只能有一个父类。当一个类需要继承多个类的功能时，单继承将无法实现。为了解决这个问题，从 PHP 5 开始引入接口的概念。

接口是通过 interface 关键字而不是 class 关键字定义的，就像定义一个标准的类一样，但其中定义的所有方法都是空的。

接口中定义的所有方法都必须是公有方法，这是接口的特性。另外，接口中不能使用属性，但可以使用 const 关键字定义常量。

接口也支持继承，接口之间的继承也使用关键字 extends。

定义接口之后，可以将其实例化，接口的实例化称为接口的实现。要实现一个接口需要一个子类来实现接口中的所有抽象方法。定义接口的子类必须使用关键字 implements。一个子类可以实现多个接口，通过这种形式即可解决多继承的问题。

【例 12-8】定义 3 个接口：教师 Teacher、学生 Stu 和课程 Course，在 3 个接口中分别定义获取教师名称、学生名称和课程名称的方法；定义类 Student 同时实现三个接口，最终输出"学生×××选修了×××老师的×××课程"。代码如下。

```
<?php
  header("Content-Type: text/html;charset=utf8");
  interface Teacher{
    function getTeaName($TeaName);
  }
  interface Stu{
    function getStuName($StuName);
  }
  interface Course{
    function getCourName($CourName);
  }
  class Student implements Teacher, Stu, Course{
    function getStuName($StuName){
        echo "学生$StuName 选修了";
    }
```

```
    function getTeaName($TeaName){
        echo "$TeaName 老师的";
    }
    function getCourName($CourName){
        echo "$CourName 课程";
    }
  }
  $stu = new Student();
  $stu -> getStuName("王洪亮");
  $stu -> getTeaName("李振东");
  $stu -> getCourName("《数据结构》");
?>
```

一个子类还可以同时继承一个父类和多个接口。

12.2.7 类的魔术方法

因为 PHP 规定以两个下画线"__"开头的方法都保留为魔术方法，所以在定义函数名时尽量不要使用"__"开头，除非是为了重载已有的魔术方法。前面介绍的构造函数__construct()和析构函数__destruct()都是魔术方法。除此之外，PHP 中还有另外的几个魔术方法。

1. 克隆对象

PHP 使用 clone 关键字建立一个与原对象拥有相同属性和方法的对象，若需要改变这些属性，可以使用 PHP 提供的魔术方法__clone()，这个方法在克隆一个对象时将被自动调用。

【例 12-9】观察下面代码的执行结果。

```
<?php
  header("Content-Type: text/html;charset=utf8");
  class Cid{
    public $id=1;
    public function __clone(){
        $this->id++;
    }
    public function showId(){
        echo "当前对象的 id 为：".$this -> id ."<br />";
    }
  }
  $obj = new Cid();
  $obj1= clone $obj;
  $obj -> showId();   //输出"当前对象的 id 为：1"
  $obj1 -> showId();  //输出"当前对象的 id 为：2"
?>
```

克隆的对象$obj1 自动执行魔术方法__clone()，实现 id 属性的增值。

注意：魔术方法__clone()并不是克隆对象必需的。

2. 方法重载

魔术方法__call()可以用于实现方法的重载。使用该方法的格式如下。

```
function __call(arg1, arg2){}
```

参数说明：

参数 arg1，表示被调用的方法名称。

参数 arg2，表示传递给该方法的参数数组。对象访问类中不存在的方法时，__call()方法将被调用。

【例 12-10】定义类 Student，类中定义方法__call()和 stuStudy()，在类实例中访问不存在的方法 setName()和 setIntr()以及存在的方法 stuStudy()。代码如下。

```
<?php
  header("Content-Type: text/html;charset=utf8");
  class Student{
    function __call($method, $arr){
        echo "对象中调用了一个没有定义的方法 '$method', ";
        echo "方法中传递的数据是 '".implode(',', $arr)."'<br />";
    }
    function stuStudy($name){
        echo "$name 学习成绩非常好! <br />";
    }
  }
  $stu = new Student();
  $stu -> setName('徐潇');
  $stu -> setIntr('爬山', '游泳', '旅游');
  $stu -> stuStudy("紫薇");
?>
```

运行结果如图 12-3 所示。

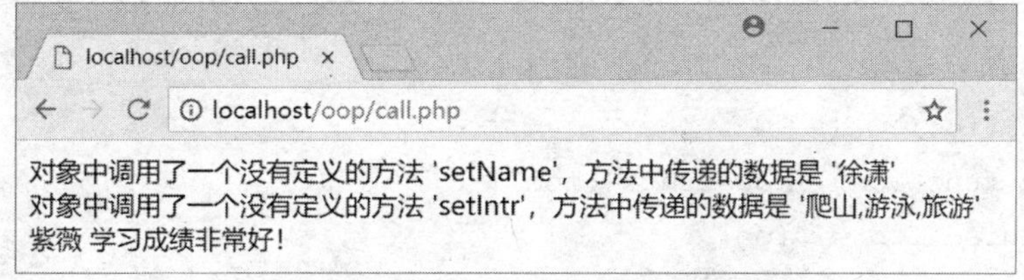

图 12-3　重载方法的执行效果图

当对象$stu 访问类中不存在的方法 setName() 时，自动执行重载方法__call()，将不存在的方法名称 setName 作为__call()方法中$method 参数的值，将传递的参数“徐潇”以数组的方式作为__call()方法中参数$arr 的值，因此在__call()方法的代码中使用 implode()方法以逗号作为间隔符，合并数组元素的值并输出。

3. 访问类的属性

通常情况下为了实现类的封装，将类的属性定义为 private 私有的，此时从类的外部直接访问类的私有属性是不允许的。因此，在 PHP 中定义了两个魔术方法__set()和__get()，在读取一个不存在的属性时，会自动调用方法__set()和__get()。

__set()方法需要两个参数，分别是将要被设置的属性名称和取值，__get()方法只需要属性名称一个参数，该方法会返回属性的值。

【例 12-11】应用__set()和__get()方法。代码如下。

```
<?php
 class Fruit
 {
   private $color;
   private $weight;
   public  function  __set($name,$value){
      $this->$name = $value;
   }
   public  function  __get($name){
      return $this->$name;
   }
 }
 $fru=new Fruit();
 $fru->color = 'red';
 echo $fru->color;  //输出"red"
?>
```

类中属性$color 是私有的，若是没有在类中使用__set()和__get()方法，则代码**$fru->color**是错误的。通过方法__set()设置属性$color，通过方法__get()返回属性$color 的取值。

4. 字符串转换

由类创建的对象，其数据类型是对象，不能直接使用 print 或者 echo 语句输出。要输出对象时，可以在类中定义一个__toString()方法，在方法中返回一个可输出的字符串。

【例 12-12】应用__toString()方法。代码如下。

```
<?php
 class Testclass{
   public $foo;
   public function __construct($foo){
       $this->foo = $foo;
   }
   public function __toString(){
       return $this->foo;
   }
 }
 $class = new Testclass("Hello");
 echo $class;   //输出"Hello"
?>
```

在创建类 Testclass 的实例$class 时，自动执行构造函数__construct()，该函数接收参数

“Hello”，并将其赋给类的属性$foo，在执行代码“echo $class;”时，自动执行字符串转换方法__toString()，输出类属性$foo 的取值“Hello”。

5. 自动加载对象

__autoload()方法用于自动加载对象，它不是一个类方法，而是一个单独的函数。如果脚本中定义了__autoload()函数，当使用 new 关键字实例化一个没有声明的类时，这个类的名字将作为参数传递给__autoload()函数，函数根据参数自动包含含有类的文件，并加载类文件中的同名类。例如：

```
<?php
  function __autoload($source){
    require_once $source . '.php';
  }
  $obj = new Student();
?>
```

在上面代码中，创建类 Student 的实例时，将类名 Student 作为__autoload() 函数的实参，从而执行代码 require_once $source . '.php';，包含文件 student.php，并从该文件中查找类 Student。

6. 对象序列化

对象序列化是指将一个对象转换成字节流的形式，将序列化后的对象在一个文件或网络中传输，然后再反序列化还原为原数据。

对象序列化使用函数 serialize()进行，反序列化使用函数 unserialize()进行。在对象序列化时，如果存在魔术方法__sleep()，则 PHP 会调用该方法，主要用于清除数据提交、关闭数据库连接等工作，并返回一个数组，该数组包含需要序列化的所有变量；在反序列化一个对象后，PHP 会调用__wakeup()方法，主要用于重建对象序列化时丢失的资源。方法__sleep()和__wakeup()都不需要接收参数。

【例 12-13】对对象进行序列化。代码如下。

```
<?php
  class serialization{
    private $NO = "081101";
    private $name="张颖";
    public function show(){
        echo $this->NO . "<br />";
        echo $this->name ."<br />";
    }
    function __sleep(){
        return array('NO','name');  //指定要序列化的变量$NO 和$name
    }
    function __wakeup(){
        $this->NO = '081102';
        $this->name = '林东';
```

```
        }
    }
    $test = new serialization();
    $demo = serialize($test);  //序列化$test 对象，将结果保存在变量$demo 中
    echo $demo;    //输出序列化后的字符串
    $ntest = unserialize($demo);  //反序列化
    $ntest->show();  //输出'081102' '林东'
?>
```

12.2.8 实例——使用类和对象的方式完成邮箱登录功能

1. 创建数据库操作类 Database

创建文件 db_class.php，在其中创建类 Database，在类中定义下面属性。

- $conn，用于表示数据库连接。
- $result，用于保存查询结果记录集。
- $rowNum，用于保存记录集中的记录数。

在类中定义下面的方法。

- connect_db()，用于完成数据库连接。
- select_db()，用于选择打开指定的数据库。
- db_query()，用于执行定义的 SQL 语句。
- row_num()，用于获取查询结果记录集中的记录数，并返回。

代码如下。

```
<?php
  class Database{
    public $conn;
    public $result;
    public $rowNum;
    function connect_db($host, $user, $psd){
        if ( !($this -> conn = mysqli_connect($host, $user, $psd) ) ) {
            die("Cannot connect to the database . error code:" . mysqli_error());
        }
    }
    function select_db($dbname){
        if ( !mysqli_select_db($this -> conn, $dbname) ) {
            die("Cannot to select the database . Error code:" . mysqli_error() );
        }
    }
    function db_query($sql){
        if ( !($result = mysqli_query($this -> conn, $sql)) ) {
            die("mysqli_query execute error . Error code : " . mysqli_error());
        }
        else{
```

```
            $this -> result = $result;
        }
    }
    function row_num(){
        $this -> rowNum = mysqli_num_rows($this -> result);
        return $this -> rowNum;
    }
}
?>
```

2. 创建 denglu.php 文件

```
<?php
  session_start();
  $emailaddr = $_POST['emailaddr'];
  $_SESSION['emailaddr'] = $emailaddr;
  include 'db_class.php';   //包含文件 db_class.php
  $my_db_class = new Database();
  $my_db_class -> connect_db('localhost', 'root', 'root');  //传递参数连接 MySQL
  $my_db_class -> select_db('email');  //传递参数打开数据库 email
  $emailaddr = mysqli_real_escape_string($my_db_class->conn, $emailaddr); //
转义地址中的特殊字符
  $psd = mysqli_real_escape_string($my_db_class->conn, $_POST['psd']); //转义
密码中的特殊字符
  $sql = "select * from usermsg where emailaddr = '$emailaddr' and psd = '$psd'
";
  $my_db_class -> db_query($sql);  //传递参数，执行 SQL 语句
  $num = $my_db_class -> row_num();  //获取查询结果记录集中的记录数
  if ( $num == 0 ) {
    include 'denglu.html';
    echo "<script>";
    echo "document.getElementById('errormsg').style.display = 'block';";
    echo "</script>";
  }
  else{
    include 'email.php';
    echo "<script>";
    echo "document.getElementById('email').value = '$emailaddr@163.com';";
    echo "</script>";
  }
  mysqli_close($my_db_class->conn);
?>
```

12.3 小结

任务 12 简单介绍了面向对象程序设计的基本概念和特征，对类和对象的相关知识通过设计的例题进行了比较详实的讲解，任务的最后使用面向对象的方式改写了邮箱登录功能，帮助读者深入理解面向对象的程序设计方法。

12.4 习题

一、选择题

1．PHP 中默认的访问权限修饰符是_______。

A．public　　B．private　　C．protected　　D．interface

2．PHP 中的析构函数是_______。

A．__construct()　　B．__destruct()　　C．__clone()　　D．__call()

3．访问静态属性和方法时，需要使用范围解析符_______。

A．::　　B．:　　C．$　　D．$$

二、填空题

1．抽象类需要使用关键字______________定义。

2．PHP 中使用关键字______________来指明类与类之间的继承关系。

3．类的实例化需要使用关键字______________进行。

附录　习题答案

任务 1

一、选择题：1．B，2．C，3．C，4．D

二、填空题：1．HTTP，2．浏览器 服务器，3．服务器 浏览器

任务 2

一、选择题：1．C，2．A，3．C，4．D，5．A，6．B

二、填空题：1．htdocs，2．8　prc，3．WWW，4．bin　ApacheMonitor.exe

任务 3

一、选择题：1．D，2．B，3．C，4．A，5．C，6．A，7．B，8．D，9．B，10．D，11．C

二、填空题：1．break，2．array() count()，3．each() false，4．key value

任务 4

一、选择题：1．B，2．A，3．C，4．C，5．C，6．C，7．A，8．D，9．A，10．B，11．C

二、填空题：1. length，2. $_POST　$_GET，3. form　action，4. file　$_FILES，5. multiple

任务 5

一、选择题：1．A，2．C，3．D，4．B，5．C，6．C，7．B，8．A，9．B，10．C，11．D，12．B，13．C

二、填空题：1．session session_start()，2．style color，3．异步 JavaScript 和 XML XMLHttpRequest 对象　null

任务 6

一、选择题：1．D，2．C，3．B，4．B，5．D，6．A

二、填空题：1．visible block，2．$_SESSION，3．sprint()

任务 7

一、选择题：1．C，2．B，3．A，4．A，5．D，6．B

二、填空题：1．table-layout:fixed，2．parent，3．2018　10　26

任务 8

一、选择题：1．B，2．C，3．D，4．B，5．A，6．D，7．A，8．B，9．C

二、填空题：1．4　6，2．limit，3．2013　10　26　4．unlink()

任务 9

一、选择题：1．B，2．A，3．C

二、填空题：1．fopen()　r，2．setcookie()　$_COOKIE

任务 12

一、选择题：1．A，2．A，3．A

二、填空题：1．abstract，2．extends，3．new